Johann Christian Daniel Schreber, Georg August Goldfuss, Andreas Johann Wagner

Die Säugthiere in Abbildungen

4. Teil

Johann Christian Daniel Schreber, Georg August Goldfuss, Andreas Johann Wagner

Die Säugthiere in Abbildungen
4. Teil

ISBN/EAN: 9783743361348

Hergestellt in Europa, USA, Kanada, Australien, Japan

Cover: Foto ©berggeist007 / pixelio.de

Manufactured and distributed by brebook publishing software (www.brebook.com)

Johann Christian Daniel Schreber, Georg August Goldfuss, Andreas Johann Wagner

Die Säugthiere in Abbildungen

Die

Säugthiere

in

Abbildungen nach der Natur mit Beschreibungen.

Vierter Theil.

Das Stachelthier. Die Savie. Der Biber.
Die Maus. Das Murmelthier. Das Eichhorn. Der Schläfer.
Der Springer. Der Hase.
Der Klippschliefer.

E r l a n g e n
verlegts Wolfgang Walther. 1792.

Der

Säugthiere

vierte Abtheilung.

Der Säugthiere
vierte Abtheilung.

Vorderzähne stehen in jeder Kinnlade zween. Sie sind lang und schmal, hinten schräg abgestutzt, mit einer keilförmigen oder zugerundeten Schärfe; die untern sind etwas länger als die obern. Wenige Arten haben in der obern oder untern Kinnlade zween Paar; in jener hinter, in dieser neben einander.

Die Seitenzähne fehlen gänzlich und allen Arten. Ein langer zahnloser Zwischenraum trennt die vordern von den Backenzähnen.

Der Backenzähne sind drey bis sechse auf jeder Seite. Einige Arten haben in der obern Kinnlade eben so viel, andere einen mehr als in der untern. Der Schmelz, der die Rinde der Krone ausmacht, gehet von beyden Seiten in selbige hinein, und bildet in ihrer knochigen Substanz eine oder mehrere

Scheidewände, die an einigen Arten keilförmig in die Höhe treten; oder grössere und kleinere Falten; oder macht in der Mitte Inseln; — welche alle am besten auf der Oberfläche des Zahns die zum Kauen bestimmt ist, bemerket werden können. — Auf der äussern Fläche des Zahnes entstehen dadurch eine oder mehrere Furchen, die der Länge nach laufen. Wenn bisweilen einer der Backenzähne, am Anfange oder Ende der Reihe, ganz klein ist: so bestehe er nur aus einer einfachen Rinde von Schmelz, und der innwendigen knochigen Substanz.

Die Füsse haben drey, vier bis fünf Zehen mit zusammengedrückten oder platten, mehr oder weniger spizigen Klauen, oder auch platten Nägeln an einigen Zehen.

Einige zu dieser Abtheilung gehörige Thiere halten sich nur auf der Oberfläche der Erde auf, und sind im Laufen hurtig; andere springen; andere klettern zugleich auf die Bäume; andere graben sich unter der Erde künstliche Wohnungen. Einige halten sich an und zuweilen in dem Wasser auf.

Aller Nahrung bestehet in Wurzeln, Stängeln, Rinde, Holz, Blättern und Früchten oder dem Saamen von allerley Gewächsen; das Gebiß zeigt an, daß ihnen ohne Ausnahme das Pflanzenreich zum Unterhalte angewiesen ist. Einige lassen sich indessen nebenher Eyer und Junge von Vögeln, oder anderes zärteres Fleischwerk schmecken. Fast alle verzehren ihre Speise auf den Hinterfüssen sitzend.

Die meisten sind klein und nur wenige von mittlerer Grösse. Der Kopf hat eine bald mehr bald weniger gestreckte Gestalt; die obern Vorderzähne werden von der gespaltenen Lippe nicht, und die untern nur unten ein wenig bedeckt. Die meisten sind mit Schlüsselbeinen versehen.

Der Leib ist dick und länglich rund; der Schwanz bald lang, bald kurz, bald gar nicht vorhanden; haarig, schuppig, oder geringelt mit kurzem darauf gestreuetem Haar. Die Beine kurz und die Füsse in Vergleichung derselben länger als an vielen andern Thieren.

Die von dem Herrn Ritter von Linne' zu gegenwärtiger Abtheilung gerechneten Arten [a]) machen ganz deutlich eine natürliche Familie von Thieren aus, die man, ohne der Natur Gewalt anzuthun, weder trennen, noch durch Zusätze aus andern Abtheilungen erweitern kan; — die aber an die vorhergehende durch das Spizmaus- und Igelgeschlecht, und an die folgende durch das Haasengeschlecht angeknüpfet wird. — In allen systematischen Eintheilungen der Säugthiere stehen sie also immer, wenigstens größtentheils, nahe beysammen. Ueber die Geschlechter hingegen sind die Zoologen gar nicht einig. Ray [aa]) scheint alle dazu gehörige Arten in ein einziges zusammen fassen zu wollen. Klein [b]) nimmt viere, Linne' fünfe bis sechse [c]), Brisson [d]) und Pennant [e]) achte, Erxleben [f]) neune bis zehen an. Daß derselben bey einigen weniger, bey andern mehr sind, mithin ihr Umfang bald weiter ausgedähnt, bald enger zusammen gezogen worden, kan man wohl an sich auf keiner Seite

[a]) Den NOCTILIO ausgenommen, welcher nach allen Charakteren eine wahre Fledermaus ist. Man sehe ihn oben tab. LX. Die Zähne können keine Zergliederung dieses Geschlechts rechtfertigen, weil sie allzu mannichfaltig sind.

[aa]) *Syn. quadr. p. 60. 204* u. f. Genus leporinum.

[b]) *Quadr. disp. p. 49.* u. f. Cavia. Lepus. Sorex, welcher sich wiederum in 3 Untergeschlechter: Sciurus, Glis und Mus theilt. *p. 91.* Castor.

[c]) *Syst. nat. ed. 1.* Hystrix. Sciurus. Castor. Mus. Lepus. *ed. 12.* Hystrix. Lepus. Castor. Mus. Sciurus. Cavia. Diese sechs Geschlechter hat der Herr von Scopoli in der *introd. ad hist. nat. p. 491. 496.* u. f. gleichfalls angenommen.

[d]) *Quadr. p. 116.* Hydrochœrus. *p. 125.* u. f. Hystrix. Castor. Lepus. Cuniculus. Sciurus. Glis. Mus.

[e]) *Syn. of quadr. p. 243.* u. f. Cavy. Hare. Beaver. Porcupine. Marmot. Squirrel. Jerboa. Rat.

[f]) *Syst. r. anim. cl. I. Mammalia, p. 191.* Hydrochœrus. *p. 325.* u. f. Lepus. Hystrix. Cavia. Glis. Spalax. Mus. Jaculus. Sciurus. Castor.

für fehlerhaft erklären. Die Unterscheidungslinien der Geschlechter fallen nicht immer so deutlich in die Augen, als z. B. die, welche die Schuppenthiere, die Gürtelthiere, die Ameisenfresser, die Kazen, die Schweine, und andere dergleichen Geschlechter mehr, von den übrigen trennen. In jenem Falle kan es, dünkt mich, gleichgültig seyn, ob man ein Geschlecht aus einem grössern oder kleinern Haufen von Arten will bestehen lassen, wenn nur diese genau zusammenhängen und der generischen Vereinigung fähig sind. Darinn aber ist es in den obgedachten Geschlechtern vielfältig versehen worden. Man hat ihre Gränzen hier und da mehr nach Willkühr angenommen [g]), als nach Maasgabe ihrer Aehnlichkeit in der Bildung und den Eigenschaften festgesezt; man hat unter manches Arten gerechnet, die nicht dahin gehören [h]). Dieser Fehler war zum Theil eine Folge der mangelhaften Kenntniß, die man von diesen Thieren hatte. Aus ihm entstund ein anderer; die Charaktere der Geschlechter wurden weder gnugsam passend [i]), noch unterscheidend gnug [k]), also nicht zweckmässig gewählt, und wohl gar die treffendsten und deutlichsten ganz auf die Seite gesezt [l]). Jenes läßt sich mit der wirklichen Armuth an Kennzeichen entschuldigen, welche in dieser Abtheilung in die Augen fällt. Hierdurch ist zuweilen die Wahl der generischen Kennzeichen auf Theile geleitet worden, die dazu nicht brauchbar sind. Zuweilen entwarf man, aus Mangel vollständiger Kennt-

[g]) Man sehe z. E. nur die Kleinischen Geschlechter an; das Geschlecht Mus ist so weit ausgedähnt, daß sogar einige Beutelthiere hinein gekommen sind. Dem Geschlechte Glis des Herrn Prof. Erxleben kan man den nehmlichen Vorwurf machen.

[h]) Z. E. den Billing unter die Eichhörner; den Leming und Zisel unter die Cavien, s. BRISS. *qu. p.145. 147.* u. s. f. den unter die Biber gesetzten Wüchuchol, und das zur Jerboa gebrachte Känguruh zu geschweigen. S. oben S. 567. 554.

[i]) So paßt z. E. der glatte Schwanz, als Geschlechtskennzeichen des Bibers, nicht auf den Ondatra; der runde Schwanz des Brissonischen Geschlechts Glis nicht auf den Billing; die dentes primores inferiores subulati nicht auf alle Mäuse; u. s. f.

[k]) Z. B. wenn die Unterscheidungszeichen des Mäuse- und Eichhorngeschlechts in den Vorderzähnen gesucht werden; wenn die Kürze der Ohren zum Geschlechtscharakter gemacht wird, ERXL. *mamm. p. 358.* u. s. f.

[l]) Z. E. die besondere Gestalt und Verdoppelung der Oberzähne der Haasen in BRISS. *quadr. p. 137.*

nisse, Charaktere ganzer Geschlechter nur nach einzelnen Arten [m]), mit denen die übrigen nicht allemal in allen Stücken übereintreffen; daher also auch nicht verlangt werden kan, daß jene die Probe durchgehends aushalten sollen. — Seit kurzem haben sich in diesem Theile der Säugthierkunde die vortheilhaftesten Veränderungen zugetragen. Durch die Bemühungen eines Büffon, Daubenton, Sulzer, Pallas ward über viele in den gegenwärtigen Abschnitt gehörige Thiere ein neues Licht verbreitet. Ein Pennant, Güldenstädt, Laxmann, Lepechin lehrten uns manches vorher unbekannte kennen. Vorzüglich aber wurden die Entdeckungen des durch seine Verdienste unsterblichen Pallas dieser Abtheilung der Säugthiere ersprießlich; indem sie selbige mit einem zahlreichen Haufen neuer Ankömmlinge aus den entferntesten Gegenden Asiens vergrösserten, von deren äussern und innern Bau, Wohnungen, Lebensart, Naturell, Sitten und Industrie seine Beobachtungen in bewundernswürdiger Vollständigkeit Unterricht geben [n]). Dadurch ist nunmehr zu Verbesserungen sowohl in den bisher angenommenen Geschlechtern, als auch deren Charakteren, der Weg gebahnet worden. Die vornehmste Aenderung, die, wie ich glaube, in der linneischen Eintheilung gemacht werden muß, ist die Zergliederung des Mäusegeschlechts. Dieses fasset Thiere von so verschiedenen Kennzeichen, Ansehn und Eigenschaften in sich, daß, wenn sie beysammen bleiben sollen, auch die Eichhörner und Biber darunter würden gerechnet werden müssen. Man würde also, däucht mir, besser thun, wenn man sie trennte, und die Zahl der Geschlechter in dieser Abtheilung vermehrte. Einen sichern Leitfaden hiezu hat der Herr Professor Pallas an die Hand gegeben, nach welchem die von den Herren Brisson, Pennant und Erxleben beliebten hin und wieder natürlicher und zweckmässiger eingerichtet werden können. Aber auch die Charaktere erfordern, nebst einer sorgfältigen Wahl, Zusäze. Ich halte dafür, daß man wohl thun wür-

m) So scheint man bey der Wahl der Charaktere für das Geschlecht Mus zu Werke gegangen zu seyn. S. die Note [i]). Dieser Fehler muß, aus Mangel der erforderlichen Kundschaft, noch izo bisweilen begangen werden.

n) Man findet sie in dem meisterhaften Werke: *Novae species quadrupedum e Glirium ordine cum illustrationibus variis complurium ex hoc ordine animalium, Auct.* P. S. Pallas, *Erl. 1778.* beysammen.

de, wenn man dem ganzen Gebiße einen Plaz darunter einräumen wollte. Die Zahl der Vorderzähne ist in dem linneischen System dazu bereits genuzt worden. Man könnte aber auch von den Backenzähnen Gebrauch machen. Ihre Anzahl ist, obgleich nicht in allen, doch in vielen Geschlechtern verschieden, in jedem aber, einige unbedeutende Ausnahmen weggerechnet, sehr beständig. Ihr Gebrauch zu diesem Endzwecke hat zwar eine nicht zu läugnende Unbequemlichkeit; jedoch nicht unter allen Umständen, und wird also dadurch eben so wenig ganz verwerflich gemacht, als im Kazen- und andern Säugthiergeschlechtern. — Da der Plan meines Werkes mir nicht nur erlaubte, sondern auch zu erfordern schien, die Geschlechter nach den neuesten Beobachtungen abzuändern; so habe ich dieses, mit vorzüglicher Rücksicht auf die, welche wir dem Herrn Prof. Pallas zu danken haben, gethan. Mit den übrigen, deutlicher in die Augen fallenden Geschlechtscharakteren habe ich die von dem Gebiß hergenommenen zu verbinden einen Versuch gemacht; und überlasse Kennern zu urtheilen, ob ihnen in dieser Absicht ein wahrer Werth zugestanden werden könne? Es ist übrigens sehr zu wünschen, daß die Liebhaber der Thierkunde, die Gelegenheit dazu haben, die Aufsuchung und Beobachtung der noch unbekannten Arten dieser Abtheilung, deren es vielleicht in Europa noch verschiedene, gewiß aber eine grosse Menge in den Wüstenenen des südlichen Asiens, in Afrika und America gibt, fortzusetzen sich mögen gefallen lassen. Hierdurch werden nicht nur mit der Zeit die Geschlechter immer mehr der Natur gemäß, die Charaktere immer gewisser und brauchbarer, und also die systematische Kenntniß dieser Abtheilung der Vollkommenheit immer näher gebracht werden; sondern man wird auch an diesen kleinen und dem Anscheine nach verächtlichen Geschöpfen die Grösse der Weisheit und Güte des Schöpfers zu bewundern und zu verehren immer mehr Ursache finden.

Drey und zwanzigstes Geschlecht.

Das Stachelthier *).

HYSTRIX.

LINN. *syst.* *gen.* 2:. *p.* 76.

BRISS. *gen.* 20. *p.* 125.

ERXL. *mamm.* *gen.* 33. *p.* 340.

PORCUPINE.

PENN. *quadr.* *gen.* 28. *p.* 262.

Vorderzähne: zween in jeder Kinnlade.

Backenzähne: viere auf jeder Seite in jeder Kinnlade.

Zehen: vorn und hinten viere bis fünfe.

Der Leib ist mit Stacheln und Haaren bedeckt.

1.

Das Stachelschwein.

Tab. CLXVII.

Hystrix cristata; Hystrix palmis tetradactylis, plantis pentadactylis, capite cristato, cauda abbreviata. LINN. *syst.* *p.* 76. *n.* 1. S. G. Gmelins Reise 3 Th. S. 107. *tab.* 21.

*) Ich entlehne diesen Namen, der mir als der gewöhnliche: Stachelschwein, ein besserer Geschlechtsname zu seyn scheint, aus Kleins *quadrup.* *p.* 65.

Hystrix capite cristato. BRISS. *quadr. edit.* I. *p.* 125.

Hystrix. GESN. *quadr. p.* 563. mit einer erträglichen Fig. ALDROV. *dig. p.* 471. mit einer Fig. *p.* 474. IONST. *quadr. p.* 173. *tab.* 68. RAI. *quadr. p.* 206.

Hystrix orientalis cristata. SEB. *thes.* I. *p.* 79. *tab.* 50. *f.* I.

Porc-epic. *Mém. pour l'hist. des animaux* 2. *p.* 33. *tab.* 41. BUFF. 12. *p.* 402. *tab.* 51. ein italiänisches, *tab.* 52. ein indianisches Stachelschwein. Ill. Pl. 173. 174.

Crested porcupine. PENN. *qu. p.* 262. *n.* 193.

Stachelschwein. **Riding.** kl. Th. *tab.* 90.

Stachelschwein mit dem Kopfbusch aus Afrika. **Knorr** *delic.* 2. *tab. K. II. fig.* 2.

Ὕστριξ; bey den Griechen. Istrice; Porcospinoso; Spinoso; Italiänisch. Espin; Puerco espino; Spanisch. Porc-epic, Französisch. Porcupine; Englisch. Stekelvarken; Holländisch. Dikobratz; Russisch. Tzur-ban; Arabisch, in der Barbarey. **Shaw.** Queen-ja; in Süd-Guinea. **Barbot.**

Der Kopf ist lang und zusammengedrückt; die Schnauze kurz und stumpf, die dicke Oberlippe fast bis an die Nasenlöcher gespalten, und mit einigen Reihen langer glänzender schwarzer Bartborsten besezt; die Augen klein und schwarz; über und hinter jedem Auge eine Warze, worauf mehrere Borsten stehen. Die Ohren sind oval, breit, kurz, an den Kopf angedrückt, den menschlichen nicht unähnlich. Der Hals ist dick, der Rücken platt, der Schwanz von konischer Figur und überaus kurz. Die Beine kurz und dick. Die Vorderfüsse haben vier Zehen und einen kleinen Knollen anstatt des Daumen; die Hinterfüsse fünf Zehen, mit kurzen und stumpfen Nägeln.

Der Kopf hat eine warzige und schmuzig fleischfarbige Haut, und kurze graue Haare um die Ohren. Die Backen sind mit schwarzen glänzenden zusammengedrückten lang zugespizten Borsten bedeckt. An den Seiten des Halses werden diese immer länger; auf dem Nacken und längs auf dem Halse hin stehet eine aus starken hinterwärts gebogenen, grauen und weissen sehr langen Borsten zusammengesetzte Mähne, die das Thier aufrichten und zurücklegen kan. Den Rücken bedecken von da an, wo der Hals aufhöret, lange starke, Federkielen gleiche, glatte scharf zugespizte, wechselsweise schwarz und weißlich geringelte Stacheln; die an den Seiten sind kleiner als die übrigen, und zweyschneidig. Zwischen den Stacheln stehen graue Haare. Der Schwanz hat am Ende Stacheln ähnliche, aber abgestuzte, inwendig hole Kiele, die gerade hinterwärts auf langen dünnen Stielen stehen. Ausserhalb der Gegend, welche diese Stacheln einnehmen, ist der Leib mit eben solchen Borsten, wie der Hals, bekleidet; an den Beinen sind sie kürzer, und auf den Füssen ganz kurz. Die Länge des Thieres beträgt 2 Fuß und drüber.

Es wohnt in Indien auf dem festen Lande und den grössern Inseln, in China, der Bucharey, Persien bis gegen die kaspische See herauf, in Palästina, in Afrika von der Barbarey an bis zum Vorgebirge der guten Hofnung, in Spanien, in Italien um Rom und im Königreich Neapolis [a]). Zu seinem Aufenthalte gräbt es einen weitläuftigen mit einem einzigen Eingange, aber vielen Kammern versehenen Bau unter der Erde, worinn es am Tage verborgen liegt. In der Nacht geht es heraus und seiner Nahrung nach, welche in allerley Wurzeln und Kräuterwerk bestehet, worunter ihm vorzüglich der Buxbaum schmeckt.

Es wirft im Frühjahre (in Persien zu Ende des Märzes oder Anfang des Aprils) [b]) zwey, drey bis vier Junge, die zahm werden, wenn man sie aufzieht. Sie behalten indessen doch immer eine gewisse Furchtsamkeit bey, und suchen sich bey aller Gelegenheit durch Bewegungen ihrer Stacheln nach der Seite, wo sie sich nicht sicher meinen, zu schüzen. Diese können sie mit grosser Leichtigkeit nach allen Seiten richten, wozu ihnen starke unter der Haut liegende Muskelschichten behülflich sind. Daß dabey manchmal Stacheln abbrechen und abfallen, ist gar wohl möglich. Daß aber ein Stachelschwein seine Stacheln selbst nach Belieben losmachen und verschiessen könne, wie man sonst erzählet hat, davon wird schwerlich ein glaubwürdiges Zeugniß aufgewiesen wer-

a) ZIMMERM. *zool. geogr.* p. 350.

b) Gmelin.

den können. Im Falle der Noth ziehen sie sich auch kuglig zusammen, wie der Igel. Ihren Zorn geben sie durch Strampfen mit den Hinterfüssen und Bewegung des Schwanzes zu erkennen, dessen Kiele, wenn sie an die übrigen anschlagen, einen klappernden Laut verursachen. Die Zähne brauchen sie nicht als Waffen, ausser um sich in Freyheit zu sezen, wenn sie in hölzerne Behältnisse gethan werden; die sie bald entzwey nagen. Sie fressen gerne Obst, und gewöhnen sich, dem, der sie damit füttert, wie ein Hund nachzulaufen. Die Speise fassen sie zwischen die Vorderfüsse.

Das Fleisch des Stachelschweins ist eßbar; in Rom ist es auf dem Markte feil [b]), schmeckt aber sehr süßlich, und kan nicht in solcher Menge wie anderes Fleisch gegessen werden [c]). Die Stacheln dienen zu Stielen kleiner Pinsel. In dem Magen dieses Thieres findet man zuweilen Kugeln, die aus Haaren oder Wurzeln bestehen; und in der Gallenblase, aber sehr selten, den sogenannten Schweinstein [d]), der von rothbräunlicher Farbe, etwas schmierig und sehr bitter ist, und in hohen Preisen verkauft wird [e]).

Die oben angeführte Figur des Seba stellet ein wohl getroffenes indianisches Stachelschwein vor, und war seither die beste, die wir von diesem Thiere hatten. Er scheinet es indessen nicht für ein rechtes gehalten zu haben; denn in der Beschreibung wird angemerkt [ee]), es gebe mehrere Arten der Stachelschweine, dieses sey eines von derjenigen, die auf Sumatra und Java vorkomme. Auf dem folgenden Blatte [f]) kündigt er unter dem Namen porcus aculeatus seu hystrix malaccensis eine andere, jener ziemlich unähnliche Figur [g]) als das wahre Stachelschwein an, das auf Sumatra, Java, Malakka und in Afrika gefunden werde, und den wahren Schweinstein liefere. Da man weder eine Spur findet, daß er ein dieser Zeichnung ähnliches Thier selbst besessen, noch in andern Kabinettern ein solches vorgekommen ist: so scheinet mir diese Figur

b) Ray *p. 206.*
c) Brydone Reis. I Th. S. 12. 13.
d) Lapis porcinus. Piedra del porco.
e) SCHVLZE *diss. de bile p. 5.*
ee) *Tom. I. p. 79.*
f) *p. 81.*
g) *tab. 51. f. 1.*

nichts weiter als das Geschöpf eines ungeschickten ostindischen Mahlers zu seyn, der damit ein gewöhnliches Stachelschwein hat ausdrücken wollen; und ich trage so lange Bedenken, mit den Herren Brisson, von Linné und Erxleben einen besondern Hystrix [k]) oder gar Erinaceus malaccensis [l]) daraus zu machen, bis die Existenz eines solchen Thieres ausser Zweifel gesetzt ist.

2. Der Cuandu.

Tab. CLXVIII.

Hystrix prehensilis; Hystrix pedibus tetradactylis, cauda elongata prehensili seminuda. LINN. *syst.* *p.* 76. *n.* 2.

Hystrix americanus; Hystrix cauda longissima tenui, medietate extrema aculeorum experte. BRISS. *quadr.* *p.* 129.

Hystrix americanus, Cuanda brasiliensibus Marcgr. RAI. *quadr.* *p.* 208.

Hystrix minor leucophæus. BARR. *Fr. équ.* *p.* 153.

Cuandu brasiliensibus, lusitanis Ourico cachiero. MARCGR. *Bras.* *p.* 233. mit einer Fig. IONST. *quadr.* *t.* 60.

Cuandú. PIS. *Ind.* *p.* 99. mit der Marcgr. Fig.

Coendou. BUFF. 12. *p.* 418. *tab.* 54.

Brasilian Porcupine. PENN. *quadr.* *p.* 264. *n.* 195. *tab.* 24. *fig.* 1.

β. Hystrix americanus major. BRISS. *qu.* *p.* 131.

Hystrix longius caudatus, brevioribus aculeis. BARR. *Fr. éq.* *p.* 153.

k) LINN. *syst.* *ed.* 10. *p.* 57. Hystrix brachyura.

l) BRISS. *qu.* *p.* 183. LINN. *syst.* *p.* 25. ERXL. *mamm.* *p.* 174.

Cuandu major. PIS. *Ind.* p. 324. die Fig. p. 325.

γ. Hystrix novæ Hispaniæ; Hystrix aculeis apparentibus, cauda brevi et crassa. BRISS. *qu.* p. 127.

Hoitztlacuatzin, seu Tlacuatzin spinosus, hystrix novæ Hispaniæ. HERNAND. *Mex.* p. 322. mit der Fig.

Hoitztlaquatzin. NIEREMB. *hist. nat.* p. 154. mit Hernand. Fig.

Der Kopf ist rundlich; die Schnauze dick. Die Bartborsten stehen in ohngefähr sechs Reihen auf den aufgeschwollenen Lippen; sie sind länger als der Kopf, weißlich, unterwärts die obersten dunkel, die untern lichtbraun. Ueber jedem Auge kommen zwo ähnliche Borsten aus einer gedoppelten Warze heraus. Auf jedem Backen stehen dergleichen drey. Die Nase und ganze Schnauze ist mit kurzen röthlichen Haaren bedeckt. Die Augen sind klein, und der Umfang derselben ebenfalls kurzhaarig. Die Ohren oval und kurz, hinten mit kurzen und einigen längern Haaren bedeckt und grossen Theils unter dem vorn daran stossenden Haar verborgen. Der Hals ist kurz und dicke. Der Leib gewölbt. Die Beine kurz. Die vordern Füsse haben vier Zehen; die hintern eben so viel mit einem sehr kurzen Daumen. Die Klauen sind an jenen etwas kürzer als an diesen; die beyden mittelsten von gleicher Länge, die innere etwas kürzer und die äussere noch kürzer. An den Hinterfüssen sind die beyden innersten gleich lang; die beyden äussern werden stufenweise kürzer. Der Daumen hat einen ganz kurzen rundlichen Nagel. Die Fußsolen sind chagrinartig. Der Schwanz ist von mittelmässiger Länge und das Ende desselben zum Umwinden eingerichtet. Kopf, Rücken und Schwanz sind mit langen und starken rothbraunen Haaren bedeckt, zwischen welchen platte spizige weißliche Stacheln einzeln hervorstechen. Die vordersten derselben stehen auf der Stirne etwas vor der Gegend der Augen, und auf dem Backen unter dem Auge, welches sie umgeben; auf dem Rücken werden sie, je weiter hinten, desto länger, und gehen bis auf die Mitte des Schwanzes, dessen Haar gegen die Spize hin lichter wird, und nur die obere Fläche desselben bedeckt, da die untere kahl, und in überaus viele Runzeln in die Quere gefaltet ist. Brust, Bauch und Beine unterscheiden sich von dem Rücken nicht in der Farbe, wohl aber darinn, daß sie mit vielen einzelnen langen weißlichen, am Grunde dunklern oder schwärzlichen Borsten bestreuet sind, und auf der Brust, wie am Bauche, die Stacheln fehlen. Die untere Fläche des Schwanzes ist mit steifen fast stechenden rothbraunen Borsten bewachsen. — Die Länge des Thieres, das ich beschrieben habe, betrug einen Fuß und drittehalb Zoll; des Schwanzes allein, sieben Zoll. Es war ein noch junges Thier, und wurde mir von dem Herrn Prof. D. Herrmann in Straßburg aus seiner Naturaliensammlung geneigt mitgetheilet.

Der Cuandu wohnt in Brasilien, Guiana und Mexico [a]).

Er hält sich in den Wäldern auf, klettert, wiewohl langsam, auf die Bäume, wozu ihm der Wickelschwanz behufig ist, und nährt sich von ihren Früchten, auch von jungen Vögeln. Er schläft bey Tage und streicht in der Nacht herum, schnäubt und grunzt wie ein Schwein. Er kan sich zusammen ziehen. Er wird fett, und hat weisses wohlschmeckendes Fleisch, welches häufig gegessen wird. Man macht ihn bisweilen zahm [b]).

Piso berichtet, es gebe einen grössern Cuandu, welcher aber nur in der Grösse verschieden zu seyn scheint, da beyder Figuren fast völlig einerley sind. Auf diesen beziehen sich die oben unter dem Buchstaben β beygebrachten Namen. Von diesem scheint Piso dasjenige Thier nicht zu unterscheiden, welches die unter γ angeführten Benennungen anzeigen; worüber sich aber, in Ermangelung genauerer Beschreibungen, nichts gewisses bestimmen läßt.

3. Der Urson.

Tab. LXIX.

Hystrix dorsata; Hystrix palmis tetradactylis, plantis pentadactylis, dorso solo spinoso. LINN. *syst.* p. 76. n. 3.

Hystrix Hudsonis; Hystrix aculeis sub pilis occultis, cauda brevi et crassa. BRISS. *quadr.* p. 128. n. 3.

a) ZIMMERM. *zool. geogr.* p. 504. b) Marcgrav und PISO a. a. O.

Hystrix pilosus americanus. CATESB. *Car. app. p.* 30.

Cavia Hudsonis. KLEIN *quadr. p.* 51.

The porcupine from Hudson's bay. EDW. *birds* I. *p.* 52. *tab.* 52. Allg. Hist. d. Reis. XVII Th. 231 S. *tab.* 3.

Urson. BUFF. 12. *p.* 426. *tab.* 55. Ill. Pl. 176.

Canada porcupine. PENN. *quadr. p.* 266. *n.* 196.

Der Gestalt nach gleicht dis Thier einem Biber. Der Kopf ist dick, die Schnauze kurz und stumpf, auf den Lippen und über den Augen stehen lange Borsten; die Ohren sind kurz und in dem Haar versteckt. Die Zähne auswendig gelb. Der Kopf, Leib, die Beine und obere Seite des Schwanzes mit langen weichen dunkelbraunen Wollhaaren bedeckt, zwischen welchen auf dem Kopfe, Halse, Rücken und Schwanze steife und spizige Stacheln von brauner und weißlicher Farbe, die hinten auf dem Rücken am längsten sind, vorwärts nach dem Kopfe zu aber und an den Seiten immer kürzer werden, und auf dem Rücken, wie auch an den Seiten herunter, lange Borsten von dunkelbrauner Farbe, mit weißgelblichen Spizen stehen, die hinterwärts am längsten sind und die Stacheln verbergen, welche man nur an und auf dem Schwanze sehen kan. Die Brust, der Bauch und die Beine haben nur steife Haare ohne Stacheln zur Bedeckung. Der Schwanz ist kurz und auf der untern Seite weiß. Die Vorderfüsse haben vier, die hintern fünf Zehen, mit langen unten ausgehöhlten Klauen. Die Länge des Leibes beträgt 2 Schuh, des Schwanzes 8 Zoll [a]).

Das Vaterland dieses Thieres ist Canada, Neuengland, Hudsonsbay und die Insel Neuland [b]). Es gräbt sich unter die Wurzeln der Bäume, steigt auf dieselben und nährt sich von den Früchten und der Rinde, besonders des Wachholderbaumes. Es leckt das Wasser wie ein Hund, und frißt statt dessen im Winter Schnee. Ins Wasser geht es nicht. Die Wilden essen das Fleisch, und brauchen die Stacheln statt der Nadeln [c]).

4.

[a]) Daubenton. Edwards.

[b]) ZIMMERM. a. a. O.

[c]) Edwards.

4.
Das langschwänzige Stachelthier.

Tab. CLXX.

Hystrix macroura; Hystrix pedibus pentadactylis, cauda elongata: aculeis clavatis. LINN. *syst.* *p.* 77. *n.* 4.

Hystrix orientalis: Hystrix cauda longissima aculeis undique obsita in extremo paniculata. BRISS. *quadr.* *p.* 131. *n.* 6.

Porcus aculeatus silvestris seu hystrix orientalis singularis. SEB. *thes.* I. *p.* 84. *tab.* 52. *fig.* I.

Long-tailed porcupine. PENN. *qu.* *p.* 263. *n.* 194.

Die Bartborsten sind lang; die Ohren kurz und kahl; der Leib kurz und dicke, mit steifen stechenden Borsten bedeckt, deren Farbe sich mit dem einfallenden Lichte ändert. Der Schwanz ist so lang als der Leib; an der dünnern Spize hat er einen starken Busch langer knotigter silberglänzender Haare. Die vordern und hintern Füsse haben fünf Zehen. Es wohnt auf den Ostindischen Inseln in den Wäldern [a]), und gehört unter die wenig bekannten Thiere.

[a]) Seba.

Vier und zwanzigstes Geschlecht.

Die Savia.

CAVIA.

PALLAS. *misc. zool. p. 30. spicil. zool. fasc. 2. p. 16.*

PENN. *syn. gen. 25. p. 243.*

ERXL. *mamm. gen. 34. p. 348.*

Vorderzähne: oben und unten zween, die sich in eine keilförmige Schärfe endigen.

Backenzähne: vier auf jeder Seite.

Zehen: an den Vorderfüssen viere, nebst einem unvollkommenen Daumen; an den Hinterfüssen drey, eine Art, den Paka, ausgenommen, wo an selbige auf jeder Seite noch eine kürzere anschließt.

Der Schwanz ist ganz kurz und fast kahl, oder mangelt.

Die Schlüßelbeine fehlen.

Die Thiere dieses Geschlechtes laufen langsam und hüpfend, steigen nicht, halten sich gern in holen Räumen und unter der Erde auf, und nähren sich von bloßen Gewächsen.

Klein errichtete dieses Geschlecht, und gab ihm den Namen Cavia; mengte aber den Monax und Urson darunter. Linne' brachte sämmtliche Arten unter die Mäuse. Brisson trennte sie wieder, that aber den Lemming und Zeisel hinzu, und nannte das Geschlecht Cuniculus oder Lapin. Pallas sonderte die fremden Arten ab, stellte dis Geschlecht, als ein völlig natürliches, mit dem von Klein angenommenen

Namen wieder her, und gab die Charaktere davon an. Ihm folgten darinn **Pennant** und **Erxleben**, welche beyde aber die lezte Art unter ein ganz anderes Geschlecht bringen; mit eben so wenig Grunde, als sie von Linné unter die Schweine gesetzt worden ist. Wollte man sie nicht bey den übrigen Cavien lassen: so würde vielmehr nöthig seyn, mit Brisson ein eignes Geschlecht daraus zu machen, das die Vorderzähne und Füsse charakterisiren würden.

1. Der Paka.

Tab. CLXXI.

Cavia Paca; Cavia caudata, pedibus pentadactylis, lateribus flavescente lineatis. ERXL. *mamm. p.* 356. *n.* 7.

Mus Paca; Mus cauda abbreviata, pedibus pentadactylis, lateribus flavescenti lineatis. LINN. *syst. p.* 81. *n.* 6.

Cuniculus Paca; Cuniculus caudatus auritus, pilis obscure fulvis rigidis, lineis ex albo flavescentibus ad latera distinctis. BRISS. *qu. p.* 144. *n.* 4. GRON. *zooph.* 1. *p.* 4. *n.* 15.

Cuniculus minor palustris, fasciis albis notatus. Pak. BARR. *Fr. éq. p.* 152.

Mus brasiliensis magnus, porcelli pilis & voce, Paca dictus. RAI. *quadr. p.* 226.

Paca. MARCGR. *Bras. p.* 224. mit einer Fig. PIS. *Ind. p.* 101. mit derselben. IONST. *quadr. tab.* 63.

Paca. BUFF. *hist.* 10. *p.* 269. *tab.* 43. eine Abbildung eines ganz jungen Thieres. BUFF. *suppl.* 3. *p.* 203. *tab.* 35. die Abbildung eines erwachsenern Thieres.

Laubba. **Bankrofts** Guiana S. 76.

Spotted Cavy. PENN. *qu. p.* 244. *n.* 178.

Pak; Paka; in Brasilien. Pakiri; Ourana; in Guiana.

Der Kopf ist stark erhaben; die Nase vorn breit, gespaltet, schwärzlich; die Vorderzähne äußerlich safrangelb; die Bartborsten lang, theils braun, theils weiß; unter denselben läuft am Rande der Oberlippe auf jeder Seite eine in der Mitte haarlose Falte hinterwärts. Die Augen sind groß und braun; über jedem Auge stehen einige lange Haare, und hinter demselben ein Büschel Borsten so lang als der Bart. Die Ohren sind abgerundet, faltig, mit feinem fast unmerkbarem Wollhaar bedeckt. Der Hals kurz. Der Rücken erhaben. Der Schwanz zeigt sich nicht eher als bis man ihn sucht, als eine 2 bis 3 Linien lange Warze. Die Hinterbeine sind höher als die Vorderbeine. Jeder Fuß hat fünf Zehen, wovon die mittlern länger sind, und die äussern an den Hinterfüssen weit hinterwärts stehen. Zwischen den Hinterbeinen zeigen sich zwo Säugwarzen. Das Haar ist dünne, kurz und rauh anzufühlen, von Umbrafarbe, auf dem Rücken aber noch dunkler; jede Seite ist mit fünf Reihen fast zusammenhängender weisser Flecke, der Länge nach gezeichnet; Kehle, Hals, Brust, Bauch und das Innere der Beine, schmuzig weiß *). Die Länge des ausgewachsenen Thieres mag gegen zween Fuß betragen [a]).

Der Paka wohnt in Brasilien, Guiana, am Maranhon [b]) und vermuthlich in dem ganzen heissen America, an den Ufern der Flüsse. Er gräbt Hölen zu seinem Aufenthalte, die mit drey Fluchtröhren versehen sind. In jeder hat nur einer seinen Aufenthalt. Er gehet seinen Geschäften in der Nacht nach, und kömmt am Tage nicht zum Vorschein, ausser wenn ihn seine Nothdurft heraus treibt. Denn in seinem Bau leidet er nicht die geringste Unreinigkeit. Wenn er wieder hinein gehet, so verstopft er die Zugänge mit Blättern und kleinen Zweigen. Wird er verfolgt, so fliehet er ins Waßer, taucht unter und steckt nur den Kopf von Zeit zu Zeit heraus, um Othem zu schöpfen. Doch vertheidigt er sich im Nothfalle hartnäckig gegen die Hunde. Das Weibchen wirft nur Ein Junges auf einmal, welches so lange bey ihr bleibt, bis es erwachsen ist.

*) Eine ganz weiße Spielart am S. Franciscifluß erwähnt de Laet.

a) BUFFON. *suppl. p. 207.* u. f.

b) ZIMMERM. *zool. p. 508.*

Dieses Thier wird sehr fett, und das Wildpret hat einen angenehmen Geschmack. Man glaubt in Cayenne, es gebe 2 bis 3 Arten von Paka, die sich nicht mit einander vermischen; die eine soll 14 bis 20, und eine andere 25 bis 30 Pfund wiegen [c]).

Der Herr Graf von Büffon hat ein Weibchen eine Zeitlang lebendig unterhalten. Es war zahm, verbarg sich am Tage an dunklen Orten, vornehmlich unter dem Ofen; machte sich vorher ein Lager zurecht, und ließ sich nicht anders als mit Gewalt davon vertreiben. In der Nacht aber war es in Bewegung, und nagte an seinem Behältniße wenn es eingesperret war. Es konnte keine Unreinigkeit darinn leiden, entledigte sich der seinigen an dem entlegensten Orte, und wich einem ihm zugegebenen männlichen Kaninchen, mit dem es sich anfänglich wohl vertrug, so bald dieses das Gehäuse besudelt hatte. Sein Bette suchte es deswegen zum öftern zu ändern. Es ließ sich von bekannten Personen angreifen, leckte die Hände wenn es gestreichelt, und streckte sich auf den Bauch aus, wenn es gekrazt wurde. Ein kleines Geschrey drückte dabey sein Wohlgefallen aus. Nehmen ließ sichs aber nicht gern. Fremde Personen, die ihm beschwerlich fielen, biß es, Kinder konnte es nicht leiden, sondern verfolgte sie, und fiel unbekannte Hunde an. Der Zorn äusserte sich bey ihm durch eine Art von Zähnklappen und Grunzen. Es saß öfters, und bisweilen lange, auf den Hinterbeinen. Es wusch sich gern den Kopf und Bart mit den Vorderfüssen, die es jedesmal leckte; zuweilen mit beyden zugleich; hernach krazte es sich mit selbigen, so weit es reichen konnte, und endlich mit den Hinterbeinen. Es war schwerfällig, und zur Bewegung träge, außer wenn es auf Stühle oder Sachen springen wollte, die es wegzutragen suchte. Es war gefrässig, und nahm alles was man ihm gab. Gewöhnlich bekam es Brod, und nahm es auch wenn es gleich in Wein oder Essig getaucht war. Rüben, Seleri, Zwiebeln, Knoblauch und andere Wurzeln, Kohl, Kräuterich, selbst Baumrinden waren nach seinem Geschmacke. Vor allem aber liebte es Früchte und Zucker, und gab sein Vergnügen darüber mit Sprüngen zu erkennen. Körner liebte es auch, und suchte sie aus dem Strohe heraus auf welchem es lag. Fleisch aber nahm es selten und

[c]) BUFF. *suppl.* p. 211.

wenig. Es sof wie ein Hund. Sein Harn war dick und übelriechend, der Unrath länglicher als der vom Hasen und Kaninchen. Es schien nicht sehr empfindlich gegen die Kälte zu seyn, und möchte sich, nach der Muthmaassung des Herrn Grafen, in den gemässigten Ländern Europens vielleicht einheimisch machen lassen; welches, wegen des wohlschmeckenden Fleisches, versucht zu werden verdient.

2. Der Akuschi.

Tab. CLXXI. B.

Cavia Acuchy; Cavia caudata, corpore olivaceo. ERXL. *mamm. p.* 354.

Cuniculus minor caudatus olivaceus, Akouchy. BARR. *Fr. équ. p.* 153.

Akouchy. BUFF. 15. *p.* 58. *suppl.* 3. *p.* 211. *tab.* 36.

Olive Cavy. PENN. *syn. p.* 246. *n.* 180.

Akouchy; in Cayenne. Agouti; auf den Inseln S. Lucie und Grenade.

Der Kopf ist erhaben, die Ohren rundlich, der Rücken gewölbt, der Schwanz kurz und haarig, die vordern Füße vier, die hintern dreyzähig. Das Haar olivenfärbig. Die Größe eines Kaninchens von sechs Monaten.

Er gleicht in der Gestalt dem Aguti, unterscheidet sich aber von diesem durch die Farbe, Grösse und den Schwanz.

Er wohnt in den weitausgedähnten Waldungen in Guiana.

In den Eigenschaften kömmt er mit dem Aguti überein, und lebt von eben der Nahrung. Das Weibchen wirft ein bis zwey Junge.

Der Akuschi läßt sich gut zahm machen, und giebt eben den Laut, wie das Meerschweinchen, aber selten. Er läßt sich essen, schmeckt aber nicht so gut als der Aguti. Ins Wasser gehet er nicht [a]).

[a]) Büffon a. a. O.

3.

Der Aguti.

Tab. CLXXII.

Cavia Aguti; Cavia caudata, corpore ex rufo fuſco; abdomine flaveſcente. ERXL. *mamm. p.* 353.

Cavia leporina; Cavia caudata, corpore ſupra rufo ſubtus albo. ERXL. *mamm. p.* 355.

Mus Aguti; Mus cauda abbreviata, palmis tetradactylis plantis tridactylis, abdomine flaveſcente. LINN. *ſyſt. p.* 80. *n.* 2.

Mus leporinus; Mus cauda abbreviata, palmis tetradactylis plantis tridactylis, abdomine albo. LINN. *ſyſt. p.* 80. *n.* 3.

Mus major fuſco cineraſcens, cauda truncata. BROWN. *Iam.* *p.* 484.

Mus ſilveſtris americanus cuniculi magnitudine, porcelli pilis & voce. RAI. *quadr. p.* 226.

Cuniculus Agouti; Cuniculus caudatus auritus, pilis ex rufo & fuſco mixtis rigidis veſtitus. BRISS. *quadr. p.* 143. GRONOV. *zooph.* I. *p.* 4. *n.* 14.

Cuniculus americanus; C. caudatus auritus, pilis rufis rigidis veſtitus. ID. *ibid. p.* 144.

Cuniculus javenſis; C. caudatus auritus rufeſcens fuſco admixto. ID. *ib. p.* 142.

Cuniculus americanus. SEB. *theſ.* I. *p.* 67. *tab.* 41. *f.* 2.

Cuniculus omnium vulgatiſſimus, Aguti vulgo. BARR. *Fr. ęq.* *p.* 153.

Aguti vel Acuti Braſilienſibus. MARCGR. *Braſil. p.* 224. IONST. *quadrup. tab.* 63. PIS. *Braſil. p.* 102. die Marcgr. Fig.

Agouti. BUFF. 8. *p.* 375. *tab.* 50. LINN. Abh. der Kön. Schwed. Ak. d. W. 1768. S. 27.

Puccarara. Bancrofts Guiana S. 84.?

Long-nosed Cavy. PENN. *syn. p.* 245. *n.* 179.

Javan Cavy. PENN. *syn. p.* 246. *n.* 181.

Java hare. CATESB. *Carol. app. tab.* 18.

Aguti; Acuti; in Guiana. Cotia; in Brasilien.

Der Kopf ist länglich oval, etwas zusammen gedrückt, oben platt. Die Schnauze lang und spizig, die Nasenlöcher länglich, die Lippen blaß, die obere ganz gespaltet, die Bartborsten kürzer als der Kopf, schwarz und einige eben solche über den Augen, auf den Backen und unter dem Kinn auf einer Warze. Die Unterkinnlade sehr kurz. Die Vorderzähne auswendig gelb. Die Ohren rund, breit, ganz kahl und nicht viel länger als die Haare am Kopfe. Der Hals lang. Der Leib gestreckt, der Rücken etwas gewölbt. Der ganze Leib ist mit sehr kleinen Wärzchen bestreuet, die auf dem Rücken dichter, auf der Brust und dem Bauche einzelner, in die Quere stehen und breiter als hoch sind. Auf jedem solchen Wärzchen sizen drey Haare, steif wie die Schweinsborsten, und hinten auf dem Rücken vier bis fünfmal länger und sträubigter als vorn am Leibe, auf dem Rücken schwarz und blaßgelb geringelt (die gelben Ringe sind an den vordern Haaren kleiner, an den hintern grösser), auf dem Halse, der Brust und dem Bauche über und über blaßgelb. Der Schwanz ist sehr kurz, konisch, ganz kahl. An den niedrigen dünnen Beinen haben die vordern Füsse vier [a]), die hintern drey, nicht ganz mit einander verbundene (subpalmati) Zehen mit länglichen stumpfen Klauen [b]). Die Länge des Thieres beträgt anderthalb Fuß [c]).

Diese Thiere wohnen in Brasilien, Guiana und den antillischen Inseln [d]), in den Wäldern, an trocknen sowohl als feuchten Orten, in Bauen, die sie sich graben, oder in holen Bäumen häufig. In jedem Loche findet man gemeiniglich nur eins, oder eine kleine aus der Mutter und ihren

a) Nebst einem kleinen Knoten mit einem Nagel, anstatt des Daumens. Daubenton.

b) Linne'.

c) Daubenton.

d) ZIMMERM. *p.* 507.

ihren Jungen bestehende Familie. Sie stecken in der Nacht darinnen; den größten Theil des Tages, und bey Mondscheine, gehen sie ihrer Nahrung nach. Diese bringen sie, auf den Hinterfüssen sizend, mit den Vorderfüssen zum Munde. Sie bestehet in Wurzelwerk, Blättern und Früchten, besonders Kernen der Maripa [e]), Corana, Tourlouri [f]) und dergleichen, wovon sie Vorräthe eingraben, die bisweilen ein halbes Jahr in der Erde liegen bleiben ehe sie sie verzehren. Ihr Lauf ist hüpfend, aber dennoch geschwind genug.

Sie vermehren sich das ganze Jahr hindurch, und das Weibchen wirft auf einmal drey, vier bis fünf Junge, auf einem von Blättern gemachten Lager, trägt sie, erforderlichen Falles, wie die Kaze ihre Jungen, weiter und säugt sie eine kurze Zeit. Sie wachsen geschwind.

Das Fleisch ist weiß und hat eben den Geschmack als das Kaninchenwildpret. Um deswillen werden sie in Fallen gefangen, auf dem Anstande geschossen, oder mit Hunden gehezt. Wenn sie sich dann nicht anders retten können, so gehen sie allenfalls auch ins Wasser [g]).

Man kan diese Thiere zahm machen; sie gewöhnen sich wegzulaufen und wieder zu kommen, und fressen alles was man ihnen gibt. Ein zahmer Aguti, den der Herr Archiater von Linné unterhielt, ward mit Brod, Körnern, Früchten, Wurzelwerk, Salat, Kohl und andern Blättern gefüttert. Fleisch aber fraß er nicht. Das überflüssige vergrub er. Er war aufs Fressen sehr begierig, und bettelte darum, indem er an den Leuten hinanstieg und ihnen die Hände leckte; aufheben ließ er sich aber nicht gern, wenn er nicht sehr hungrig war. Getränke nahm er wenig, und zwar saugend zu sich. Er saß gemeiniglich auf den Hinterfüssen, die Vorderbeine auf die Erde gestüzt, und puzte sich öfters. Er schlief wenig, mit ofnen Augen, sizend oder liegend. Wenn er böse ward, so sträubte er die Haare, von der Mitte des Rückens bis hinten, empor, und stampfte mit den Hinterfüssen stark gegen die Erde; ein Umstand, worinn er mit dem Stachelschweine überein kömmt. Er biß nicht. Einen Laut hörte man selten von

[e]) Maripa scandens AUBLET *pl. de la Guiane 1. p. 230. tab. 91.* oder vielmehr Palma Maripa. Ebendas. *2. p. 974.*

[f]) Turulia guianensis, AUBL. *1. p. 492. tab. 194.*

[g]) BUFFON. *suppl. 2. p. 203.*

ihm; dann grunzte er wie ein Ferkel; bisweilen, besonders wenn er zu freßen bekam, schnurrte er wie eine Kaze, wenn sie, wie man sagt, spinnt. Man kan dis Thier in dem gemäßigten Europa ohne große Schwierigkeit halten, wenn man ihm nur im Winter einen warmen Aufenthalt gibt.

4.

Der Aperea.

Cavia Aperea; Cavia ecaudata, corpore ex cinereo rufo. ERXL. *mamm.* *p.* 348.

Cuniculus brasiliensis; Cuniculus ecaudatus auritus ex cinereo rufus. BRISS. *qu.* *p.* 149. *n.* 8.

Cuniculus brasiliensis, Aperea dictus Marcgr. RAI. *syn.* *p.* 206.

Cuniculus indicus femina. ALDR. *dig.* *p.* 393. Fig.

Apereá Brasiliensibus. MARCGR. *Bras.* *p.* 223. IONST. *qu.* *tab.* 63. PIS. *Brasil.* *p.* 103. BUFF. 15. *p.* 160.

Rock Cavy. PENN. *quadr.* *p.* 244. *n.* 177.

Von diesem Thiere wissen wir weiter nichts, als daß es der Gestalt nach zu diesem Geschlechte gehöret, kurze Ohren, keinen Schwanz, an den vordern Füssen vier, und an den hintern drey Zehen, auf dem Rücken die nehmliche Farbenmischung wie der Hase, unten aber eine weißliche Farbe hat, und einen Fuß lang ist [a]).

Es wohnt in Brasilien in felsigtem Grunde in Hölen, die es sich also nicht selber gräbt; das Wildpret ist wohlschmeckender als Kaninchenfleisch und wird häufig gespeiset, und deswegen das Thier mit Hunden gefangen [b]).

Der Herr Graf von Büffon hält den Cori des Oviedo, und Herr Erxleben die Puccarara des Bankroft [c]) für einerley mit dem Aperea. Allein die Beschreibungen derselben sind zu unvollkommen, um etwas be-

a) b) Marcgr.

c) N. G. v. Guiana S. 84.

stimmen zu können. Sollte nicht die Puccarara vielmehr der Aguti seyn?

5.

Das Meerschwein.

Tab. CLXXIII.

Cavia Cobaya. MARCGR. *Brasil. p.* 224. PIS. *Bras. p.* 102. mit einer schlechten Fig. PALL. *spicil.* 2. *p.* 17.

Cuniculus indicus. NIEREMB. *hist. nat. p.* 160. ALDR. *dig. p.* 390. 391. IONST. *quadrup. p.* 162. *tab.* 63. 65. mit schlechten Figuren.

Cuniculus indicus; C. ecaudatus auritus albus aut rufus aut ex utroque variegatus. BRISS. *quadr. p.* 147. *n.* 7. GRON. *zoophyl.* 1. *p.* 4. *n.* 16.

Mus seu Cuniculus americanus & guineensis, porcelli pilis & voce çavia cobaya Brasiliensibus dictus Marcgr. RAI. *syn. p.* 223.

Mus Porcellus; Mus cauda nulla, palmis tetradactylis, plantis tridactylis. LINN. *syst. p.* 79. *n.* 1. *mus. Ad. Fr. p.* 9. Westgoth. R. S. 244. *Amœn. acad.* 4. *p.* 190. *tab.* 2.

Mus major albo fulvoque varia, cauda nulla. BROWN. *Jam. p.* 484.

Cochon d'Inde. BVFF. 8. *p.* 1. *tab.* 1.

Guinea pig. EDW. *glean.* 2. *p.* 294. *tab.* 294.

Restless Cavy. PENN. *qu. p.* 243. *n.* 176.

Meerschweinchen, Meersäulein; Guinea pig; Englisch. Cochon d'Inde; Französisch. Marsvin; Schwedisch. rc. rc.

Der Kopf ist dicke, und oben ziemlich platt, die Schnauze kurz, vorn abgerundet, die Oberlippe gespaltet, aber geschlossen; Bartborsten viele, nicht völlig so lang als der Kopf, drey dergleichen Haare über, und drey hinter jedem Auge. Die Augen sind groß, braun, hervorstehend. Die Ohren kurz, breit, am Rande etwas ausgeschweift, auswendig kahl inwendig etwas haarig. Der Hals sehr kurz. Der Leib dick und hinten abgerundet. Der Schwanz mangelt gänzlich. Die Beine sind kurz, an den vordern Füssen vier, an den hintern drey Zehen, mit langen runden Nägeln. Zwischen den Hinterfüssen stehen zwo Säugwarzen. Das Haar ist hart, auf dem Nacken und Halse etwas länger als übrigens. Die Farbe ist sehr mannigfaltig, schwarz, weiß, Erbsfarbe, gelb, braun ꝛc. und selten ein Thier dieser Art einfärbig, vielmehr die meisten gefleckt, selbst in der Wildniß [a]). Die Länge des Thieres beträgt gegen einen Schuh.

Das Meerschwein ist in Brasilien [b]), keineswegs in Guinea, einheimisch, aber seitdem die vereinigten Niederlande Brasilien im Besiz hatten, zu welcher Zeit es zuerst nach Europa gekommen zu seyn scheint, überall häufig zum Vergnügen gezogen worden; izo kömmt es ziemlich wieder aus der Mode.

Man unterhält sie in Stuben die im Winter geheizt werden: denn die Kälte vertragen sie nicht. Ihr Futter ist Brod, Weizen oder Gerste, allerley Grünes besonders Hundsgras [c]) und Gänsedistel [d]), Sallat, Kohl, Petersilje, Baumblätter, Obst, Möhren und dergleichen, womit man öfters abwechseln muß, weil sie Eine Speise leicht überdrüssig, und krank werden wenn man ihnen nicht trockne und feuchte Nahrungsmittel wechselsweise gibt. Sie freßen wie die Eichhörner, auf den Hinterfüssen sizend. Sie saufen mit ausgestreckter Zunge, wie die Hunde, reines Wasser und noch lieber Milch; sind aber auch ohne alles Saufen fortzubringen, wenn sie nur feuchte Speisen bekommen. Nach der Mahlzeit ruhen sie sizend. Sie laufen ziemlich hurtig, am liebsten an den Wänden hin, eins folgt dem andern, und das Männchen treibt seine Gattin vor sich her. Das mindeste Geräusche aber kan ihren Lauf unterbrechen und sie horchen machen. Wenn es kalt wird, so kriechen sie zusammen um sich zu erwärmen. Sie waschen die Füsse öfters mit der Zunge, und puzen sich sodann mit einem oder beyden, krazen sich und bringen die Haare wieder in Ordnung. Eins

[a]) Marcgrav.
[b]) Marcgr. Piso.
[c]) Dactylis glomerata LINN.
[d]) Sonchus oleraceus LINN.

kämmt auch wohl das andere, sonderlich die Mutter ihre Jungen, oder das Männchen sein Weibchen; dabey werden sie manchmal uneinig, beissen einander und strampfen für Zorn mit den Hinterfüssen. Sie klettern nicht, und steigen nicht gern über ein Bret das einen halben Schuh hoch ist. Manchmal thun sie aber für Vergnügen einen kleinen Sprung. Enge einschliessen laßen sie sich nicht, wollen auch in reiner Luft unterhalten seyn und öfters frisches Heu zum Lager haben. Sie ruhen sizend mit gekrümmtem Rücken, und schlafen in der nehmlichen Stellung. Wenn sie schlafen wollen, freßen sie gern ein wenig und waschen sich. Im Schlafe nicken sie öfters, schließen aber die Augen nie gänzlich. Der Schlaf ist kurz. Männchen und Weibchen schlafen nicht mit einander, sondern wenn eins schläft so wacht das andere, ist aber still und sieht jenes an. Sie fangen jung an sich zu paaren. Das trächtige Weibchen reißt ihren Hausgenoßen gern die Haare aus und verschlingt sie, benagt auch Holz, Schuh und Kleider zu denen sie kommen kan. Sie geht drey Wochen trächtig, bringt gemeiniglich zwey bis drey, selten mehr als vier Junge, und läßt bald nach dem Wurfe das Männchen wieder zu. Die Jungen werden sehend und haarig gebohren. Zwölf Stunden nach der Geburt können sie schon hurtig laufen und fangen bald an zu fressen. Das Männchen bringt sie gern um, besonders die vom männlichen Geschlechte. So harmlos übrigens diese Thiere sind, da sie keinen Menschen beissen: so kämpfen sie doch bisweilen mit einander um die Weibchen, das Futter und die wärmsten und weichsten Stellen. Sie zupfen sich bey den Haaren, treten einander mit den Hinterfüssen und verwunden sich so gar. Sie knirschen dabey mit den Zähnen. Sonst sind sie furchtsam, erschrecken bey dem geringsten Geräusche und suchen sich zu verbergen. Sie gewöhnen sich nicht bald an jemand, ausser wer sie füttert, dem sie aus der Hand fressen lernen. Den Hunger geben sie durch Grunzen, ihre Zufriedenheit durch ein gewißes Murmeln, und den Schmerz mit einem durchdringenden Schreyen zu erkennen. Das Fleisch ist eßbar, aber unschmackhaft. Die Ratten sollen vor ihnen weichen *).

*) Man sehe die schöne Beschreibung dieses Thieres, die der Herr von Linne seinen *amoenitates acad.* einverleibt hat.

6.

Der Capybara.

Tab. CLXXIV.

Cavia Capybara. PALL. *spic.* 2. *p.* 18.

Sus Hydrochoerus; Sus plantis tridactylis, cauda nulla. LINN. *syst.* I. *p.* 103. *n.* 4. 3. *p.* 228.

Sus maximus palustris. Cabiai. Cabionara. BARR. *Fr. éq. p.* 160.

Hydrochoerus. BRISS. *quadr. p.* 117.

Capybara Brasiliensibus. MARCGR. *Bras. p.* 230. IONST. *quadr. t.* 60. PIS. *Bras. p.* 99. mit Figg. RAI. *quadr. p.* 126.

Capivard. FROGER. *voy. p.* 123. mit einer Figur.

Cabiai. BUFF. 12. *p.* 384. *tab.* 49.

Thicknosed Tapir. PENN. *quadr. p.* 83. *n.* 61.

Capybara; Cabionara; Cabiai; Irabùbo; (GUMILLA *Orin.* 2. *p.* 311.) bey verschiedenen amerikan. Nationen. Capivard; bey den Franzosen in Amerika.

Der Kopf ist länglich und zusammen gedrückt, die Schnauze schmal, die Nase rund und schwärzlich, die Nasenlöcher rundlich, die Oberlippe gespaltet, so daß die Vorderzähne zu sehen sind, welche vorn nach der Länge eine Furche haben; die Bartborsten schwarz, die Augen groß und schwarz, die Ohren kurz, gerade, kahl, an der Spize leicht ausgeschnitten, von schwarzer Farbe; der Hals kurz und dicke, der Leib hinterwärts gewölbt; der Schwanz fehlt gänzlich; die Beine sind kurz, die Füsse kahl und schwärzlich, die vordern vierzehig, so daß die zwote Zehe von aussen die gröste; die hintern in drey Zehen getheilt, wovon die mittelste etwas länger, und welche durch eine Schwimmhaut mit einander verbunden sind. Das Haar ist undicht und borstenartig, aber feiner als Schweineborsten; auf dem Rücken am längsten; auf dem Kopfe, Rücken und der Aussenseite der Beine schwarz mit gelblich vermengt (unten und an der Spize schwarz, in der Mitte gelblich), um die Augen, unter dem Kopfe, an den Seiten des Leibes, und auf der innern Seite der Beine gelblich. Die Länge beträgt über drittehalb Fuß [a]).

Er wohnt in dem westlichen Südamerika [b]) in waldigen und sumpfigen niedrigen Gegenden, an den Ufern der grossen Flüsse, sonderlich des Amazonenflusses, von denen er sich nie weit entfernet.

Er nährt sich von Zuckerrohr, Kräutern, Früchten, auch Fischen, und frißt mit Hülfe der Vorderfüsse auf den Hinterbeinen sizend. Er geht in der Nacht seiner Nahrung paarweise nach. Sein Gang ist wegen der in Verhältniß der Beine langen Füsse nur langsam; desto besser schwimmt und taucht er aber, und kan lange unter dem Wasser ausdauren. Er rettet sich also, wenn er Gefahr argwohnet, ins Wasser, und gemeiniglich durch blosses Schwimmen. Sein Naturell ist sanft, er beleidigt weder Thiere noch Menschen, läßt sich leicht zahm machen, mit Brod und Körnern füttern und an den Ruf gewöhnen. Seine Stimme vergleicht man mit dem Geschrey des Esels. Er wird feist und zuweilen bis hundert Pfund schwer. Das Fleisch hat einen thranigten Geschmack, den es aber verlieret, wenn das Thier mit vegetabilischer Kost ernähret wird. Männchen und Weibchen paaren sich monogamisch, und lezteres soll auf einmal nur Ein Junges zur Welt bringen [c]); welches, wenn es seine Richtigkeit hätte, zu bewundern seyn würde, da Herr Daubenton zwölf Säugwarzen, nehmlich zwo auf der Brust, und die übrigen auf dem Bauche, angemerket hat.

[a]) Daubenton.

[b]) ZIMMERM. *p. 552.* Am grünen Vorgebirge in Afrika soll der Capivard auch wohnen. S. die A. H. d. R. III Th. S. 320. Es scheint aber unter diesem Namen ein anderes Thier verstanden zu werden, da von ihm gesagt wird es steige auf die Bäume, um sich Früchte herunter zu holen.

[c]) BUFF. *suppl. 3. p. 276. 277.*

Fünf und zwanzigstes Geschlecht.

Der Biber.

CASTOR.

LINN. *syst. nat. gen.* 23. *p.* 78.

BRISS. *quadr. gen.* 21. *p.* 133.

ERXL. *mamm. gen.* 40. *p.* 440.

BEAVER.

PENN. *quadr. gen.* 27. *p.* 255.

Vorderzähne: oben und unten zweene, mit keilförmiger Schärfe; die obern hinter derselben etwas ausgehöhlt.

Backenzähne: vier auf jeder Seite [a]).

Zehen: fünf an jedem Fusse; an den vordern getrennt, an den hintern durch eine Schwimmhaut verbunden.

Der Schwanz lang, am Leibe rund und haarig, der grössere Theil aber länglich, platt, schuppig, kahl.

Die Schlüsselbeine vollkommen.

Der Herr Archiater und Ritter von Linne' rechnet zu diesem Geschlechte den Ondatra und Wüchuchol. Lezterer ist schon oben [b]) als eine Art

[a]) In einem Schädel, den ich besize, zähle ich unten auf jeder Seite fünf Backenzähne; es ist eben der, den ich auf der 166ten Kupfertafel habe abbilden lassen. In einem andern oben und unten nur viere. Dieses scheint mir die gewöhnlichste Zahl zu seyn, weil sie die meisten Zoologen angeben. Wie oft oder selten jene vorkomme, überlasse ich denen zu entscheiden, die mehr Gelegenheit dazu haben als ich.

[b]) S. 567.

Art Spitzmäuse da gewesen. Ersterer scheint mir, den Zähnen, Schwanze und dem ganzen Habitus nach vielmehr zu den Ratten zu gehören; ich habe ihn also in das folgende gebracht.

1.

Der Biber.

Tab. CLXXV.

Castor Fiber; Castor cauda ovata plana. LINN. *syst.* *p.* 78. *faun. suec.* *n.* 27. *Mus. Ad. Fr.* 1. *p.* 9.

Castor castanei coloris, cauda horizontaliter plana. BRISS. *qu.* *p.* 133. und Castor albus, cauda horizontaliter plana. *p.* 135.

Castor. GESN. *quadr.* *p.* 309. mit einer mittelmässigen eigenen, und der Rondeletischen Fig. RONDELET *aqu.* *p.* 236. mit einer schlechten Fig. GESN. *aqu.* *p.* 185. mit eben derselben. ALDROV. *dig.* *p.* 276. mit einer mittelm. Fig. *p.* 279. IONST. *quadr.* *p.* 147. *tab.* 68. Aldrovands Fig. RAI. *quadr.* *p.* 209. POMET *drogu.* *II.* *p.* 19. mit einer Fig. PERR. *mém.* I. *p.* 136. *tab.* 19. A. H. d. R. XVII. Th. S. 224. *tab.* *no.* 4. BVFF. 8. *pag.* 282. *tab.* 36. PENN. *quadr.* *p.* 255. *no.* 190.

Beaver. CATESB. *Carol.* *app.* *p.* 29. PENN. *br. zool.* 1. *p.* 70. nebst der Büff. Fig.

Biber. Riding. kl. Thiere *tab.* 84. wilde Th. *tab.* 27.

Κάςωρ; bey den Griechen. Castor; Fiber; bey den Römern. Castore; Bivaro, Bevero; Italiänisch. Castor; Spanisch. Castor; Bièvre; Französisch. Bever; Holländisch, Dänisch. Bever; in Norwegen. Bæfver; Schwedisch. Biur; in Smoland.

Llll

Beaver; Englisch. Bobr; Russisch, Polnisch. Bebris; Lettisch. Kobras; Ehstnisch. Hód; Ungarisch. Majeg; Lappländisch. Llostlydan; Cambrisch. Chaly; Burätisch.

Der Kopf ist zusammen gedrückt, die Schnauze dick und stumpf, die Bartborsten kurz und dicke, die Augen klein, die Ohren kurz, rundlich und behaart, der Hals dick und kurz, der Leib dick, und wenn das Thier auf allen vieren sizt, der Rücken gewölbt, das längere starke Haar hell kastanienbraun, und sehr glänzend, das kürzere weichere gelbbraun. Von dem Schwanze ist der vierte Theil, vom Leibe an gerechnet, haarig, das übrige länglich oval, platt, in der Mitte längshin erhaben, mit Schuppen bedeckt, zwischen denen einzelne kurze steife Haare stehen; das Thier trägt ihn horizontal. Die Beine sind kurz; die Füsse stehen etwas einwärts; die vordern sehr kleinen theilen sich in fünf gespaltete, und die hintern viel grössern in eben so viel mit einer Schwimmhaut verbundene Zehen, deren vierte dem Anscheine nach zween Nägel hat. Die Länge beträgt ohngefähr drittehalb bis drey Fuß, den halb so langen Schwanz abgerechnet.

Die Farbe ist nicht immer diejenige, welche ich oben beschrieben habe. Je weiter nordwärts, desto dunkler fällt der Biber; man hat welche, die ganz schwarz sind. Es kommen aber auch zuweilen ganz weisse, weisse mit grauen Flecken, und weisse mit untermengten rothen Haaren [a]) vor. An dem obern Mississippi um den 40ten Grad der Breite hat man gelbliche gefunden [b]).

Der Biber ist ein Bewohner vornehmlich der kalten, zugleich aber auch der gemässigten Länder von Europa und America, ohngefähr von dem fünf und sechzigsten Grade der Breite an. Wie weit er seinen Auf-

[a]) Castor albus BRISS. *quadr. pag.* 135.

[b]) ZIMMERM. *pag.* 300.

enthalt gegen Süden ausgedähnt habe, kan man nicht sagen. In ältern Zeiten, als die Bevölkerung und der Anbau dieser Länder geringe war, scheint er in weniger enge Gränzen eingeschlossen gewesen zu seyn, als er izt ist. Nach dem Plinius [c]) fand man ihn sonst am schwarzen Meere und in Persien, nach Strabo in Spanien und Italien. In England gab es vormals Biber, allein sie sind schon seit langer Zeit ausgerottet [d]). In Savoyen und der Schweiz fanden sie sich zu C. Gesners Zeiten nicht ganz selten; und Frankreich bringt sie in Languedoc in den Inseln der Rhone [e]) noch hervor. Teutschland, welches vor Alters ganz damit angefüllt gewesen zu seyn scheint, hat nur noch in kleiner Anzahl Biber um die Donau bey Wien [f]), in Bayern ꝛc. und die Elbe, an den in diese Ströme hineinfallenden kleinern Flüssen. Viel häufiger trift man sie in den nordlichen Provinzen von Norwegen und Schweden, in Pohlen und Rußland, vornehmlich in den weitläuftigen asiatischen Ländern dieser Krone an, wo jedoch die Anzahl mit der zunehmenden Cultur immer mehr abnimmt. Am zahlreichsten werden sie noch in Nordamerica gefunden; haben sich aber, mit zunehmender Volkmenge, von den Küsten schon mehr in die innern wüsten Gegenden zurück gezogen.

Der Biber liebt einsame, stille, dicht bewaldete wasserreiche Gegenden; in solchen wohnen manchmal Familien oder vielmehr Republiken von mehr als ein bis zwey hundert dieser Thiere beysammen. Kein Säugthier hat mehr Instinkt zur Arbeit, und bereitet seine Wohnung mit mehr Industrie, als der Biber. Er macht sich nicht nur einen Bau in das hole Ufer, wie der Fischotter und andere Thiere; sondern bauet sich ein ordentliches Haus, oder, wie die Jäger zu reden gewohnt sind,

c) *Hist. nat. l. VIII. c. 30.*

d) Der lezte Beweis ihres Daseyns ist vom Jahre 1188. PENNANT. *zool. 1. p. 70.*

e) BUFFON S. 286.

f) KRAMER *elench. anim. Austr. p. 315.*

eine Burg [*]). Zu Anlegung derselben wählt er beschattetes, seichtes, langsam fliessendes Wasser, in welchem er bequem arbeiten kan. Etwas tiefe Buchten in den Flüssen, sind ihm dazu die bequemsten Pläze. Damit ihm das Wasser nicht zu niedrig werden kan, so führet er zuvörderst, unterhalb der anzulegenden Wohnung, einen Damm von hinreichender Länge, senkrecht von dem Ufer ab, den er mit erstaunlicher Kunst verfertigt. Der Grund dazu besteht aus Stücken von Baumstämmen, an welche Pfähle, und zwar die gegen den Lauf des Wassers gerichteten schräge eingestossen sind; hierauf wird der Damm vier bis fünf Ellen dick, von Zweigen und dazwischen gekneteter Erde so dicht aufgeführet, daß er eine sehr lange Dauer hat.

Die Wohnungen liegen zuweilen einzeln, zuweilen bis zehn, zwölf oder auch noch mehrere beysammen. Sie sind von verschiedener Grösse; kleine, in denen nur ein bis zwey, und grössere, in welchen fünf auch wohl sechs Paare aufs friedlichste bey einander wohnen. Der Umfang derselben ist oval oder rund, und beträgt bis dreyssig Fuß, so wie die Höhe acht und mehr Fuß hat. Der Grund wird wiederum von Stücken gefällter Bäume sehr ordentlich gelegt, die Wände senkrecht darauf aufgeführt, ein rundes Dach darauf gewölbt, und alles mit Erde dicht ausgeknetet und dick überzogen. Die mehresten haben drey Geschosse; eines unter dem Wasser, das andere mit dem Wasser gleich, das dritte über der Wasserfläche. Der Zugänge sind an jeder zween, deren einer vom Ufer, der andere vom Grunde des Wassers aus hinein führet. Solche grosse Wohnungen werden von ganzen Bibergesellschaften gemeinschaftlich verfertigt. Einzelne Biberfamilien, die in bevölkerten Gegenden einen unsichern Aufenthalt haben, machen dieselben kleiner und weniger bemerklich.

[*]) Eine, ich weiß nicht ob bloß aus dem Gedächtnisse oder einigermassen nach der Natur gezeichnete Abbildung einer solchen Burg stehet in dem XVII. Th. der A. H. d. R. auf der mit No. 7. bezeichneten Kupferplatte.

Die Bäume von welchen der Biber die Materialien zu seinen Gebäuden nimmt, sind weiches Laubholz, als Pappeln, Espen, Weiden, Erlen, Birken, Vogelbeeren u. d. gl. Er behauet selbige rings herum, auf den Hinterfüssen stehend und auf den Schwanz gestüzt, mit seitwärts gehaltenem Kopfe, räumt die Späne mit den Vorderfüssen weg, und fährt damit so lange fort, bis der Baum fällt, da er sich denn wohl hütet, daß er nicht getroffen wird. Einen Baum von einer Viertelelle im Durchmesser zu fällen, hat er etwa eine Stunde Zeit nöthig. Zum öftern verrichten mehrere Biber diese Arbeit mit einander gemeinschaftlich. Die Aeste nagt er so glatt ab, als wenn sie mit der Axt abgehauen wären; zertheilt den Stamm in Ellen lange oder kürzere Stücke, je nachdem er dick ist, und schaffet sie dahin, wo er sie braucht. Leztere verrichtet er zu Lande und Wasser mit den Vorderfüssen, indem er sie umklaftert, und theils trägt, theils zieht, theils vor sich her schiebt. Zu dem Ende legt er sich Wege an, welche er von allen Bäumen und Sträuchen reinigt, und die endlich in einen einzigen nach der Wohnung führenden Weg zusammen laufen. Die Erde deren er benöthigt ist, treibt er mit den Vorderfüssen zusammen, nimmt sie zwischen selbige und den Kopf, und trägt oder schiebt sie so bis an den Ort ihrer Bestimmung. Durch den Abfall derselben wird der Weg immer gebähnter und glatter. Die Arbeiten werden bey Nacht verrichtet. Am Tage ruhet der Biber in seinem Baue, so daß er mit dem Hintertheile im Wasser ist, auf dem Lager, welches er sich sonderlich von der Blasensegge ff), auch andern Gräsern, bereitet. Bey veränderttem Wasserstande begibt er sich in das höhere oder tiefere Geschoß. Will ihm das Wasser zu niedrig werden, so erhöhet er den Damm; in welchem er, bey allzuhohem Wasser, eine Oefnung zum Ablauf des Ueberflusses zu machen, auch denselben wieder zu ergänzen weiß.

Die Nahrung des Bibers bestehet mehrentheils in der Rinde von grünen Espen, Weiden und Birken; in America ist der Biberbaum g)

ff) Carex vesicaria LINN.

g) Magnolia glauca LINN.

nebst der dortigen Esche [h]) und dem Storarbaum [i]) seine liebste Speise. Erlen, Ebereschen und Faulbaum [k]) frißt er nicht, wohl aber allerley Kräuter, besonders Schaftheu [l]). Er sammlet sich davon im Herbste Vorräthe, die er vor der Burg tief versenkt, damit er sie auch unter dem Eise hervorholen kan. Daß er auch Fische und Krebse frißt, ist wohl nicht zu läugnen; wie er sich denn auch zu andern Fleischspeisen gewöhnen läßt. Er führt sein Futter, auf den Hinterfüssen sizend, mit eben dem Anstande, wie ein Eichhorn, mit den Vorderfüssen zum Munde.

Er ist überaus reinlich, und leidet keinen Unrath in seiner Behausung; sondern entledigt sich desselben ausserhalb.

Sein Gang auf dem Lande ist lahm, aber doch, wenn er will, hurtig genug. Viel geschwinder aber schwimmt er, welches fast nur mit den Hinterfüssen, selten mit Beyhülfe der Vorderfüsse geschieht, die er dicht unter das Kinn hält. Der Schwanz dient ihm zum Steuerruder. Ein einziger Schub, den er sich gibt, fördert ihn drey Klaftern weit. Er taucht schnell unter, so tief als er will, und fähret eben so geschwind wieder aufwärts. Aber lange unter dem Wasser zu seyn ist ihm unmöglich; denn er kan das Othemholen eben so wenig lange entbehren, als ein blosses Landsäugthier.

Er schläft auf dem Bauche oder Rücken, selten, wie andere Thiere, auf der Seite liegend. Er hat einen festen Schlaf.

Der Laut des Bibers wird mit der Ferkel ihrem verglichen, doch soll er auch durch die Nase einen Laut wie ein Haselhuhn geben. Wenn

[h]) Fraxinus americana LINN.

[i]) Liquidambar styraciflumm LINN.

[k]) Prunus Padus LINN.

[l]) Equisetum.

er Holz hauet, so klappert er von Zeit zu Zeit mit den Zähnen so stark, daß man es weit hören kan.

Die Paarung der Biber, welches monogamische Thiere sind, geschicht um Bartholomäi, und im Merz bringt das Weibchen zwey, drey, selten vier Junge in der Burg, welche es mit seinen vier auf der Brust befindlichen Zizen ernähret. Die Burg wird von dem Männchen zu der Zeit wenig besucht. Sobald die Jungen der Mutter folgen können, welches nach einigen Wochen geschicht; so begibt auch sie sich mit ihnen ins Freye heraus, bis der Herbst die ganze Familie wiederum in der Burg versammlet, oder einen neuen Bau veranlaßt.

Die Jungen werden im dritten Jahre vollwüchsig, da sie sich auch zuerst paaren sollen; wiewohl glaublicher ist, daß solches zeitiger geschehe, weil sich schon nach Verlauf eines Jahres der Trieb dazu spüren läßt. Das Alter des Bibers soll sich auf funfzehen bis zwanzig Jahre erstrecken.

Wird der Biber jung gefangen, so ist er leicht zahm zu machen, und erscheint alsdann als ein gutmüthiges Thier ohne sonderlich scharfe Sinne, ohne starke Leidenschaften, ohne die grossen Fähigkeiten, die er in der Freyheit verräth; er thut sich nicht sehr zu, legt aber die Wildheit so weit ab, daß man ihn im Hause frey herum und auch allenfalls hinaus laufen lassen darf, ohne ihn zu verlieren; daß er nicht mehr beißt, sondern kommt, und auf sein Futter wartet, auch wohl einem nachläuft. Wasser ist ihm nicht unumgänglich nöthig. — Ein erwachsen gefangener Biber wird nie zahm [m]).

m) Man sehe von den Eigenschaften des Bibers: Gislers Nachrichten von diesem Thiere in den Abhandl. der königlichen Academie der Wissenschaften zu Stockh. Th. XVIII. S. 196. und folg. Holstens Anmerkungen über den Biber, ebendas. Th. XXX. S. 292.; Berch vom Jemtländischen Wildfange, §. 8. Kalms *resa* Th. II. S. 324. u. f. Th. III. S. 21. u. f. Döbels Jägerpr.

Man fängt die Biber in starken Nezen, Reusen, Stangeneisen, Fallen und mit Hunden [m*]). Das Wildpret ist nicht schmackhaft, sondern thranigt, der Schwanz aber wohlschmeckend. Die Bälge werden im dritten Herbst erst recht schön, und sind nur im Winter brauchbar. Sie dienen zu Verbrämungen, und die Haare davon zu Tüchern, Strümpfen, vornehmlich aber zu Hüten. Die Hutmacher theilen die Biberbälge in magere, welche natürlich, und fette, die eine Zeitlang von den Wilden in America getragen worden sind. Sie consumiren jährlich eine unglaubliche Menge, die, bis auf die wenigen in Europa fallenden Bälge, insgesamt aus Nordamerica kommen. Sibirien liefert nicht nur keine, sondern erhält noch dazu welche von jenen [n]).

In gewisse Bälglein [o]), ohnweit der gemeinschaftlichen Oefnung der Harnröhre und des Afters; welche nebst dem weiter vorwärts liegenden doppelten Beutel den Characteren des Bibergeschlechts beygefügt zu werden verdienen, sammlet sich aus den Drüsen, mit welchen sie überall bedeckt sind, das Bibergeil, ein gelbliches zähes und schmieriges, nach dem Austrocknen dunkelbraunes bröckliches brennbares Wesen, von einem unangenehmen durchdringenden Geruch und eckelhaften bitterlichen etwas scharfen Geschmacke; welches wegen seiner nervenstärkenden krampfstillenden und übrigen Kräfte als eine trefliche Arzney häufig gebraucht wird. Das beste ist das Russische, welchem man das Preussische an die Seite stellet; das americanische hingegen weit geringer, und wohl viermal wohlfeiler. Das Schwedische wird diesem noch nachgesezt.

Sechs

I. Th. S. 36. Des Herrn Gr. v. Büffon *hist. nat.* und die daselbst angeführten Schriftsteller.

m*) Pallas R. III. Th. S. 88.

n) Müllers Sammlung ruß. Gesch. III. B. S. 528.

o) BUFF. *VIII. tab. XL. XLI.* Man vergleiche damit die *obs. anat. de receptaculis castoris* in den *Act. Acad. Petropol. tom. II. p. 415.*

Die Bäume, welche dem Biber die Materialien zu seinem Hausbaue liefern, sind harte Arten Laubholz, Eichen, Eschen u. d. gl. wovon die stärksten Schwellbäume ihm dazu nicht zu groß sind. Die weichen Holzarten, die er fället, gebraucht er nur zur Nahrung. Er geht bey dieser Arbeit vorsichtig zu Werke, um nicht von dem fallenden Baume getroffen zu werden. Deswegen kerbt er den Stamm an der Seite, wohin er fallen soll, unten ein, und nagt ihn alsdenn an der andern, und so weiter rings herum ab. Die dabey abgehenden Späne räumt er mit den Vorderfüssen aus dem Wege. Wenn der Baum liegt, so beißt er die Aeste so glatt ab und entzwey, als wenn sie mit der Axt gehauen wären; dann zertheilt er den Stamm in Ellenlange, oder kürzere, auch wohl längere Stücke, je nachdem er stark ist. Von den dicken Stämmen, die sich wegen ihrer Stärke und Entlegenheit nicht wohl fortschaffen lassen, nimmt er nur die Aeste. Die zu diesen Verrichtungen erforderliche Zeit steht natürlicher Weise mit der Härte und Dicke des Stammes im Verhältniß. Einen weichen Stamm von einer Viertelelle im Durchmesser soll ein Biber in etwa einer Stunde fällen können. Mit harten stärkern Stämmen hingegen bringt er, wie man sagt, nach und nach drey bis sechs Monate, auch wohl längere Zeit zu. Zuweilen wird diese Arbeit von mehreren Bibern zugleich verrichtet. — Das so zurechte gemachte Holz schaffet er sodann fort. Dis thut er mit den Vorderfüssen, womit er das Holz umklaftert, und theils trägt, theils ziehet, theils vor sich her schiebt. Zu diesem Behufe legt er Wege an, die er von allem Strauchwerke reinigt, und so führet, daß sie endlich alle in eine einzige Strasse zusammen laufen. Die Erde, deren er zum Damm- und Holzbaue benöthigt ist, ballet er mit den Vorderfüssen, fasset sie zwischen selbige und den Kopf, und trägt oder schiebt sie bis an den Ort ihrer Bestimmung. Durch den Abfall derselben wird der Weg immer gebähnter und glätter. Wenn diese Dinge zu Wasser fortgebracht werden müssen, so hält er sie auf die erwähnte Art, und schwimmet mit den Hinterfüssen und dem Schwanze, auch gegen den Strom ohne Schwierigkeit.

Nahe bey der so künstlich erbaueteten Wohnung pflegt der Biber in das Ufer Röhren zu graben, die ihm theils zum Aufenthalte, theils zur Communication mit benachbarten Wäldern dienen. Er führt sie schräge aufwärts, und wenn sie den letztgemeldeten Gebrauch haben sollen, gern an einem Wasser oder Sumpfe wieder heraus; da sie denn bisweilen eine Länge von mehrern hundert Schritten erhalten *f*). Nach Herrn Sarrasin graben nicht alle Biber, solche Hölen in die Erde, sondern nur einige, die man in Canada Castors terriers nennet. Die untere Oefnung ist wie der untere Eingang eines Biberhauses, so tief unter dem Wasser, daß sie nicht vom Eise verstopft werden können. Etwa 5 bis 6 Fuß lang gehet sie enge fort, erweitert sich sodann 3 bis 4 Fuß ins Gevierte, um einen kleinen Teich zu machen, und geht sodann wiederum enge in die Höhe, bisweilen über tausend Fuß weit.

Alle diese Arbeiten verrichtet der Biber in der Nacht. Am Tage ruhet er den Sommer hindurch in seiner Wohnung auf einem von allerley Gräsern, sonderlich der Blasensegge *g*) bereiteten Lager, am Rande des Wassers, in welchem er, wie man sagt, die Hinterfüsse und den Schwanz gern eingetaucht hält. Er sönnet sich auch zuweilen in dem obern Eingange oder ausser seiner Wohnung. Bey verändertem Wasserstande begiebt er sich in das höhere oder tiefere Geschoß, wohin er zugleich sein Lager mitnimmt. Will ihm das Wasser zu niedrig werden, so erhöhet er den Damm; in welchem er, bey allzuhohem Wasser, eine Oefnung zum Ablauf des Ueberflusses zu machen, auch dieselbe wieder zu verstopfen weiß. Im Winter halten sich die Biber vorzüglich in den gedachten Röhren auf, die sie im Herbste beziehen, und zu Anfange des Frühjahrs wieder verlassen. Sie kommen in dieser Jahreszeit nur selten zum Vorschein, um frische Nahrung zu suchen. Ihr Lager in denselben bereiten sie aus lauter von dem gefälleten Holze abgenagten feinen Spänen, die den Drechslerspänen gleichen.

Die Nahrung des Bibers bestehet in der Rinde von Pappeln, Espen, Birken und allerley Arten Weiden; in America ist der Biber-

f) Helwing.

g) Carex vesicaria LINN.

baum [g]) nebst der dortigen Esche [h]) und dem Storaxbaum [i]) seine Favoritspeise. Erlen- Vogelbeer- und Faulbaumrinden [k]) frißt er nicht. Im Sommer giebt zugleich allerley Wurzelwerk ein Futter für ihn ab, sonderlich die Wurzeln vom Kalmus [l]), den Seerosen [ll]), Schilf, Schaftheu [m]) u. d. gl. Von den erstgedachten Baumarten trägt er zu Anfange des Winters Zweige zum Vorrath für den Winter in die Röhren ein, wo sie weder gefrieren, noch verwelken, oder sonst verderben können; die stärkern Weidensträucher steckt er, nachdem er vorher die Ruthen abgebissen und eingetragen hat, um die Burg herum unter dem Wasser in die Erde. Von diesem Strauchwerke nagt er den Winter hindurch die Rinde zu seinem Unterhalte ab. Er führt sein Futter, auf den Hinterfüssen sizend, mit eben dem Anstande, wie ein Eichhorn, mittelst der Vorderfüsse zum Munde. Zur Erweichung so harter Nahrungsmittel gab ihm der Schöpfer ungewöhnlich grosse Speicheldrüsen; einen unterhalb der Mitte verengerten Magen, der durch starke Muskelfasern, die den obern und untern Magenmund zuschnüren, verschlossen werden kann [n]), und an der rechten Seite des erstern eine Fingersdicke Drüse, welche aus ohngefähr 18 Oefnungen [o]) einen schleimigen Speichel in den Magen ergießt. Jener behält das genossene Futter so lange in sich, bis von diesem so viel hinzugekommen, als zur Verwandlung desselben in einen Brey nöthig ist. — Des Unraths entledigt sich der Biber ausserhalb seiner Wohnung, in welcher er keine Unreinigkeiten duldet.

Sein Gang auf allen vieren ist lahm; aber doch, wenn er will, hurtig genug. Auch kan er auf den hintern Füssen, wiewohl langsamer, gehen, welches geschieht, wenn er mit den vordern etwas trägt. Viel geschwinder schwimmt er, welches fast nur mit den hintern Füs-

g) Magnolia glauca LINN.
h) Fraxinus americana LINN.
i) Liquidambar styraciflusm LINN.
k) Prunus Padus LINN.
l) Acorus Calamus LINN.
ll) Nymphaea lutea et alba LINN.
m) Equisetum.
n) Büffon *tab. 39. fig. I.*
o) Pallas.

sen und Schwanze, seltener mit Beyhülfe der vordern geschieht, die er dicht unter das Kinn zu halten pflegt. Ein einziger Schub, den er sich gibt, kan ihn drey Klaftern weit fördern. Er taucht schnell unter, so tief als er will, und fähret eben so hurtig wieder aufwärts. Allein lange unter dem Wasser zu bleiben, ist ihm unmöglich. Kulmus hat zwar einmal an einem Biber von dem eyförmigen Loche in der Scheidewand der Vorkammern des Herzens noch einen kleinen Theil offen gesehen [p]), und der Herr Professor Pallas fand an dem alten Biber, dessen weiter unten Erwähnung geschehen wird, wo dasselbe ganz verschlossen war, den so genannten Botallischen Pulsaderkanal sehr deutlich ob schon enge, doch wirklich hol. Indessen sind beyde nicht zureichend, dem Strome des Blutes in dem erwachsenen Thiere eine Richtung zu geben, die ihm das Othemholen auf eine beträchtlich längere Zeit entbehrlich machen könnte, als es einem blossen Landsäugthiere ist. Beym Schwimmen unter dem Wasser so wohl als um enge Wege durchgehen zu können, ist ihm der starke Hautmuskel sehr behufig, mit welchem er ringsherum umgeben ist, durch dessen Zusammenziehung er sich zu verkleinern vermag.

Im Schlafe liegt der Biber auf dem Bauche oder Rücken, seltener, gleich andern Thieren, auf der Seite. Er schläft fest.

Der Biber und die Biberin halten sich in einer Monogamie zusammen. Ihre Begattung geschieht im Winter, und zwar in aufrechter Stellung. Nachdem letztere, wie man sagt, vier Monate trächtig gegangen ist, setzt sie im März zwey Junge, selten eins oder zwey mehr. Dies geschieht in einer Röhre auf dem oben beschriebenen Lager. Sie säugt selbige mittelst der vier oben an der Brust befindlichen Säugwarzen einige Wochen lang. Wenn sie erwachsen sind, so verlassen sie die Eltern, welche ihnen das bis dahin bewohnte Haus eingeben, und sich,

p) Kulmus Anatomie des Bibers, Kunstgeschichten, 1 Supplem. S. 107. in Kanolds Anmerkung. von Nat. und

wo möglich daneben, ein anderes bauen. Die Zeichen der Paarungsfähigkeit äussern sich bey dem männlichen Geschlechte schon im ersten Jahre, ob man gleich behauptet, daß der Biber erst im dritten völlig erwachsen sey, und sein Alter auf funfzehen bis zwanzig Jahre bringe; woran man jedoch mit dem Herrn Grafen von Büffon zu zweifeln Grund hat.

Bey der Begattung geben die Biber einen schmatzenden Laut, wie man ihn auch von den Eichhörnern hört, aber viel stärker, an. Wenn sie sich aber mit einander beissen, so pflegen sie wie heisere Schweine zu schreyen, und oft: karr, karr, zu rufen. Den Menschen fürchten sie; wenn sie nicht ausweichen können, so richten sie sich in die Höhe, und sitzen mit zusammen gelegten Vorderfüssen auf den Hinterbeinen. Man sagt, sie vergössen dabey oft Thränen.

Wird der Biber jung gefangen, so ist er leicht zahm zu machen, und zeigt sich dann als ein gutmüthiges Thier, das sich zwar nicht sehr anschmeichelt, aber niemanden beleidigt, nicht zu entlaufen begehrt, sondern kommt, und sein Futter erwartet, wenn ihn hungert, auch wohl sich zum Nachlaufen gewöhnt. Man soll ihn in America zum Fischfange abrichten. Bisweilen im Wasser zu seyn, ist ihm nicht unentbehrlich. Ein erwachsener Biber wird nie zahm [q]).

q) Man sehe von den Eigenschaften des Bibers: Gislers Nachrichten von diesem Thiere in den Abhandl. der königlichen Academie der Wissenschaften zu Stockh. Th. XVIII. S. 196. und folg. Holstens Anmerkungen über den Biber, ebendas. Th. XXX. S. 292.; Berch vom Jemtländischen Wildfange, §. 8. Kalms *resa* Th. II. S. 324. u. folg. Th. III. S. 21. u. f. Hellwings Relation von dem Biber, in Kanolds Anm. v. Natur- und Kunstgesch. 1 Suppl. S. 96. u. f. Döbels Jägerpr. I. Th. S. 36. Des Herrn Gr. v. Büffon *hist. nat.* und die darinn angeführte Schriftsteller. MARII *Castorologia Aug. V. 1685.* handelt ausdrücklich von diesem Thiere.

Man fängt den Biber als ein dem Wasserbaue nachtheiliges Thier qq), in starken Netzen, Reusen, Stangeneisen, Fallen und mit Hunden r). Er kan, wegen seiner dünnen Schädelknochen, durch einen Schlag auf den Kopf leicht getödtet werden. Das Wildpret ist nicht schmackhaft, sondern thranigt, der Schwanz aber und die Hinterpfoten werden für einen Leckerbissen gehalten. Der Balg, der im dritten Herbste recht schön wird, nur im Winter brauchbar und je schwärzer, desto theurer ist, dienet zu Verbrämungen, auch wohl zu Müffen. Das Wollhaar zu feinen Tüchern, Strümpfen, Handschuhen, vornehmlich aber zu Hüten. Die Hutmacher theilen die Biberbälge in magere, welche natürlich, und fette, die eine Zeitlang von den Wilden in Nordamerica getragen oder zu Bettdecken gebraucht worden sind. Sie verbrauchen jährlich eine unglaubliche Menge, die, bis auf die wenigen in Europa fallenden, insgesamt aus dem kurz vorher genannten Erdstriche kommen. Sibirien liefert nicht nur keine, sondern erhält noch dazu welche ebendaher s).

Die Zähne wurden sonst als eine Arzeney geschätzt, itzt aber mehr beym Vergolden genutzet. Sonst enthalten die Apothecken vom Biber auch das ausgelassene Fett, vornehmlich aber das Bibergeil.

Dieses ist eine härtliche spröde Materie, von dunkelbrauner Farbe, einem flüchtigen durchdringenden Geruche und bitterlichen etwas scharfen Geschmacke; welche wegen ihrer nervenstärkenden, krampf- und schmerzstillenden und übrigen Kräfte als eine trefliche Arzney häufig gebraucht, auch von den Jägern mit zu der beym Fange der Raubthiere gebräuchlichen Witterung genommen wird. Das beste ist das russische, welchem man das preussische an die Seite setzt; das americanische hingegen weit

qq) Taube Beytr. zur Naturk. des H. Zelle S. 142.

r) Döbels Jägerpr. II. Th. S. 137. 151. v. Schönfelds Landwirthsch. S. 681. Pallas R. III. Th. S. 88.

s) Müllers Samml. russisch. Gesch. III. B. S. 528.

geringer, und wohl viermal wohlfeiler, unter welchem noch das schwedische und norwegische ist.

Es sammlet sich in zween Beuteln, die nebst zwo grossen Fettdrüsen ohnweit der Oefnung der Zeugungstheile und des Afters liegen und den Charakteren dieses Geschlechtes beygefügt zu werdeu verdienen. Jene so wohl als diese sind äusserlich mit dem Fette, welches den ganzen Körper überziehet, und einer Schicht Fasern des Hautmuskels bedeckt. Die Beutel [t]), welche an der Vorhaut des Männchens, (im weiblichen Geschlecht an der Scheide) hängen, und sich in selbige öfnen, bestehen aus einem sehr dichten aus vielen Blätchen zusammengesetzten zelligen Gewebe und einer dünnen flechsigten Haut, die sich inwendig in grosse Falten, Runzeln und sehr feine zweigige Furchen [u]) kräuselt, zwischen welche sich das verlängerte innere Oberhäutchen der Vorhaut einsenkt, und an den mit dem Bibergeil angefüllten Beuteln die gedachten äusserst feinen Furchen macht, die sich zweigförmig zwischen die Falten und Runzeln der flechsigten Haut hinein ziehen. Dies Oberhäutchen läßt sich von dem darinn enthaltenen Bibergeil nicht absondern, die flechsigte Haut aber kan von demselben leicht abgezogen werden, und dann siehet man auswendig an der in demselben eingeschlossenen Bibergeilmasse die Spuren von den grössern Falten der gedachten Haut, als gekrümmte tiefe Eindrücke. Das frische Bibergeil läßt sich wie unreines Wachs ein wenig drücken, ist aber eben so bröcklich, und von der nehmlichen gelben Farbe. Es füllet den Beutel ganz an, hat aber in der Mitte eine Hölung. — Die Talgdrüsen [x]), welche mit denen, die man an dem After des Ondathra und anderer Mäuse antrift [y]), übereinkommen, haben mit den Beuteln keine Verbindung, tragen auch zur Erzeugung des Bibergeils

t) BUFF. 10. *tab. XL. E. F. tab. XLI. P. Q. R.* Kulmus Anat. des Bibers in Kanolds oben angef. Journal *Fig. 2. X. X.*

u) BUFF. *tab. XLI. R.*

x) BUFF. *tab. XL. G. H. I. K.* Kulmus *Fig. 2. y. y.*

y) Diese Thiere haben sie mit vielen aus der vorigen und andern Abtheilungen der Säugthiere gemein, und die fettige

nichts bey; sondern es wird in ihnen eine häufige gelblich weisse Fettigkeit zubereitet und aufbehalten, welche in der Kälte die Consistenz des Schweinefettes hat, bey gelinder Wärme fließt, dennoch aber beständig milchig und trübe bleibt, am Feuer gleichsam verpuffet, und einen schwachen Fischtrahngeruch gibt. — Dis bemerkte der Herr Professor Pallas an einem alten männlichen Biber aus der Kirgisischen Steppe, den er zu Simbirsk im Januar 1769. zergliederte. Das Gewicht dieses Thieres betrug 50. russische Pfund; das Bibergeil aus dem rechten Beutel wog mit der daran hängen gebliebenen Oberhaut 2 Unzen 15 Gran, aus dem linken 2 Unzen 19 Gran. Von den Talgdrüsen wog nebst der darinn enthaltenen Fettigkeit, die rechte 2 Unzen $3\frac{2}{3}$ Quentchen, die linke 2 Unzen 3 Quentchen. — Bey den Russen und andern Völkern ist die letztere als ein Hausmittel äusserlich stark im Gebrauche [z]). In Canada schmiert sich das Weibsvolk der Wilden die Haare damit ein [a]).

Mehrere Merkwürdigkeiten des innern Baues des Bibers muß ich hier übergehen [b]).

Sechs

Feuchtigkeit, welche dadurch ab- und ausgesondert wird, scheint zur Verwahrung der um den After befindlichen Haut gegen die Schärfe des Auswurfes und Harns bestimmet zu seyn. Man sehe des Herrn von Haller *Elem. Physiol. tom. VII. p. 147.*

[z]) Aus einem Briefe des Herrn Prof. Pallas vom 5 Nov. 1779.

[a]) Sarrasin in den *Mém. de l'Acad. des sc. 1704. p. 59.*

[b]) Anatomische Bemerkungen über den Biber haben ausser den Herren Daubenton und Kulmus, Wepfer in den *Misc. N. C. Dec. 1. ann. 2. p. 349.* (woraus sie in BLASII *anat. an. p. 43.* übergetragen worden) die Pariser Akademisten am oben angeführten Orte, vornehmlich aber Sarrasin in den *Mém. de l'Acad. des sc. 1704.* S. 48. u. f. und einzelne über die Bibergeilbeutel ein Ungenannter in den *Act. Acad. Petrop. tom. II. p. 415.* über das Zeugungsglied des Männchens der Herr Professor Pallas in den *Nov. sp. glirium p. 85. tab. XVII. fig. 2.* geliefert.

Sechs und zwanzigstes Geschlecht.

Die Maus.

MVS.

LINN. *syst. gen.* 24. *p.* 78. BRISS. *quadr. gen.* 26. *p.* 167. (118.)
ERXL. *mamm. gen.* 37. *p.* 381.

RAT.

PENN. *syn. gen.* 32. *p.* 299.

Vorderzähne: oben und unten zween, die obern mit einer keilförmigen Schärfe, die untern entweder eben so oder zugespitzt.

Backenzähne: drey auf jeder Seite.

Zehen: an den Vorderfüssen viere, nebst einem äusserst kurzen Daumen, der mehr einem blossen Knoten ähnlich siehet; an den Hinterfüssen fünfe. Seltener an den Vorder- und Hinterfüssen fünfe.

Die Ohren kurz, abgerundet.

Der meist horizontale Schwanz lang oder kurz, geringelt, und an den Ringen mit kurzen anliegenden Haaren bald mehr bald weniger einzeln besetzt. Wenigen Arten mangelt er gänzlich.

Die Schlüsselbeine sind vollkommen.

Ihren Aufenthalt haben die Thiere dieses Geschlechtes mehrentheils unter der Erde, in Hölen und Schlupfwinkeln, theils im Trocknen, theils am Wasser; sie laufen geschwind, klettern eben so fertig und einige schwimmen. Sie nähren sich von Körnern, Früchten, Stängeln und Blättern, auch Wurzeln der Gewächse: manche gehen an Fleisch, und führen die Speise auf den Hinterfüssen sitzend, mit den Vorderfüssen, sonderlich zwischen den Daumen derselben, zum Munde. Die meisten verrichten ihre Geschäfte bey der Nacht. Sie gehören unter die kleinsten Säugthiere, und blos die erste Art hat eine Grösse von einiger Beträchtlichkeit. Desto zahlreicher sind sie aber; sie werfen oft, und mehrere Junge auf einmal, welche sie mit ohngefähr acht auf der Brust und dem Bauche stehenden Zitzen ernähren. Einige Arten, die sich vor andern stark vermehren, haben das Besondere, daß sie in manchen Jahren schaarenweise von einem Orte an den andern ziehen [a]). Dieses pflegt zu geschehen, wenn sie bey einer ihrem Aufkommen günstiger Witterung zu einer solchen Menge anwachsen, daß sie einander hinderlich werden; wenn sie durch den schon vorhandenen Mangel ihrer Nahrungsmittel gedrückt, oder durch ein inneres Gefühl eines bevorstehenden, oder auch zukünftiger widriger Witterung gewarnt,

[a]) Beyspiele solcher von gewissen Mäusearten vorgenommener Züge finden wir schon bey den Alten. So gedenkt Aelian, den der Herr Prof. Pallas *Nov. sp. glir. p. 234.* anführt, der Wanderungen ägyptischer und pontischer Mäuse, *Hist. anim. l. VI. c. 41.* kaspischer *l. XVII. c. 17.* italiänischer, durch welche die Einwohner einer gewissen Gegend vertrieben worden *l. XVII. c. 41.* gleichwie die auf der Insel Gyaros PLIN. *hist. nat. l. VIII. c. 29.* Man sehe auch den Diodor *l. III. c. 3.* und Agatharchides. Matthioli (*in Diosc. Venet. 1565. p. 206.*) erwähnt der in Kärnthen, Steyermark und Krain gewöhnlichen Züge der Mäuse, die aus entfernten Gegenden in die dortigen Wälder geschehen, wenn die Buchecker gerathen. Mehrere Nachrichten von Mäuseheeren und deren Erscheinungen in unterschiedenen Gegenden, in und ausserhalb Teutschland, enthalten die Kanoldische Sammlung von Natur- und Kunstgeschichten, die Büchnerische Fortsetzung derselben, CLITOMACHI Gespr. v. Mäusen u. a. O. Schade nur, daß man gemeiniglich blos rathen muß, und selten mit Gewißheit errathen kan, von welcher Art der Mäuse jedesmal die Rede ist.

vielleicht auch durch einen besondern Zug nach einem andern Erdstriche angelockt werden [b]). Einige Arten dringen sich dem Menschen, wider seinen Willen, als Hausthiere auf, und haben dem ganzen Geschlechte, ohne gnugsame Ursache, einen allgemeinen Haß und Abscheu zugezogen, obgleich die meisten niedliche und einige sogar artige Thierchen sind.

Die zahlreichen Arten des Mäusegeschlechtes machen dasselbe zu dem weitläuftigsten in der ganzen Classe der Säugthiere, zumal wenn es in dem weiten Umfange genommen wird, wie der Herr Archiater von Linne' gethan hat [c]). Allein andere Zoologen haben die Gränzen desselben enger gezogen. Man sonderte nicht nur, wie wir oben [d]) gesetzen haben, die Savien von den Mäusen ab; sondern **Klein** trennte auch die Winterschläfer, nebst noch einigen andern Arten davon, worinn ihm **Brisson**, und andere folgten. So sind die Geschlechter Glis, Spalax, Iaculus entstanden. Der Herr Professor **Pallas** rechnet sie wieder zu den Mäusen; hat aber die durch seine Entdeckungen zum Erstaunen vermehrten Arten, in sechs Haufen vertheilt [e]), und hierdurch die Kenntniß derselben ausnehmend erleichtert.

Da sich mir Kennzeichen dargeboten haben, nach denen sich einige Arten von diesem Geschlechte ohne Zwang absondern liessen, welches demohnerachtet nur allzuweitläuftig bleibt; so habe ich sie genuzt, und demselben also eine etwas weniger weite Ausdähnung gegeben. In den Unterabtheilungen und der Ordnung der Arten bin ich größtentheils dem Herrn Professor Pallas gefolgt.

I.

Flachschwänzige.

Die beyden **Vorderzähne** der **untern Kinnlade** sind keilförmig abgeschärft.

[b]) PALL. *Nov. sp. glir. p. 188.*

[c]) S. oben S. 595.

[d]) S. 608.

[e]) *Nov. sp. glir. p. 73.*

Der Schwanz ist mäßig lang, rund, gegen die Spitze hinaus senkrecht verflächt, schuppig und dünnhaarig.

1.

Der Ondathra.

Tab. CLXXVI.

Castor zibethicus; Castor cauda longa compresso lanceolata, pedibus fissis. LINN. *syst.* p. 79. ERXL. *mamm.* p. 444.

Castor mus moschiferus canadensis; Castor cauda verticaliter plana, digitis omnibus a se invicem separatis. BRISS. *quadr.* p. 136. n. 4.

Rat musqué. SARRASIN *mém. de l'Acad. des sc. à Paris* 1725. p. 323. *tab.* 11. *fig.* 1. 2.

Ondatra. BUFF. 10. p. 1. *tab.* 1.

Musk beaver. PENN. *syn.* p. 259. n. 191.

Desmans rottor. KALM. *resa* 3. p. 19. (Uebers. S. 25.)

Ondathra; bey den Huronen. Musk-rat; bey den Engländern. Rat musqué; bey den Franzosen. Desmaus-rotta; bey den Schweden in America.

Dies Thier, welches unter die Biber gerechnet worden ist, ohne die Kennzeichen des Bibergeschlechtes zu haben, gleicht dem Biber darinn einigermassen, daß der Schwanz gegen die Spitze hin rund zu seyn aufhört, und einen zwiefachen scharfen Rand bekömmt. In so ferne macht es den Uebergang von dem Biber zu den Mäusen. Es knüpft ihn, wenn man auf die ziemlich kurzen haarigen Ohren, und die Gestalt vorzüglich Rücksicht nimmt, zunächst an die Wasserratte, in Ansehung des längern dünner behaarten Schwanzes aber und der Grösse, an die Wanderratte und die folgenden Arten.

Der Ondathra hat, wie gedacht, fast das Ansehen einer Wasserratte. Die Schnauze ist kurz und dicke. Die Augen groß. Die Ohren kurz, innwendig und auswendig behaart. Der Schwanz etwas kürzer als der Leib, am Anfange fast cylindrisch, in der Mitte zusammen gedrückt und gegen das Ende hin zweyschneidig, von brauner Farbe, mit kurzen Haaren von eben derselben dünne bedeckt. Die Vorderfüsse sind kurz und haben einen kurzen Daumen. Die Hinterfüsse haben fünf getrennte Zehen. Die ganze Sohle derselben ist rings herum, und eine jede Zehe an beyden Seiten mit langen starken weissen reihenweise dicht an einander stehenden Haaren eingefaßt. Die Nägel röthlich. Das sehr weiche Haar auf dem Kopfe, Halse, Rücken, an den Seiten und auswendig an den Beinen hat eine schwarzbraune Farbe, die in der Mitte des Rückens dunkler fällt; das unten an dem Halse, auf der Brust und inwendig an den Beinen siehet grau; an dem Bauche rothbraun. Das starke kurze glänzende Haar auf den Vorderfüssen ist rothbraun, das auf den hintern grau. Die Länge des Thiers beträgt ohne den 9 Zoll langen Schwanz, einen Fuß; es kömmt also in der Grösse einer Katze von kleiner Statur bey. Das Gewicht ohngefähr 3 Pfund [a]).

Das ganze nordliche America ist das Vaterland dieser Thiere.

Sie haben ihren Aufenthalt an den Seen, Flüssen und Bächen, wo das Wasser langsam fliesset, an deren Ufern sie ihre Häuser anlegen. Ein solches Haus [b]) ist rund wie ein Backofen, etwa zween Fuß weit oder auch noch weiter, aus Binsen und Erde etwa drey Zoll dick erbauet, und mit einem wohl dreymal so dicken Flechtwerke von Binsen überzogen. Der Eingang ist über der Wasserfläche. Inwendig hat es eine Stufe, auf welche sie sich bey steigendem Wasser begeben können; und verschiedene Röhren, wovon die eine unter dem Wasser hinaus gehet, eine andere aber bestimmt ist, sich des Unraths dahinein zu entle-

[a]) Kalm. Daubenton. Sarrasin.

[b]) *Mém. de l'Acad. des sc. 1725. tab. II. fig. 3 - 5.*

digen. Andere Röhren graben sie, um unter der Erde zu den Wurzeln, die ihnen zur Nahrung dienen, zu gelangen. In Ländern, die wärmer als Canada sind, bauen sie keine Häuser, sondern bewohnen blos die Röhren welche sie in den Ufern haben.

In jedem Hause wohnen den Winter hindurch mehrere beysammen; und dann halten sie den gedachten obern Eingang zu. Der im Frühjahre schmelzende Schnee vertreibt sie aus demselben, und dann flüchten sie auf hohes trocknes Land, wo sie sich paarweise zusammen halten und begatten. Die Weibchen begeben sich, wenn ihre Zeit zu werfen kommt, in ihre Häuser oder Röhren zurück; die Männchen aber laufen den ganzen Sommer herum. Im Herbste versammlen sie sich wieder, um neue Häuser zu bauen; denn sie bewohnen solche nur ein Jahr. Sie schwimmen und tauchen gut; die Haare an dem Rande der hintern Fußsohlen vertreten die Stelle der Schwimmhaut. Zu Lande kommen sie nicht gut fort, sondern haben einen wackelnden Gang. Sie sind vermögend durch sehr enge Löcher zu kriechen, wozu ihnen der starke Hautmuskel, der den ganzen Körper umgibt, und stark zusammen drücken kan, sehr behufig ist.

Ihre Nahrung bestehet im Sommer vornehmlich in Kräutern und Früchten, im Winter in Wurzeln, denen sie von ihren Röhren aus nachgraben. Eine vor andern angenehme Speise für sie ist die Wurzel vom Kalmus [c]) und den weissen und gelben Seerosen [d]). Sie fressen auch Muscheln, deren Schalen man häufig vor ihren Löchern findet [e]).

Ihre Fortpflanzung geschiehet in der Monogamie. Ein Weibchen wirft jedesmal zwischen 3 und 6 Junge, und das jährlich ein- oder nach andern drey bis viermal, auf einem von allerley weichen Sachen bereiteten Lager; es nähret selbige mittelst der sechs Zitzen die es auf

[c]) Acorus Calamus LINN. Sarrasin.

[d]) Nymphaea alba und lutea LINN.

[e]) Kalm.

dem Bauche hat. Den Winter hindurch vermehren sie sich nicht; ob sie gleich, wie schon gedacht, nicht schlafen. Zur Sommerszeit geben sie, sonderlich Abends, einen sehr starken Bisam- oder Zibethgeruch von sich, den man im Winter nicht an ihnen bemerket hat. Die Quelle dieses Geruchs ist keinesweges ein besonderer mit einem Zubehör eigener Drüsen versehener Beutel, wie am Zibeththiere, auch dem Biber; die nehmlichen zwo Drüsen, welche die übrigen Mäusearten am After haben, sondern eine ölichte Feuchtigkeit ab, und diese ist es, welche den durchdringenden Geruch gibt. Ein Theil davon geht ins Blut zurück, und steckt das Fleisch, ja selbst die Haut damit an, so daß er noch an dem abgezogenenen und getrockneten Balge zu spüren ist. Jenes ist um deswillen nicht jedermann eßbar.

Nützlich ist dies Thier den Kürschnern; die Hutmacher verarbeiten das Haar zuweilen wie Biberhaar. Dazu werden die Bälge in ziemlicher Menge zu uns gebracht. Schädlich wird es den Einwohnern seines Vaterlandes, wenn es sich, wie oft geschiehet, in die zur Abhaltung der Ueberschwemmungen an den Wiesen angelegten Dämme einnistelt, und sie durchgräbt, daß sie kein Wasser mehr halten. Man stellt ihm daher Fallen, an welchen Aepfel die Lockspeise sind; oder gräbt die Baue auf, und erschlägt die Thiere, oder tödtet sie vorher, nach zugestopften Fluchtröhren, durch den Dampf des in der einen, zu dem Ende offen gelassenen, angezündeten Schwefels.

Wenn der Ondathra jung gefangen wird, so läßt er sich zahm machen, und bezeigt sich als ein gutmüthiges spielhaftes Thier, ohne zu thun als wenn er beissen wollte. Ein alter hingegen weiß, Falls er eingesperrt wird, seine Zähne eben so gut als wie der Biber zu gebrauchen, und wenn auch der Kasten von noch so hartem Holze wäre.

Die anatomischen Merkwürdigkeiten, die Sarrasin an diesem Thiere beobachtet hat f), übergehe ich nach meinem Plane.

f) SARRAZIN *sur le rat musqué. Mém. de l'Acad. des sc. 1725. p. 323.*

II.

Rattenschwänzige.

Mures myosuri. PALL. *glir.* *p.* 91.

Die beyden Vorderzähne der untern Kinnlade sind spitzig.

Die Ohren im Verhältnisse des Kopfes ziemlich groß.

Der Schwanz ist lang, in zahlreiche Ringe abgetheilt, und so dünnhaarig, daß er fast nackt zu seyn scheint.

Zehen: vorn viere mit einer Warze, die den Daumen vorstellet; hinten fünfe.

Der Kopf ist ziemlich lang, der Leib gestreckt.

Die meisten Arten dieser Unterabtheilung leben über der Erde, und verbergen sich mehr in allerley Schlupfwinkeln, als in selbstgegrabenen Hölen. Sie halten sich den Winter über inne, wenige einen wirklichen Winterschlaf.

2.

Der Piloris.

Mus Pilorides; Mus cauda longiuscula squamata truncato-obtusa, corpore albido. PALL. *glir.* *p.* 91. *n.* 38.

Mus albus ceylonicus; M. albus, cauda longissima. BRISS. *quadr.* *edit.* *belg.* *p.* 122. *n.* 8.

β. Piloris. BUFF. 10. *p.* 2.

Musk Cavy. PENN. *quadr.* *p.* 247. *n.* 183.

Rat musqué. ROCHEF. *Antill.* *p.* 140. mit einer Figur.

Castor cauda lineari tereti. BROWN. *Iam.* *p.* 484.

Die

Die größte Art Mäuse nachdem Ondathra. Der Herr Prof. Pallas beschreibt [a]) ein aus Zeylan gekommenes Exemplar, welches sich in dem Kabinette des Herrn C. P. Meyer, Handelsherrn zu Amsterdam befindet. Es ist so groß als ein Meerschweinchen. Die Ohren sind groß, kahl, weiß. Der Schwanz vier Zoll lang, cylindrisch, schuppig, am Ende stumpf und wie abgestutzt. Die Vorderfüsse vierzehig mit einem Knoten anstatt des Daumen; die Hinterfüsse fünfzehig mit einem starken Daumen. Die Farbe weiß, auf dem Rücken mit graugelb leicht überlaufen, unten graulich.

Von diesen ostindischen Mäusen ist nach dem Herrn Professor Pallas der americanische Piloris nicht verschieden, der in den Beschreibungen der westindischen Inseln oft erwähnt, obgleich nirgend beschrieben wird. Man findet ihn auf Martinike und den übrigen Antillen. Er gräbt und hält sich in der Erde auf, kömmt aber auch in die Häuser, und hat einen beschwerlichen Bisamgeruch, wodurch er leicht ausgespüret werden kan [b]).

3. Der Karako.

Tab. CLXXVII.

Mus Caraco; Mus cauda longa squamosa obtusiuscula, corpore griseo, plantis subsemipalmatis. PALL. *glir.* p. 91. p. 335. *tab.* 23.

Characho; Iike - Cholgonach (i. e. magnus mus); Mongolisch.

Der Kopf ist schmal und ungewöhnlich lang, welches von der ausserordentlichen Länge der konischen abgestumpften Schnauze herrühret; und da zugleich die Ohren etwas weiter als gewöhnlich vorwärts stehen:

a) Am angef. Orte.

b) ROCHEFORT a. a. O. DU TERTRE *hist. des Antilles tom. II* p. 302. &c.

so ist der Abstand der Augen von den Ohren merklich kleiner als von der Nase, und gibt dem Thiere ein fremdes Ansehen. Die Bartborsten sind kürzer als der Kopf; die obern Reihen braun, die untern weißlich. Ueber jedem Auge stehet eine Warze mit zwo, unter der Kehle eine mit drey feinern Borsten. Die obern Vorderzähne sind schmal, von gelber Farbe. Die Augen mittelmäßig. Die Ohren groß, oval, ungerändert, auswendig behaart, inwendig kahl. Der Hals ziemlich lang, und so dick als der Kopf. Der Leib dickbäuchig. Der Schwanz nicht völlig so lang als der Körper, am Anfange haarig, mit ohngefähr 150 Schuppenringen bedeckt, deren Haar etwas dichter und weicher ist als an der gemeinen und Wanderratte, mit einer sehr stumpfen fast abgestutzten Spitze. Die Schenkel sind sehr fleischig. Die Füsse kahl und beynahe schuppig; die vordern vierzehig, mit einer weichen Warze an statt des Daumen, die keinen Nagel, sondern nur eine härtliche Haut hat; die hintern fünfzehig. Alle Zehen sind durch eine Hautfalte mit einander verbunden. Die Klauen klein und spitzig. Das Haar ist weniger hart als an der Wanderratte, und hat, wie an dieser, auf dem Rücken eine dunkelbraune mit grau gemischte, unten eine weisliche ins Graue fallende, an den Füssen eine schmuzig weisse Farbe. Der Schwanz ist oben längshin dunkelbraun; Die Länge des Thieres beträgt etwas über sechs, des Schwanzes fünftehalb Zoll. Die Schwere 6 bis 7 Unzen Apothekergewicht.

Die Aehnlichkeit dieser Art mit der folgenden ist beträchtlich; sie unterscheidet sich aber von ihr durch einen kleinern Kopf, ein schwächeres Gebiß und blässere Vorderzähne in der obern Kinnlade, stärkere Hinterfüsse, die kleinere und weichere Daumenzehe, die Verbindung sämtlicher Zehen unter einander, die Kürze des Schwanzes, weicheres Haar u. s. f.

Der Karako findet sich in dem östlichsten Sibirien, vom Baikal an ost- und südwärts, und ist allem Ansehen nach auch im chinesischen Reiche einheimisch. Er wohnt am Wasser in Röhren, die er ins Ufer gräbt, schwimmt gut und fast besser als die Wanderratte, geht aber auch in die Häuser, und mag wohl in dem volkreichern China ein sehr schädliches Thier seyn *).

4.

Die Wanderratte.

Tab. CLXXVIII.

Mus decumanus; Mus cauda longissima squamata, corpore setoso griseo subtus albido. PALL. *glir.* *p.* 91. *n.* 40.

Mus norvegicus; M. cauda elongata, palmis tetradactylis cum vnguiculo pollicari, corpore rufo. ERXL. *mamm.* *p.* 381. *n.* 1.

Mus silvestris; M. cauda longissima, supra dilute fulvus, infra albicans. BRISS. *quadr.* *p.* 170. *n.* 3.

Mus aquaticus. GESN. *quadr.* *p.* 732.

Surmulot. BUFF. 8. *p.* 206. *tab.* 27.

Norway rat. PENN. *brit.* *zool.* *p.* 47.

Brown rat. PENN. *quadr.* *p.* 300. *n.* 227.

Der Kopf ist gestreckt, die Schnauze dünne, die unten schmalen Ohren werden oberwärts breiter, und schliessen sich mit einem Zirkelbogen, wie an der Ratte und Maus; die Augen sind groß, schwarz, und stehen hervor; über jedem Auge drey lange Borsten; die Bartborsten sind länger als der Kopf; der Schwanz hat fast die Länge des Leibes und gegen 200 schuppigte Hautringe. Die Farbe ist oben gelbroth mit dunkelbraun überlaufen, an den Seiten mit grau vermengt, unten und auf den Füssen schmuzig (im Winter schön) weiß. Die Zehen sind ganz von einander abgesondert. Das Männchen ist grösser als das Weibchen; ein ausgewachsenes Männchen hat etwas über 9 Zoll Länge, und der Schwanz misset achtehalb Zoll. Gewicht 8 Unzen bis gegen 1 Pfund.

*) PALL. *p.* 336.

Diese Rattenart wohnt in Ostindien [a]), in Persien, wo sie der sel. Gmelin in den Gilanischen mit Buchsbaum bewachsenen hügelichten Gegenden aus verlassenen Bauen der Stachelschweine erhalten hat [b]). Erst in diesem Jahrhunderte ist sie, allem Ansehen nach aus Ostindien, nach Europa gekommen, hat sich aber in dem kurzen Zeitraume durch Frankreich, England, Teutschland, Rußland, auch einen Theil von Norwegen verbreitet. Sie nimmt ihren Aufenthalt gerne am Wasser, und gräbt sich Löcher in die Ufer, oder vertreibt die Wasserratten aus den ihrigen; zieht sich aber auch in die Städte, an die Wassercanäle, in die Abzuchten der Unreinigkeit und selbst in die Häuser, sonderlich im Herbste gegen den Winter.

Diese Wanderratten nähren sich, ausser vegetabilischen Speisen, auch vom Fleische, tödten und fressen andere Mäuse und Ratten, die ihnen weichen, und beissen sogar die Hüner tod. Sie sind sehr kühn, sonderlich die Männchen, und stellen sich zur Wehre, wenn man sie verfolgt. Sie gehen ins Wasser und schwimmen gut. Ihre Vermehrung ist erstaunlich, da ein Weibchen jährlich dreymal, und jedesmal zwölf bis funfzehen, auch wohl achtzehen und neunzehen Junge wirft [c]). Sie wandern von Zeit zu Zeit schaarenweise aus; von welchen Wanderungen der Herr Professor Pallas merkwürdige Beyspiele erzählet [d]). Sie schlafen im Winter nicht, sondern die auf dem Felde bleiben, (meistentheils alte Männchen) leben von den Vorräthen, die sie sich eingetragen haben, und kommen bey gutem Wetter heraus.

Es ist schwer, diese Ratten, die schädlichsten unter allen, die in den Häusern, auf den Böden und in den Scheunen, in den Ställen des Geflügels, in den Gärten und auf dem Felde so grosse Verwüstungen anrichten können, los zu werden, da sie schwer in die Fallen und an das Gift gehen, auch die Katzen nicht gerne mit ihnen zu

[a]) The same animal with what is called in the East - Indies a *Bandicote*, a large rat which burrows under ground. PENN. *quadr. p.301.*

[b]) PALL. *glir. p.92.*

[c]) Büffon.

[d]) In der Reise durch Rußland I. Th. S. 304. und den *Nov. sp. glir.* a. a. O.

schaffen haben mögen. Wiesel und Frätten sind indessen ihre Bezwinger; und nach des Herrn Prof. Pallas Beobachtung weichen sie, wo Kaninchen gehalten werden.

Wie eben dieser verdienstvolle Naturkündiger vermuthet, mag die Wanderratte wohl die kaspische Maus seyn, deren Aelian gedenkt *).

5.

Die Hausratte.

Tab. CLXXIX.

Mus Rattus; Mus cauda longiſſima ſquamoſa, corpore atro ſubtus caneſcente. PALL. *glir.* *p.* 93. *n.* 41.

Mus Rattus; M. cauda elongata ſubnuda, palmis tetradactylis cum unguiculo pollicari, plantis pentadactylis. LINN. *Faun.* 2. *p.* 12. *n.* 33. *ſyſt.* *p.* 83. *n.* 12. MÜLL. *prodr.* *p.* 5. *n.* 31. corpore griſeo. ERXL. *mamm* *p.* 382.

Mus Rattus; M. cauda longiſſima, obſcure cinereus. BRISS. *quadr.* *p.* 168. *n.* 1. GRONOV. *zooph.* *p.* 4. *n.* 18.

Mus domeſticus major, quem vulgo rattum vocant. GESN. *quadr.* *p.* 731.

Mus domeſticus major ſive rattus. RAI *quadr.* *p.* 217.

Rattus. ALDR. *dig.* *p.* 415.

Rat. BUFF. 7. *p.* 278. *tab.* 36.

Common rat. PENN. *brit. zool.* *I.* *p.* 97.

Black rat. PENN. *quadr.* *p.* 299. *n.* 226.

Sorex. HUFNAG. *archetypa pars III.* *tab.* 3.

Ratte; Ratze. Rata; Spanisch. Ratto; Italiänisch, Portugiesisch. Rat; Englisch, Französisch. Rotte; Holländisch, Dänisch. Rot-

*) *Hiſt. anim.* *l.* *XVII.*

ta.; Schwedisch. Krysa; Russisch. Krissa; Morduanisch. Ulu Tskan; Tatarisch. Schónkscha; Tscheremissisch. As i-schüschi; Tschuwaschisch. Budschim-schir; Wotiakisch. Wurdis; Burdüsch; Sirjánisch. Llygoden ffrengig; Cambrisch. Stschurtsch; Polnisch. Schurks; Lettisch. Gösü; Malom-egér; Ungarisch.

Der Kopf ist lang; die Schnauze spitzig; die Bartborsten länger als der Kopf; die Augen groß, den Ohren näher als der Nasenspitze, und über jedem eine lange und eine kurze Borste; die Ohren halb so lang als der Kopf, breit, oben abgerundet, sehr dünne behaart, von graurötlicher Farbe; der Schwanz sehr dünn- und kurzhaarig, in ohngefähr 250 [a]) Schuppenringe getheilt; die Daumenwarze an den Vorderfüssen hat einen platten Nagel, der an den hintern steht von der ersten Zehe weit ab. Das Haar ist oben schwärzlich, unten und auf den Füssen aschgrau. Die Länge des Thieres ohne den Schwanz beträgt gegen 8 Zoll; des Schwanzes, eben so viel. Das Gewicht fünf Unzen und sechs Qventchen.

Die Ratte scheint fast kaum europäischen Ursprungs zu seyn, da man bey den Alten weder Namen noch Nachrichten von ihr findet. Sie hat sich aber izt durch ganz Europa ausgebreitet, den nördlichen Theil von Norwegen, Schweden und Rußland ausgenommen, in welchem Reiche sie auch die Wolga nicht weit ostwärts überschritten hat. In ganz Sibirien vermißt man sie [b]). Persien und Indien hingegen ernährt sie häufig; nach Africa und America sollen sie europäische Schiffe gebracht haben [c]), mit welchen sie auch, allem Vermuthen nach, bis in die Südseeinseln gelanget ist. Ueberall verabscheuet man sie als einen häßlichen Bewohner der Heu- und Getreideböden, Speisekammern und Keller, als einen Vielfraß, der alles mögliche, selbst Papier, Kleidungsstücke rc. frißt, kein Thier verschont, das er bezwingen kan, und sonderlich die Nester der Tauben und Schwalben, der neuausgebrüteten Jungen wegen, besucht, auch den jungen Kaninichen nachgehet. Die Ratte wütet so gar

a) Daubenton.

b) Pallas.

c) ZIMMERMANN *zool. geogr.*

gegen ihre eigene Art, es erheben sich oft Kriege unter ihnen, und den Getödteten wird von den Siegern zuerst das Gehirn ausgefressen, hernach auch das übrige verzehret. In Hungersnoth ziehen sie sich bisweilen in die heimlichen Gemächer. Sie saufen nicht, oder können sich doch dessen lange enthalten, auch bey trockner Nahrung. Sie tragen gern Vorräthe ein, sonderlich wenn sie hecken wollen oder Junge haben. Dies geschieht jährlich einige mal, und auf jeden Wurf fallen fünf bis sechs Junge. Die Mutter macht sich dazu ein weiches Nest, säugt sie eine kurze Zeit mit ihren zehn Säugwarzen, und trägt ihnen bald Futter zu. Die Ratten sind überhaupt dreist und boshaftig; an statt die Flucht zu nehmen, wenn man sie überrascht, setzen sie sich oft zur Wehre, springen auf ihren Feind los, und suchen ihr Gebiß zu gebrauchen. Nicht kühner und beissiger ist aber eine Ratte, als wenn sie Junge hat. Dann nimmt sie es öfters mit einer Katze auf. Nicht alle Katzen geben sich zwar mit den Ratten ab; desto furchtbarer aber sind ihnen die Wieseln; die ihnen in die Löcher nachschlupfen können. Auch die Wanderratten sind Feinde der Hausratten. Da sie zugleich einander selbst aufreiben: so ist nicht zu verwundern, wenn zuweilen, ehe man sichs versieht, ein Haus auf einmal von Ratten ganz rein wird, ohne daß man ihnen Gift gesetzet hat; ein zwar wirksames, aber oft gefährliches Mittel [cc]).

Es gibt verschiedene Spielarten. Eine die sehr klein ist, und oft kaum sechs bis sieben Quentchen wiegt, hat der Herr Professor Pallas an der untern Wolga auf der Steppe, und am häufigsten in steilen Ufern bemerkt. In den Vorstädten von Zarizyn ziehen sie sich im Herbste nach den grossen Feldmäusen in die Häuser, und vertreiben diese, werden aber selbst wieder von den Wanderratten vertrieben [d]). — Andere bey uns vorkommende zeichnen sich durch die weniger schwarze, ins braune oder graue fallende Farbe aus. Selten zeigen sich ganz weisse

cc) Man sehe des Herrn Past. Nimrods Bemerkung im 2 Th. der Leipz. ök. Societ. S. 46.

d) *Nov. sp. glir. p. 94.*

Ratten mit rothen Augen. Man kan nicht sagen, daß sie, wie manche glauben, eine eigene Rasse ausmachen; theils eben darum, weil sie so selten sind, theils weil von ihnen wieder Junge von der gewöhnlichen Farbe fallen [e]). Auch hat man grau und weißfleckigte Ratten [f]).

Der

[e]) Den Beweis hievon kan ich durch eine Beobachtung des Herrn Professors D. Herrmann in Straßburg, führen. Sie verdient es, daß ich sie aus einem Briefe vom 13 März 1775, worinnen Er mir sie geneigt mitgetheilet hat, ganz hieher setze: "Zu Ende des Februars „ 1767 brachte man mir eine weisse „ Ratze. Ich schloß sie in einen gros- „ sen Lerchenkefscht ein, und gab ihr „ einen leinenen Lumpen, darauf zu schla- „ fen. Kaum hatte ich sie ein paar Ta- „ ge, so fand ich das Räthsel aufgelößt, „ warum sie den Lumpen theils zerbiß, „ und zum Theil mit der Nase immer „ zwischen die Zwischenräume der Dräter „ durchstieß, welches mir so vorkam, „ als wenn sie ihn durchaus nicht haben „ wollte. Allein das war es nicht; son- „ dern sie machte sich ein Nest, und „ des Morgens fand ich drey Junge. „ In wenig Stunden waren ihrer noch „ viere dabey, und in allem sieben. Die „ kleine Mutterkuh fraß sie, trotz einem „ Lappländer, mit dem zierlichsten An- „ stand. Die Jungen waren nackend, „ roth, unförmlich, blind und der Schwanz „ hatte kaum den dritten Theil der Län- „ ge des Leibes. Sie waren von der „ Grösse einer mittelmäßigen Eichel. Ei- „ nes davon wollte die Mutter durchaus „ nicht annehmen, sondern stieß es im- „ mer zum Bauer heraus. Ich hatte „ nicht Gelegenheit gehabt wahrzunehmen, „ welches, oder das wievielste in der Ord- „ nung der Geburt es war. Von An- „ fang hiengen sie oft fest an den Zitzen „ der Mutter, die mit ihnen herumlief, „ so wie Didelphys murina. Wann sie „ Schmerzen hatten, gaben sie einen fei- „ nen Ton von sich. Von der Mutter, „ die wie bekannt, sehr säuberlich war, „ und sich fleissig wusch, hörte ich keinen „ andern Ton, als daß sie, wenn man „ sie böse machte, durch die Nase kurz, „ schnell und stark expirirte, wie einer der „ sich ohne Schnupftuch schneuzt. Die „ jungen wurden erst zwischen den 16 und „ 17 Tag sehend. Keines davon wurde „ weiß, ungeachtet Herr Günther (Beck- „ manns phys. Oek. Bibliothek T. V. p. „ 102.) versichert, daß alle weisse Thiere „ diese Varietät fortpflanzen. Länger moch- „ te ich diese jungen nicht nähren, aus „ Furcht sie möchten mir entwischen. „ Auch starb die Mutter einige Tage dar- „ auf im Mausiern, so daß ich sie nicht „ aufheben konnte, weil sie alle Haare „ verlohr."

[f]) S. den Naturforsch. I. St. S. 63. N. 16.

Der Rattenkönig ist eine blosse und noch dazu sehr übel ausgedachte Fabel.

7.

Die grosse Feldmaus.

Tab. CLXXX.

Mus silvaticus; Mus cauda longa squamosa, corpore griseo lutescente subtus lateribusque abrupte albo. PALL. *glir.* *p.* 94. *n.* 42.

Mus silvaticus; Mus cauda mediocri, corpore cano pilis nigris, pectore flavescente, abdomine albido. ERXL. *mamm.* *p.* 388. *n.* 4.

Mus silvaticus; M. cauda mediocri [*]), palmis tetradactylis, plantis pentadactylis, corpore griseo pilis nigris, abdomine albido. LINN. *Faun.* 2. *p.* 12. *n.* 36. *syst.* *p.* 84. *n.* 17.

Mus cauda longa, supra e fusco flavescens, infra ex albo cinerascens. BRISS. *quadr.* *p.* 174. *n.* 9.

Mus campestris maior; M. cauda longissima, fuscus ad latera rufus. BRISS. *quadr.* *p.* 171. *n.* 4.

Mus agrestis minor. GESN. *quadr.* *p.* 733.

Mus domesticus medius. RAI. *quadr.* *p.* 218.

Mulot. BUFF. 7. *p.* 325. *tab.* 41.

Long-tailed Field-mouse. PENN. *brit.* *zool.* *p.* 40.

Field-rat. PENN. *quadr.* *p.* 302. *n.* 230.

β. Harvest rat. PENN. *quadr.* *p.* 303. *n.* 231.

Less long-tailed Field-mouse. PENN. *brit.* *zool.* 2.

α. β. Mulot; Souris de terre; Rat sauterelle; Französisch. Ratte à la grande queue; in Bourgogne. Bean-mouse; in einigen Gegenden von England.

*) Longa *Syst.* *ed.* 10. elongata *Faun.* *ed.* 2. *p.* 12.

Der Kopf ist verhältnißmässig grösser als an der Hausmaus, die Schnauze aber kürzer und stärker, zwischen den obern Bartborsten aschgrau, um den Mund herum weiß; die obern Bartborsten kürzer, die untern fast länger als der Kopf; jene von schwarzer, diese dem größten Theile der Länge nach von weißlicher Farbe. Die Augen groß und hervorstehend. Ueber jedem Auge eine feine Borste. Die Ohren länglich, halb so lang als der Kopf, schwärzlich in- und auswendig mit untermengten gelben und schwarzen Haaren dünne bedeckt: der Rücken fällt gelbbräunlich, und zwar in der Mitte etwas dunkler; jedes der kürzern Haare siehet zu unterst schwarzgrau, an der Spitze gelblich, mitten auf dem Rücken ein wenig dunkler, und die dazwischen stehenden längern Haare, deren Spitze schwarz ist, sind in der Mitte des Rückens häufiger. Die untere Seite des Körpers ist weiß; zwischen den beyden Vorderfüssen stehet mitten auf der Brust ein länglicher gelbbräunlicher Fleck. Eine deutliche Grenzlinie unterscheidet die obere und untere Farbe des Thieres. Der Schwanz hat ohngefähr die Länge des Körpers; zuweilen ist er um etwas sehr weniges kürzer; seine Farbe ist die Länge nach getheilt, oben schwärzlich, unten weiß. Die Vorderbeine sind auf der äussern Seite gelblich, die etwas längern Hinterbeine über den Fersen schwärzlich; auf der innern alle viere weiß. Die Füsse glänzend weiß. Die Daumenwarze hat einen rundlichen Nagel. Die Klauen sind kurz und von weisser Farbe. — Die Länge des Körpers fällt zwischen drey und vier Zoll *).

Diese grosse Feldmaus scheint sich durch ganz Europa ausgebreitet zu haben; denn man hat sie in Teutschland, Schweiz, Italien, Frankreich, England, Dänemark, Schweden und Rußland bis an den Irtisch und Ob; weiter hin in Sibirien ist sie noch nicht bemerkt worden [b]). Im Sommer hält sie sich in den Wäldern, Gärten und Ackerfeldern auf; im Herbste zieht sie sich unter die Getreideseimen, in die Scheu-

*) Z. E. an einer im December 1779 gefangenen hatte der Leib von der Nasenspitze an bis an den Schwanz 3 Zoll 6 Linien, der Schwanz 2 Zoll 8 Linien.

[b]) PALL. *glir. p.94.*

nen, auch wohl in die Häuser der Dörfer und Vorstädte [c]), wie ich denn hier verschiedene mal dergleichen Mäuse bekommen habe, die in Häusern vor der Stadt gefangen worden; eine beständige Bewohnerin der Häuser aber wird sie niemals. Sonderlich gern haben sie ihren Aufenthalt unter Gebüschen und Reinen. Ihre Löcher sind eine halbe bis ganze Elle unter der Erde, und bestehen öfters aus zwo Kammern, in deren einer der Vorrath ist, und in der andern die Maus einzeln wohnet. Die Zugänge sind eine senkrechte und schräge Röhre, vor deren Oefnung keine ausgeworfene Erde zu bemerken ist.

Sie nähret sich sowohl von Getreide als allerley Holzsaamen, vornehmlich Nüssen, Eicheln und Buchekern. Davon trägt sie grosse Vorräthe ein. Sie verzehrt auch allerley kleine Vögel, die sie in Dohnen und Sprenkeln findet, ingleichen die kleinere Feldmaus, und ihre eigene Art; das Gehirn ist immer das erste was davon gefressen wird.

Diese Mäuse hecken des Jahres mehrmal, und bringen auf jeden Wurf zehn bis zwölf Junge. Ihre Vermehrung ist daher beträchtlich, sie zeigen sich in manchen Jahren in unglaublicher Menge, und verheeren das Getreide sowohl als die Gärten und Holzungen. Den ausgesäeten Holzsamen, sonderlich den Eicheln, gehen sie stark nach, und wissen sie in kurzer Zeit aus der Erde hinweg zu holen. Die jungen Stämme der Obst- und wilden Bäume benagen sie, daß sie verdorren. — Mittel sie los zu werden, sind verschiedene vorgeschlagen und angewendet worden. Der Herr Graf von Büffon hat sie, mit aufgestellten platten Steinen, und einer gebratenen Nuß zur Lockspeise, wegfangen lassen, und hat auf diese Art innerhalb dreyer Wochen über dreytausend vertilgt [d]). Reichart [e]) räth an, sie mit in die Löcher gestecktem vergifteten Brodte zu tödten. Andere lassen über Stücke, wo sie häufige Löcher haben, die Schweine treiben, damit diese sie herauswühlen, fressen und die Löcher

c) Man vergleiche oben S. 649.
d) a. a. O. S. 329.
e) Land- und Gartenschatz VI. Th. S. 217.

zutreten f). Viel wirksamere Mittel zu ihrer Vertilgung sind ihre natürlichen Feinde, verschiedene Raubvögel, die Füchse, Iltisse und Marder; am nachdrücklichsten vertilgen sie sich selbst unter einander, wenn im Winter die Nahrung selten wird, so daß oft unzählbare Herden in ganz kurzer Zeit hinwegkommen, ohne daß man merkt: wohin?

Eine ganz weisse Maus von dieser Art hat der Herr Prof. Pallas an der Wolga bekommen g).

8.

Die Hausmaus.

Tab. CLXXXI.

Mus Musculus; Mus cauda longissima squamosa, corpore fusco subtus cinerascente. PALL. *glir.* *p.* 95. *n.* 43.

Mus Musculus; Mus cauda elongata subnuda, palmis tetradactylis, plantis pentadactylis, pollice mutico. LINN. *Faun. suec.* 2. *p.* 12. *n.* 34. *syst.* *p.* 83. *n.* 13. MÜLL. *prodr.* *p.* 5. *n.* 28.

Mus Musculus; Mus cauda elongata, palmis tetradactylis absque unguiculo pollicari, corpore griseo. ERXL. *mamm.* *p.* 391. *n.* 5.

Mus cauda longa nudiuscula, corpore cinereo-fusco abdomine subalbescente. LINN. *Faun. suec.* 1. *p.* 11. *n.* 31. *Mus. Ad. Frid.* 1. *p.* 9.

Mus Sorex; Mus cauda longissima, obscure cinereus, ventre subalbescente. BRISS. *quadr.* *p.* 169. *n.* 2. GRON. *zoophyl.* 1. *p.* 4. *n.* 19.

Mus. GESN. *quadr.* *p.* 714.

f) GESN. *quadr.* *p.* 734. Düroi Baumzucht II. Th. S. 256.

g) a. a. O.

Mus domesticus minor. ALDR. *dig.* *p.* 417. eine mittelmäßige Figur.

Mus domesticus. IONST. *quadr.* *p.* 165. *tab.* 66. ziemlich gute Figuren.

Mus domesticus vulgaris s. minor. RAI. *quadr.* *p.* 219. SLOAN. *Iamaic.* 2. *p.* 330.

Mus domesticus minor, cauda longa subnuda, corpore fusco cinerescente, abdomine albicante. BROWN. *Iam.* *p.* 484.

Mus. HUFNAG. *archetyp.* *pars* 1. *tab.* 3. 10. *pars* 2. *t.* 8. *pars* 4. *tab.* 2.

Souris. BUFF. 7. *p.* 309. *tab.* 39. *suppl.* 3. *p.* 181. *tab.* 30.

Common Mouse. PENN. *zool.* *p.* 302. *n.* 29. *quadr.* *p.* 302. *n.* 229.

Μῦς. Griechisch. Mus; Lateinisch. Muus; Schwedisch. Lille-Muus; Huus-Muus; Dänisch. Muis; Holländisch. Mouse; Englisch. Mysch; Russisch. Myß; Polnisch. Raton; Rata; Spanisch. Ratinho; Portugiesisch. Sorice; Italiänisch. Souris; Französisch. Llygoden; Cambrisch. Egér; Ungarisch. Tskan; Tatarisch. Schir; Wotiakisch; Permisch; Sirjänisch. Hiir; Esthnisch. Tschar; Morduanisch. Koljä; Tscheremissisch. Pelle; Lettisch. Far; Koptisch.

Sie unterscheidet sich von den Ratten ausser der Grösse durch die Verhältnisse der Gliedmassen, und die Farbe, die oben gelblich grau mit schwarz überlaufen, welches an den Seiten sparsamer, unten licht-grau das ins gelbbräunliche fällt, ist. Die Bartborsten sind so lang als der Kopf. Ueber jedem Auge und auf jedem Backen stehet eine feine Borste, schwärzlich wie die Bartborsten. Die Ohren sind halbdurchsichtig und mit dem feinsten schwarzen Haar dünne bedeckt. Der Schwanz hat fast die Länge des Leibes, eine oben schwarz, unten weißgraue Farbe und gegen zweyhundert Ringe. Die Daumenwarze ist mit einem kleinen und dünnen Nagel versehen. Die Länge des Thieres beträgt viertehalb, der Schwanz ein paar Linien über drey Zoll.

Es gibt auch Mäuse, an denen wenig gelbliches zu bemerken ist, fast ganz schwarze, aber auch weißfleckige, gelbliche oder vielmehr erbsfarbige, weisse mit grauen Flecken, und ganz weisse mit schön rothen Augen.

Die Hausmaus, deren erstes Vaterland wohl das mittlere Asien und Europa seyn mag, hat sich von hier aus mit nach America übersezen lassen, und wird izt in der bewohnten Welt wohl nur an wenig Orten vermisset. Sie bevölkert die Winkel der menschlichen Wohnungen, auch wo man fast keine Nahrung für sie vermuthen sollte; frißt sich allenthalben durch, und thut, obschon ungleich weniger, als die Ratte, doch beträchtlichen Schaden an allen Arten der Lebensmittel. Dabey ist der Fleiß zu bewundern, mit welchem die Mäuse Vorräthe dessen, was ihnen schmackhaft ist, zusammen tragen, fest packen und bedecken oder sonst verbergen [a]). Ihr Appetit ist veränderlich, und sie werden die liebsten Speisen bald überdrüssig. Ehe sie etwas fressen, pflegen sie darüber wegzulaufen, vermuthlich um den Geruch davon besser empfinden zu können. — Im Nothfalle ziehen sie sich der Nahrung nach aus den Häusern in die Gärten und auf die nächsten Felder. — Des Saufens können sie sich lange Zeit enthalten, zumal wenn ihr Futter nicht allzu trocken ist.

[a]) Ich habe einmal, da sie mir über eine Saamensammlung, die sich in mehr als hundert papiernen Behältnissen befand, gekommen waren und dieselben angefressen hatten, mit Verwunderung bemerkt, wie sie die ihnen wohlschmeckenden Saamen, deren nicht eine geringe Menge war, aus einem Behältnisse in das andere durch die darein gemachte kleine Oefnung gesteckt hatten, so daß sich fast in einer jeden das nehmliche Gemenge von Saamen befand. Sonderlich hatten sie, gewiß mit erstaunlicher Mühe, von verschiedenen Arten des Mohrhirse, (Holcus Sorgum, saccharatus, bicolor u. a. verwandte Arten) Körner in alle Saamenbehältnisse ziemlich gleich vertheilet. Ein andermal habe ich eine Pyramide von welschen Nüssen gesehen, die die Mäuse in die Ecke eines Zimmers gebauet hatten. Sie war eine gute halbe Elle hoch, eine Nuß dicht an die andere angedrückt, die obern Reihen nahmen verhältnißmässig immer ab und den Gipfel des ganzen Hausens machte eine einzelne Nuß. Er war mit Abschnitten von allerley Zeugen und Papier aufs künstliche zugedeckt.

Die Maus hat nichts von dem boshaften Naturell der Ratte. Niemals springt sie auf den los, der sie verfolgt; sie würde auch zu unvermögend seyn mit einigem Nachdrucke zu schaden. Hingegen zeichnet sie sich vor vielen Thieren durch ihre Furchtsamkeit aus, die so weit gehet, daß ich eine mit der Hand gefangene Maus in derselben habe Convulsionen bekommen sehen. Diese treibt sie an, äusserst wachsam zu seyn, mit unablässig bewegten Ohren jedes geringste Geräusche aufzufassen, und hinter einer kleinen Bedeckung auf den Hinterfüssen sitzend, mit größter Aufmerksamkeit alles zu beobachten. Die andringende Gefahr beflügelt sodann ihre Füsse, deren Behendigkeit den Lauf des kleinen Thieres so unmerklich macht, daß es mehr zu kriechen als zu laufen scheint. — Wird indessen die Maus inne, daß man sie nicht verfolgt, so legt sie einen Theil der Furcht ab, und wird sogar zutraulich. Es ist mir ein Beyspiel bekannt, daß eine Maus sich täglich zu gewissen Stunden vor dem Tische ihres Wohlthäters einfand, und so lange wartete, bis sie etwas weniges Speise bekam, womit sie sich sättigte und sodann wieder fortlief. — Mehrentheils gehen sie indessen ihrem Thun nach wenn es Nacht, oder doch wenigstens finster ist.

Die Mäuse sind sehr hitzige Thiere und vermehren sich unglaublich. Jeder Wurf bringt zwar nur fünf oder sechs Junge, allein diese sind in vierzehen Tagen schon so erwachsen, daß sie die Mutter verlassen, für sich selbst sorgen und ihr binnen kurzem eine zahlreiche Nachkommenschaft geben können; zumal da die Geschlechtsverrichtungen den Sommer und Winter hindurch Statt finden. Den Winter verschlafen sie also nicht; doch halten sie sich bey heftigem Frostwetter, inne.

Bey der so starken Vermehrung der Mäuse ist der Schaden nicht zu bewundern, den sie den Haushaltungen thun können. Dieser und die Geschwindigkeit womit sie den, dem sie sich zeigen überraschen, sind nach der richtigen Bemerkung des Herrn Grafen von Büffon, die Ursachen, warum, fast jedermann einen Widerwillen gegen eine Maus hat. Ich setze hinzu, weil man nicht gewohnt ist diese Thierchen genauer zu betrachten. Man würde sonst ihren zarten und wohlproportionirten Gliederbau vielmehr niedlich als häßlich finden. Indessen sucht man sie durch Katzen, Fallen und Gift zu vertilgen, oder durch Witterungen zu verjagen, wovon sonderlich das Nachtschattenkraut [b]) und der Attich [c]) bekannt sind. Ohne unser Zuthun helfen die Wieseln und Marder, die Eulen, und selbst die grössern und kleinern Ratten, ihre Anzahl verringern, die jedoch, bey der grossen Fruchtbarkeit der Art, immer beträchtlich bleibt, ausser wo die Feinde zahlreich werden, die den Mäusen in ihre Schlupfwinkel nachfolgen können. Da jene sich in America stark vervielfältigt haben, so ist kein Wunder, daß es dort wenig Mäuse giebt. — Die weissen Mäuse pflegen jedoch ein milderes Schicksal zu genießen; man fängt sie nur, um sie an Kettchen zu unterhalten, und würde die Manieren derselben amüsanter finden, wenn sie nicht wegen ihrer gegen das Licht allzuempfindlichen Augen, am Tage ein so sehr blödes Gesicht hätten, daß sie fast blind scheinen. Sie haben auch das besondere, daß sie bey mäßiger Kälte, die das Quecksilber im Thermometer noch nicht auf den Gefrierpunct herunter treibt, erstarren [d]).

9.

Die Brandmaus.

Tab. CLXXXII.

Mus agrarius; Mus cauda longa squamosa, corpore lutescente, striga dorsali nigra. PALL. *glir.* *p.* 95. *p.* 341. *tab.* 24. *A.*

Mus agrarius. Pallas Reise I. Th. *p.* 454. ERXL. *mamm.* *p.* 398.

Mus rubeus. SCHWENCKF. *ther.* *Silef.* *p.* 114.

Eine andere Art Mäuse. Gmelin Reise I. *p.* 151. *tab.* 29. *fig.* 2. nach einem ausgestopften Balge elend gezeichnet.

Brandmaus; in Schlesien. Shitnik; Russisch.

Sie

[b]) Solanum nigrum LINN.

[c]) Sambucus Ebulus LINN.

[d]) PALL. *Nov. sp. glir. p.* 328.

Sie ist kleiner als die grosse Feldmaus, auch dünner, schmäler und an Gliedern zärter als die Hausmaus. Der Kopf etwas länglicher und die Schnauze spiziger. Die nicht häufigen etwa in vier Reihen gestellten Bartborsten schwärzlich; über jedem Auge ein einzelnes langes Haar. Die Augen stehen zwischen der Nase und den Ohren in der Mitte. Leztere haben nicht völlig die Grösse wie an der Hausmaus, sind wenig sichtbar wenn das Thier sie zusammenlegt, inwendig mit gelblichen Haaren dünne bedeckt. Das Haar fein und weich, auf dem Rücken von rothgelber Farbe mit einzeln durchstechenden dunkelbraunen Haaren, die auf dem Kopfe häufiger sind; an den Seiten etwas blässer als gegen die Mitte des Rückens, über welche ein gleichbreiter schwarzer Streif von dem Genicke an bis gegen den Schwanz hin läuft, doch ohne denselben völlig zu erreichen. Unten und auf den Füssen ist die Farbe weiß. Ein dunkelbrauner Ring gehet über den Fersen um die Hinterbeine. Die Daumenwarze an den Vorderbeinen hat einen sehr kleinen Nagel. Der Schwanz ist etwas über halb so lang als der Leib, dünner, aber etwas dichter behaart als an der Hausmaus, hat ohngefähr 90 Ringe und eine der Länge nach getheilte, oben schwärzliche unten weisse Farbe. Die Länge des Thieres beträgt noch nicht völlige drey Zoll; die Schwere viertehalb bis vier Quentchen [a]).

Diese Maus kömmt in Teutschland hin und wieder, aber gemeiniglich selten vor. Der Herr Professor Pallas hat sie bey Berlin einmal häufig gesehen, mir ist sie bey Halle vorgekommen, und Schwenkfeld beschreibt sie als einen Einwohner Schlesiens. Viel häufiger aber, als in Teutschland, ist sie in den gemäßigten, Ackerbau treibenden Gegenden Rußlandes von der Donau an bis an den Jenisei, und zeigt sich im Herbste unter den Getreidemandeln und Feimen in größter Menge. In manchen Jahren zieht sie schaarenweise aus einer Gegend in die andere. Dergleichen Wanderungen hat man, wie mir berichtet worden, in Thüringen bemerkt. In Rußland geschehen sie viel öfter; unter andern hat diese Mäuseart um die Jahre 1763 oder 64 die Gegend um Kasan

a) Pallas.

und Arsk so überschwemmet, daß nicht nur die ganze Flur, sondern auch die Häuser, in welche sie sonst nicht gern gehet, davon voll geworden, wo sie vor Hunger das Brod von den Tischen und den Leuten fast aus den Händen geholet. Der Winter machte dieser Plage ein Ende [b]).

10.

Die Zwergmaus.

Tab. CLXXXIII.

Mus minutus; Mus cauda longa squamosa, corpore supra ferrugineo subtus albido. PALL. *glir. p.* 96. *n.* 45. *p.* 345. *Tab.* 24. *B.*

Mus minutus. Pall. Reise 1 Th. S. 454. *n.* 4. ERXL. *mamm. p.* 401. *n.* 11.

Sie ist etwa halb so groß, als eine erwachsene Hausmaus. Die Schnauze ziemlich spizig, oben braun, an den Mundwinkeln blaß; die Bartborsten sehr zart, an den Spizen graulich, in fünf Reihen gestellt. Eine Warze mit mehrern Haaren unter, und eine mit einem über jedem Auge. Die Augen stehen der Nase etwas näher als dem Ohre. Die Ohren klein, zur Hälfte in dem Haare versteckt, rund, platt, auswendig kahl, inwendig etwas behaart. Leib und Glieder zärter als an der Hausmaus; oben fuchsgelb, und zwar hinten höher als vorn, mitten auf dem Rücken braun überlaufen, an den Seiten blässer, unten graulich weiß. Die Füsse gelblich, um die Fußsolen herum graulich. Der Daumnagel an den Vorderfüssen sehr stumpf. Der Daumen an den Hinterfüssen viel kürzer als die übrigen Zehen. Die Nägel weiß. Der Schwanz hat $\frac{4}{5}$ der Länge des Leibes, und 130 zarte Ringe, ist etwas haarigter als an der Brandmaus, oben braun unten grau. Die Länge des Leibes $2\frac{1}{4}$ Zoll, die Schwere gegen $1\frac{1}{2}$ bis 2 Quentchen. Die Weibchen sind allemal kleiner.

[b]) Pall. Reise 2 Th. S. 651.

Die Farbe ist veränderlich, bald oben blässer, bald höher und zugleich unten weisser. In Sibirien oben hochgelb, unten schön weiß. Die Weibchen fallen allemal in der Farbe schlechter und schmuziger.

Diese sehr kleine Maus wird im russischen Reiche überall angetroffen, wo die Brandmaus wohnt, der sie im Winter in den Scheunen und unter den Getreidefeimen Gesellschaft leistet. In den sibirischen Birkenwäldern zwischen dem Ob und Jenisei findet man sie weit von Gegenden wo Ackerbau ist; und zwar hat sie, wie gedacht, dort eine schönere Farbe. Die Männchen siehet man in grösserer Anzahl, als die Weibchen. Sie haben wenig Vermögen, sich gegen ihre Verfolger zu wehren, worunter allem Ansehen nach die übrigen Ackermäuse, unter denen sie wohnt [a]), mit gehören mögen; so wenig, daß sie sich so gar von der eben so kleinen Streifmaus bezwingen läßt. Im Winter scheint sie nicht zu erstarren [b]).

11.

Die Rüsselmaus.

Tab. CLXXXIII. B.

Mus soricinus; Mus cauda mediocri subpilosa, rostro producto, auriculis orbiculatis vestitis, velleris dorso flavicante griseo, abdomine albido. HERMANN.

Die obere Kinnlade ist zugespizt, beynahe wie an den Spizmäusen [c]). Die Oberlippe gespaltet. Die Vorderzähne blaßgelb. Die Barthaare in sieben Reihen in die Höhe stehend. Die Oehrchen hervorragend, rund und behaart. Vier Zehen an der Vorderpfote mit einem Wärzchen statt des Daumen. Fünf Finger am hintern Fusse,

a) N. 9. 19. 20.

b) Pallas.

c) Die spizige und bewegliche Schnauze war dem Herrn Prof. Hermann so auffallend, daß er sie anfänglich fast für eine neue Spizmaus gehalten hätte.

davon der äussere ziemlich weit zurücke steht. Die Klauen sehr kurz. Der Schwanz einfärbig, nach und nach abnehmend, mit schuppigen Ringen und dazwischen eingestreueten Haaren besetzt, unten etwas haariger, an den Seiten und von unten her etwas gedrückt; von unten mit einer sehr leichten wenig merklichen Furche ausgehölt. Die Farbe gelblich mit grau gemengt. Hinten am Leibe an der Wurzel des Schwanzes ist dies Gelbe reiner, vom Grauen unvermischter, und eher aufs Fuchsrothe stechend. Der Bauch weiß. Die Grösse der folgenden Art [b]).

Als zu Ende des Octobers 1778 wie fast überall in Europa, so auch um Straßburg sich eine ausserordentliche Ueberschwemmung ereignete, flüchtete sich ein solches Mäuschen auf die Aussenwerke der Stadt, und wurde dem Herrn Professor Hermann vom Herrn Gall, einem seiner fleißigsten Zuhörer, gebracht. Es war, als dieses geschahe, so betroffen, daß es auf dem Pflanzenstängel, auf den es sich gesezt hatte, ohne sich zu rühren nach Hause getragen wurde. Der Herr Professor

[b]) Die Maasse der Theile sind folgende:

	Pariser Zoll	Lin.
Die ganze Länge mit Inbegrif des Schwanzes	4.	6.
Davon beträgt der Schwanz gerade die Hälfte.		
Die Vorderfüsse bis an das Ende der Zehen		8.
Die Hinterfüsse von den Fersen an bis an das Ende der Zehen		$6\frac{1}{2}$.
Wenn die beyden Vorderfüsse aus einander gedehnt werden, so stehen sie an ihren äussersten Spizen von einander ab	2.	1.
die Hinterfüsse	2.	9.
Von der Spize der obern Schneidezähne bis zur Spize der Nase		$2\frac{1}{2}$.
Von einem Winkel des Mundes zum andern		2.
Vom vordern Augenwinkel bis an die Spize der Nase		3.
Oefnung des Auges vom vordern bis zum hintern Winkel		$1\frac{1}{2}$.
Der Abstand vom hintern Augenwinkel bis an den Grund des hintern Randes der Oehrchen		7.
Der Abstand der beyden Oehrchen an ihrem Grunde		4.
Der Durchschnitt der Rundung der Oehrchen		3.

hatte die Güte, es mir nebst vorstehender nach dem frischen Thierchen gemachten Beschreibung und einer Skizze, die die natürliche Stellung desselben anzeigt, ausgestopft zuzusenden. — Allem Ansehen nach war es ausgewachsen, und macht, wie die Gestalt, die Maasse und Farbe ausweisen, eine von den übrigen unterschiedene Art aus.

12.

Die Streifmaus.

Tab. CLXXXIV. Fig. 2.

Mus vagus; Mus cauda longissima nudiuscula, corpore cinereo, fascia dosali nigra, auribus plicatis. PALL. *glir. p.* 90. *n.* 37. *p.* 327. *tab.* 22. *fig.* 2.
Mus subtilis. Pall. Reise 2 Th. S. 705. *n.* 11. *a.* ERXL. *mamm. p.* 402. *n.* 12.
Dshilkis - Sitskan; Tatarisch.

Etwas grösser, als die vorhergehende Art. Der Kopf länglich mit stumpfer Schnauze. Die Bartborsten zart, kürzer als der Kopf. Ein Haar über jedem Auge. Die Augen mitten zwischen der Nase und den Ohren; diese ziemlich groß, oval, kahl, an dem vordern umgebogenen Rande auswendig, auch gegen die Spize hin inwendig mit braunem Haar dünne bedeckt. Der Rücken hellgrau mit schwarzen Haaren vermengt und fast gewässert; mitten auf demselben ziehet sich ein schwarzer Streif nach dem Schwanze hin, der an dem Genicke, zwischen den Schultern oder noch weiter hinten anfängt; Brust und Bauch graulich weiß. Der Schwanz ist etwas länger als der Leib, dünne behaart, oben grau unten weißlich, und hat ohngefähr 170 schuppigte Ringe. Die Füsse sind überaus zart, weißlich, und an den vordern eine deutliche konische Daumenwarze. Länge des Körpers: 2 Zoll 1 bis 7 Lin. des Schwanzes 2 Zoll 7 bis $11\frac{1}{2}$ Lin. das Gewicht der kleinsten, 2 Quentchen.

Die Vorderzähne sind überall gelb. Backenzähne: oben zween fast gleich grosse, unten drey an jeder Seite.

Säugwarzen: 2 auf der Brust unter den Armen, 2 auf dem Bauche gleich hinter den Rippen, 2 besser hinterwärts, 2 in den Weichen gleich vor den Schenkeln.

Dies kleine Mäuschen ist zwischen dem Jaik, Irtisch und Ob, auf der freyen sowohl als mit Birken dünne bewachsenen Steppe, ziemlich gemein. Es hat seinen Aufenthalt in den Steinrizen, unter Steinen, in und unter umgefallenen Baumstämmen, und in den verlassenen Löchern anderer Mäuse, und wird des Abends herumlaufend angetroffen. Es nähret sich von allerley Gesäme, nach welchem es an den Pflanzenstängeln hinauf steigt; dies geschicht mit grosser Leichtigkeit mittelst der ausgespreizten langen Zehen, und mit Beyhülfe des um die Aeste herumgeschlungenen Schwanzes. Doch tödtet und frißt es auch kleine Thiere, die es bezwingen kan. Es erstarret bey geringer Kälte, selbst in kalten Frühlingsnächten, und verbringt den Winter im Schlafe. Zu manchen Zeiten ziehen zahlreiche Heere dieser kleinen Mäuse von einem Orte zum andern: welche Eigenschaft den tatarischen Namen, der eine Heermaus andeutet, veranlaßt hat.

13.

Die Birkmaus.

Tab. CLXXXIV. Fig. 1.

Mus betulinus; Mus cauda longissima nudiuscula, corpore fulvo, fascia dorsali nigra, auriculis plicatis. PALL. *glir.* *p.* 90. *n.* 35. *p.* 332. *tab.* 22. *fig.* 1.

Mus subtilis. Pall. Reise 2. *p.* 705. *n.* 11. *β.* ERXL. *mamm.* *p.* 402. *n.* 12. *var.*

Eine sehr kleine Art von der Grösse der beyden vorletzten, und kleiner als die unmittelbar vorhergehende, der sie übrigens sehr ähnlich ist. Die Schnauze spizig. Die Ohren braun, an der Spize dünne behaart. Der Rücken braungelb, mit sehr wenigen eingestreueten dunkelbräunlichen Haaren, und einem schwarzen Streif, der vom Nacken anfängt und sich gegen den Schwanz hin zuspizt. Brust und Bauch weißlich. Der Schwanz viel länger als der Leib, geringelt, dünner behaart, oben braun unten weißlich. Die Zehen sind besonders lang und zart, und von der Daumenwarze kaum eine Spur zu sehen. Länge, 2 Zoll $3\frac{1}{2}$ Lin. des Schwanzes 3 Zoll $2\frac{1}{4}$ Lin. Gewicht $1\frac{1}{3}$ höchstens 3 Quentchen [a]).

Dis Thierchen wohnt in dünnen Birkengehölzen auf der Steppe um den Ischim, und in der Baraba, auch zwischen dem Ob und Jenisei, nur einzeln. Es nähret sich, gleich dem vorhergehenden, vom Gesäme, nach welchen es auf die Stängel der Gewächse steigt, die es, sogar starke Grashalme nicht sehr biegt. Es klettert, wie das vorhergehende, mittelst der auseinander gesperrten zarten sehr langen Zehen, und zugleich noch besser als jenes mit dem längern zum Umschlingen geschicktern Schwanze. Es wird leicht zahm und läßt sich gern in die Hand nehmen. Bey einer geringen Kälte erstarret es, wehrt sich mit den Füssen in etwas wenn es gereizt wird, und gibt einen schwachen spizmausartigen Laut von sich; bey stärkerer schläft es gar ein. Den Winter hindurch verkriecht es sich in Baumhölen, wo es wie eine Kugel zusammengewickelt liegt, bis es durch die Wärme wiederum belebt wird [b]).

* * *

14.

Die Perlmaus.

Mus striatus; Mus cauda longiuscula subnuda, corporis striis plurimis parallelis albo guttatis. PALL. *glir. p.* 90. *n.* 37.

Mus striatus; Mus cauda elongata [*]) subnuda, palmis tetradactylis, plantis pentadactylis, corpore striis punctatis. LINN. *syst. ed.* 10. *p.* 62. *ed.* 12. *p.* 84. *n.* 18.

a) Pall. a. a. O.

b) Pall. Reise II. Th. S. 408.

*) Mediocri *syst. nat. ed.* 12.

Mus ſtriatus; Mus cauda longa, ſtriis corporis longitudinalibus ex punctis albis. LINN. *muſ. Ad. Frid.* I. *p.* 10.

Mus orientalis; Mus cauda longa, rufus, lineis in dorſo albicantibus margaritarum æmulis. BRISS. *quadr. p.* 175. *n.* 10.

Mus orientalis. SEB. *theſ.* 2. *p.* 22. *tab.* 21. *fig.* 2.

Oriental rat. PENN. *quadr. p.* 304. *n.* 232.

Ein noch nicht gehörig bekanntes Thier, halb ſo groß als eine Hausmaus, bräunlich mit zwölf weiſſen punctirten Linien längs dem Rücken hin gezeichnet, unten weißlich, mit kurzen kahlen Ohren und einem faſt kahlen Schwanze von gleicher Länge wie der Leib; von welchem, dem äuſſerlichen Anſehen und der Figur des Schwanzes nach zu urtheilen, noch zweifelhaft ſcheinet: ob es nicht ein Junges von einem geſtreiften Eichhorn, deſſen Schwanz noch keine langen Haare hat, ſeyn möchte? welches mir ſehr glaublich vorkömmt. — Sein Vaterland ſoll Oſtindien ſeyn.

15.

Die geſtrichelte Maus.

Mus barbarus; Mus cauda mediocri, corpore fuſco ſtriis decem pallidis, palmis tridactylis, plantis pentadactylis. LINN. *ſyſt. tom.* I. *part.* 2. *addend.* ERXL. *mamm. p.* 399. *n.* 9.

Auch eine nicht ſattſam bekante Art aus dem nordlichen Afrika? die ſich durch nur drey Zehen an den Vorderfüſſen ſehr auszeichnet. Der Rücken iſt dunkelbraun mit zehn weißlichen der Länge nach gezogenen Strichen; unten weißlich. Der Schwanz faſt kahl, geringelt und ſo lang als der Leib. Die Gröſſe unter einer Hausmaus. In welche Abtheilung dieſes Geſchlechtes ſie geſezt werden müſſe, kan ich nicht beſtimmen. Sollte ſie wohl etwa gar zum Saviengeſchlechte gehören?

III.

III.

Haarschwänzige.

Mures cunicularii. PALL. *glir.* *p.* 77.

Die beyden Vorderzähne der untern Kinnlade haben oben eine breite Schneide.

Die Ohren sind im Verhältnisse des Kopfes nur klein.

Der Schwanz kurz, rund, zwar geringelt, aber mit kurzen Haaren so dicht bedeckt, daß man die Ringe nicht deutlich siehet.

Zehen: vorn viere mit einer Daumenwarze oder einem ordentlichen Daumen, hinten fünfe.

Der Kopf pflegt in dieser Unterabtheilung kurz und dicke, der Leib ebenfalls stark und nicht gestreckt zu seyn.

Sie verfertigen Baue unter der Erde, worein sie viele Vorräthe für den Winter eintragen, welchen sie, ohne zu erstarren, zubringen.

16.

Die Klippmaus.

Tab. CLXXXV.

Mus saxatilis; Mus cauda longiuscula, auribus vellere majoribus, palmis subtetradactylis. PALL. *glir.* *p.* 80. *n.* 19. *p.* 255. *tab.* 23. *B.*

Der Kopf ist länglich und spiziger als ihn die folgenden Arten haben; die Bartborsten kürzer als der Kopf, schwärzlich, die Ohren viel länger als das sie umgebende Haar des Pelzes, oval, gegen den Rand hin behaart, dunkelbraun. Die Schnauze ist dunkelbraun; um die Nase herum eine sehr schmale weisse Einfassung. Der Rücken dunkelbraun mit gelblich überlaufen, welches an den Seiten die herrschende Farbe ist; unten weißgrau. Die Füsse schwärzlich. Der Schwanz ist kaum halb so lang als der Leib, dünner behaart als die folgenden, oben braun unten weiß. Die Länge 4 Zoll, des Schwanzes $1\frac{1}{2}$ Zoll. Das Gewicht 9 Qventchen.

Sie wohnt in den östlichsten Gegenden Sibiriens, jenseit des Baikals, zwischen den Felsklippen, in deren mit Erde angefüllten Spalten sie sich ihren Bau bereitet, der aus einem mit weichem Heu gepolsterten Neste bestehet, zu welchem eine schräge und eine oder mehrere fast senkrechte $1\frac{1}{2}$ bis 2 Ellen lange ungerade Röhren führen. Sie nähert sich in manchen Stücken der vorhergehenden Unterabtheilung *).

17.

Die Wassermaus.

Tab. CLXXXVI.

Mus amphibius; Mus cauda longitudine dimidia corporis, auribus vix vellere prominulis, palmis subtetradactylis. PALL. *glir.* *p.* 80. *n.* 20.

Mus amphibius; Mus cauda elongata pilosa, plantis palmatis. LINN. *faun.* 2. *p.* 12. *n.* 32. *syst.* *p.* 82. *n.* 11. MÜLL. *prodr. dan.* *p.* 5. *n.* 30.

Mus amphibius; Mus cauda mediocri, palmis tetradactylis cum unguiculo pollicari, corpore nigricante. ERXL. *mamm.* *p.* 386. *n.* 3.

Mus aquaticus; Mus cauda longa, pilis supra e nigro et flavescente mixtis infra cinereis vestitus. BRISS. *quadr.* *p.* 175. *n.* 11.

Mus agrestis major. GESN. *quadr.* *p.* 733. mit einer schlechten Figur, die jedoch diese Art deutlich vorstellet.

Mus agrestis major macrourus Gesneri. RAI. *quadr.* *p.* 219.

*) Pallas.

Mus major aquaticus sive rattus aquaticus. RAI. *quadr.* p. 217.

Rat d'eau. BUFF. 7. p. 368. t. 43.

Water-rat. PENN. *brit. zool.* p. . *quadr.* p. 301. n. 228.

Eine Mäuseart. Gmel. R. I. S. 151. eine unkenntliche Figur *tab.* 29. *fig.* 1.

β. Mus terrestris; Mus cauda mediocri subpilosa, palmis subtetradactylis, plantis pentadactylis, auriculis vellere brevioribus. LINN. *faun.* 2. p. 11. n. 31. *syst.* p. 82. n. 10.

Mus agrestis capite grandi, brachyuros. RAI. *quadr.* p. 218.

γ. Mus paludosus; Mus cauda mediocri pilosa, palmis subtetradactylis, plantis pentadactylis, auriculis vellere brevioribus, ater. LINN. *mantiss. pl.* 2. p. 522. ERXL. *mamm.* p. 394. n. 6.

Wassermaus. Schermaus. Reutmaus.

Wodenoi krot; Russisch. Mataga; Tungusisch. Kuter; Jakutisch.

Die Schnauze ist kurz und sehr dick. Die Vorderzähne breit, auswendig braungelb. Die Bartborsten mässig lang. Die Ohren länglichrund, um den Rand behaart, und fast in dem Pelze versteckt. Der Leib kurz und dick. Der Schwanz ohngefähr halb so lang als der Leib. Die Beine kurz; an den schuppigen dünne behaarten Füssen vorn vier Zehen, mit einer kurzen Daumenwarze die einen kleinen rundlichen Nagel hat, hinten fünf Zehen. Weder an jenen noch diesen bemerkt man die in einigen der obenstehenden charakteristischen Namen angegebene Schwimmhaut. Das Haar ist lang, nicht gar weich, an der Wurzel schwärzlichgrau, an der Spize das stärkere schwärzlich, das feinere oben auf dem Rücken nußbraun, an den Seiten herunter gelbbraun. Unten sind die Spizen des Haares weißgrau, durch welche Farbe die dunkelgraue der Wurzeln stark hervorschimmert; auf dem Bauche spielt jene Farbe ins gelbbräunliche. Die Haare am Schwanze sind grau und schwarzbraun melirt. Die Länge 6½ Zoll, des Schwanzes 3 Zoll. Das Gewicht zwischen 2 und 3 Unzen.

Nach den Beobachtungen des Herrn Prof. Pallas sind die Männchen grösser, stärker und schwärzer auch hinten haariger als die Weibchen. Diese fallen mehr ins gelbliche. Auch haben jene öfters weisse Haare an der Unterlippe und Schwanzspize; diese nicht.

Die Wassermaus ist in ganz Europa sehr gemein; aber auch in dem nordlichen Asien bis gegen das Eismeer *) und den östlichen Ocean hinaus in Ueberfluß anzutreffen. Wahrscheinlich findet sie sich auch in America. In Sibirien wird sie grösser, als sie in Europa bis an die Wolga und den Jaik hin gewöhnlich zu seyn pflegt; am größten aber kömmt sie in den nordlichsten Gegenden von Sibirien vor, wo das Gewicht gewöhnlich zwischen 6 und 8 Unzen ist. — Man hat eine ganz schwarze Spielart und in Sibirien am Ob und Jenisei eine andere, die sich durch einen grossen weissen Fleck von unregelmässiger Gestalt, mitten auf dem Rücken über den Schultern, und einen kleinen weissen Strich auf der Brust, auszeichnet.

Sie wohnt an Seen, Teichen, Flüssen, Bächen und Sümpfen, vorzüglich in steilen Ufern, aber auch in Aeckern, Gärten und Wiesen, wo feuchter, vornehmlich leimiger Boden ist. Sie gräbt sich Löcher in die Ufer, und wühlt unter der Erde nach den Wurzeln von denen sie sich nähret, also nicht tiefer als diese gehen; wobey sie zum öftern aufwirft. Sie rettet sich in das Wasser, wenn sie verfolgt wird, schwimmt, taucht unter, und läuft auf dem Grunde des Wassers hin, kan aber nicht über eine halbe Minute unter demselben bleiben.

Ihre Speise sind Wurzeln, sonderlich liebt sie die von den Lischkolben [a]), und das saftige schmackhafte Wurzelwerk das in den Gärten gebauet wird, die sie deswegen heimsucht. Sie benagt auch die Wurzeln vieler Gartenbäume und verursacht dadurch ihren Tod. Daß sie Fische oder Fischrogen frißt, scheint noch nicht ganz ausgemacht zu seyn.

*) Sie dient dem dortigen Zugvieh, den Hunden, häufig zur Nahrung. Pallas R. III. Th. S. 19.

[a]) Typha.

Die Wanderratte thut es, und mit dieser wird die Wassermaus oft verwechselt.

Sie ist beissig und verletzt den Fischern bisweilen die Finger [b]), wenn sie die Krebse aus den Löchern ziehen wollen, setzt sich zur Wehre auf die Hinterfüsse und vertheidigt sich schnaubend mit den Vorderfüssen und Zähnen [c]).

Das Weibchen, welches zur Zeit der Begattung stark nach Biesam riecht, wirft im April, vielleicht auch nachher noch öfter, bis acht Junge. Es hat acht Säugwarzen, viere auf der Brust und viere auf dem Bauche.

Als ein den Gärten, und zugleich den Dämmen welche sie durchwühlet, schädliches Thier wird die Wassermaus, und zwar, nach Reicharts [d]) Vorschrift, am besten in Fischreusen gefangen, in welchen sie, wenn solche zum Fischfange angelegt sind, sich oft zufälliger Weise fängt und umkommt. — In Frankreich machen einige Bauern eine Fastenspeise daraus [e]) und die Jakuten um die Lena aus der größten Art einen Leckerbissen; die Bälge werden daselbst zu Pelzen zurechte gemacht [f]).

18.

Die Knoblauchmaus.

Tab. CLXXXVII.

Mus alliarius; Mus cauda unciali, auribus majusculis subpilosis, corpore cinereo subtus albido. PALL. *glir.* p. 81. n. 18. p. 252. *tab. XIV. C.*

b) SCHWENKF. *ther. Siles.* p. 115.
c) PALL. *nov. sp. glir.* a. a. O.
d) Land- und Gartenschaz VI. Th. S. 222.
e) Büffon.
f) Pallas a. a. O.

Gleicht der kleinen Feldmaus, den Kopf, die langen Bartborsten und Ohren ausgenommen, worinn sie der Hausmaus ähnlicher ist. Leztere sind halb-so lang als der Kopf, breit, fast kahl, und der Gehörgang mit einem besondern quer über gehenden Blatte verwahret. Die Vorderfüsse vierzehig nebst einer weichen Daumenwarze. Der Schwanz so haarig, daß man die Ringe nicht sehen kan. Das Haar ist weich, auf dem Rücken grau mit dem gelblichen Braun der längern Haarspizen überlaufen; an den Seiten weißlich grau; unten, um die Füsse, weißlich. Der Schwanz weiß mit einem braunen Streif obenhin. Die Ohren dunkelbräunlich. Acht Säugwarzen. Die Länge des Körpers $4\frac{1}{6}$ Zoll, des Schwanzes ohne die an der Spize 6 Linien weit hervorstehenden Haare, $1\frac{1}{3}$ Zoll.

Der Herr Prof. Pallas hat sie aus der Gegend Jeniseisk in Sibirien mit der Versicherung erhalten, sie sey diejenige um den Jenisei, Kan und die Angara bekannte Maus, welche sich von den Zwiebeln des Knoblauchs mit dem eckigen Stängel [a]) und andrer Arten nährt, und selbige zum Wintervorrath in ihre Löcher einträgt; weswegen diese von den Russen und Sibiriaken aufgegraben und die Vorräthe zum Gebrauch herausgenommen werden.

19.

Die sibirische rothe Maus.

Tab. CLXXXVIII.

Mus rutilus; Mus cauda unciali, auriculis vellere longioribus, palmis subtetradactylis, corpore supra fulvo subtus cano. PALL. *glir. p. 79. n. 17. p. 246. tab. XIV. B.*

Kultujach; Jakutisch. Tscheta naustchu; Kamtschadalisch.

Sie hat viel Aehnlichkeit mit der kleinen Feldmaus. Die Schnauze ist stumpf und sehr haarig. Die Bartborsten so lang als der Kopf.

a) Allium angulosum LINN.

Die Augen klein, die Ohren noch nicht halb so lang als der Kopf, kahl, doch an der aus den Haaren hervorragenden Spize und dem vordern Rande rothhaarig. Der Schwanz dicke, stark behaart. Die Daumen an den Vorderfüssen klein. Der Rücken ist von der Stirne an schön rothgelb, und nur die äussersten Spizen der längern Haare bräunlich; diese Farbe fällt an den Seiten, und auf der Schnauze mehr ins gelbe, mit untermengten braunen Haaren; unten weiß. Die Füsse sind haarigter als an der kleinen Feldmaus und andern verwandten Arten, und sehen weiß. Der Schwanz hat oben einen dunkelbraunen Streif, ist an den Seiten gelblich und unten weiß. Die Länge beträgt 3 Zoll 7½ Lin. des Schwanzes (ohne die an der Spize 3 Lin. weit hervorstehenden Haare) 1 Zoll 1 Lin. das Gewicht zwischen 4 und 7 Quentchen.

Das Weibchen hat auf dem Bauche zwey Euter, und auf jedem zwo Säugwarzen.

Diese Mäuseart ist in Sibirien, vom Ob an ostwärts, und bis an das Eismeer hinauf, auch an den hohen Gebirgen, sonderlich in waldigen Gegenden, gemein, und selbst in Kamtschatka sehr häufig. Sie gräbt gegen die Art der übrigen zu dieser Unterabtheilung gehörigen Mäuse, keine ordentlichen Röhren, sondern verkriecht sich in die Löcher anderer Mäuse, in hole Bäume, im Herbst unter die Getreidehaufen, und kömmt oft in die Häuser und auf die Getreideböden. Sie erstarrt im Winter nicht, sondern läuft oft auf dem Schnee herum. Sie liebt das Fleischwerk, und fängt sich öfters in den für Hermeline und ähnliche Thiere mit Fleisch aufgestellten Fallen.

Eine etwas kleinere mit einem etwas dünnern und längern Schwanze versehene, der Farbe und Proportion der Theile nach aber nicht weiter merklich unterschiedene Maus, die an der Wolga, sonderlich um Casan und Simbirsk im Winter um die Dörfer und auf den Böden nicht selten ist, wird von dem Herrn Professor Pallas zu dieser Art gerechnet. Ihre Länge macht 3 Zoll 4 Lin. des Schwanzes 1 Zoll

6 bis 8 Linien. Das Gewicht $4\frac{1}{2}$ bis 5 Quentchen. Diese Spielart scheint auch in Teutschland einheimisch zu seyn; wenigstens hat der Herr Professor in Göttingen 1759 eine Maus erhalten, deren Beschreibung und Maasse mit derselben aufs genaueste übereinstimmen. Sollte diese vielleicht die rothe Feldmaus seyn, deren in ökonomischen Schriften einigemal Meldung geschiehet?

20.

Die Zwiebelmaus.

Tab. CLXXXIX.

Mus gregalis; Mus cauda sesquunciali, auriculis vellere longioribus, palmis subtetradactylis, corpore cinerascente. PALL. *glir.* *p*. 79. *n*. 16. *p*. 238.

Mus socialis. Georgi Reise S. 162.

Niri-Katscham; Tungusisch.

Sie bleibt immer etwas kleiner als die Wurzelmaus, und hat einen etwas kürzern Leib als diese, aber einen längern als die Tulpenmaus. Der Kopf ist raucher, als an dieser, die Lippen aber dünner, die Ohren grösser, oval, faltbar, dünne, und die aus dem Haar herausragenden Spizen dünne braun behaart. Die Vorderzähne sind gelb; die obern breitlich und haben längshin eine äusserst flache Furche. Der Schwanz ist dicker, ohngefähr in 40 Schuppenringe getheilt, und hat längere Haare, sonderlich an der Spize, wo sie schwarz sind. Das Haar rauh, hart, oben blaßgelbbräunlich, in der Mitte schwärzlich (welches die Farbe der dort häufigern längern Haare ist) überlaufen, an den Seiten noch blässer, unten schmuzig weiß. Die Füsse sind stärker als der Tulpenmaus ihre, kahl, braun; an den Vorderfüssen die Daumenwarze mit einem ganz kleinen Nagel bedeckt. Die Länge der Weibchen, die grösser, 4 Zoll 6 Lin. des Schwanzes 1 Zoll. der Männchen, welche kleiner zu seyn pflegen, 3 Zoll 6 Lin. des Schwanzes 10 Lin. über den die

Haare

Haare noch $2\frac{1}{2}$ Lin. hinausragen. Das Gewicht der erstern 1 Unze 2 Quentchen, der leztern sechs Quentchen.

Sie wohnt in dem östlichen Sibirien jenseit des Obs, in hohen und gebirgigen Gegenden, am häufigsten jenseit des Baikals, sonderlich in Daurien. Allem Ansehen nach auch in Kamtschatka. Feuchte Niederungen sind niemals ihr Aufenthalt. Auch gehet sie nicht in die Häuser. Sie gräbt sich dicht unter dem Rasen ein ziemlich geraumiges Nest mit vielen Oefnungen, über welches sie, von der ausgewühlten Erde, einen gewölbten Haufen macht, um den Regen abzuleiten; und um selbiges einige Vorrathskammern, zu denen sie von dem Neste aus kommen kan. In jedem Neste ist allemal eine ganze aus einem Paar und den Jungen desselben Jahres bestehende Familie anzutreffen. Ihre Speise sind die Zwiebeln von dem schmalblättrigen türkischen Bunde [a]), und dem borstenblättrigen Knoblauch [b]), welche fade, süßlich und kaum nach Knoblauch schmecken [c]). Vielleicht auch die Wurzeln des Lupinasters [d]). Gedachte Zwiebeln tragen sie für den Winter ein, und werden derselben von den Tungusen, die ihre Löcher deswegen aufgraben, wieder beraubt. Daß diese Mäuse wandern, ist nicht bekannt, aber wahrscheinlich.

21.

Die Wurzelmaus.

Tab. CXC.

Mus oeconomus; Mus cauda subsesquunciali, auriculis nudis vellere molli latentibus, palmis subtetradactylis, corpore fusco. PALL. *glir.* *p.* 79. *n.* 15. *p.* 225. *tab. XIV. A.* Reise *III.* Th. S. 692. *n.* 4. Georgi R. S. 161.

a) Lilium pomponium LINN.

b) Allium tenuissimum LINN.

c) GMEL. *Fl. Sib. I. p.* 62.

d) Trifolium Lupinaster LINN.

Kutugunà; bey den Tungusen und Burätten. Kutujach; Jakutisch. Naustschitsch; Tegultschitsch; Kamtschadalisch.

Sie ist der kleinern Feldmaus ähnlich, aber grösser, der Kopf kleiner und kürzer, die Augen kleiner, die Ohren kürzer, gemeiniglich so kurz daß sie von den Haaren ganz bedeckt werden, (ein entblößtes Ohr ist auf der Kupferplatte hinter dem Thiere abgebildet zu sehen), das Maul kleiner, die obern Vorderzähne hochgelb. Der Leib länger und dicker, auf dem Rücken gelb mit Schwarz überlaufen, am meisten in der Mitte; unten weißgrau. Der Schwanz dünne, cylindrisch, stumpf, behaart, doch so daß man die Ringe, ohngefähr 60 an der Zahl, deutlich sehen kan, an Farbe weißlich mit einem braunen Streife zu oberst. Die Beine sind im Verhältniß gegen die kleine Feldmaus stark, an den Vorderfüssen eine konische Daumenzehe mit deutlichem Nagel. Die Füsse mit Schuppenringen bedeckt, braun. Die Länge des Männchens ohne den Schwanz 3 Zoll 3 bis 6 Lin. des Schwanzes 10½ Lin. Des Weibchens 4 Zoll 2½ Lin. des Schwanzes 10½ Lin. Grösserer Weibchen 4 Zoll 5 Lin. Des Schwanzes 1 Z. 2 Lin. Das Gewicht des Männchens ohngefähr ein Loth; des Weibchens eine Unze und ein oder ein paar Quentchen.

Das Vaterland dieser wegen ihrer Oekonomie sehr merkwürdigen Mäuseart ist Sibirien, von dem Irtisch an bis an den östlichen Ocean, die nördlichsten Gegenden nach dem Eismeere hinauf nicht ausgenommen. In größter Menge zeigt sie sich jenseits des Baikals, in den östlichen Dauurien, und in Kamtschatka. Die Kamtschatkischen fallen etwas lichter in der Farbe und mehr gelb; so auch die grössern sibirischen. Sie wählt zu ihrem Aufenthalte feuchte Niederungen und Thäler zwischen den Gebirgen und selbst an den Schneegebirgen, ist aber in trockenem zumal sandigen Boden nicht zu finden. Sie höhlt gleich unter dem Rasen, den sie wo es allzu feucht ist etwas erhöhet, runde flachgewölbte Nester, eine halbe Elle weit und eine Querhand hoch, aus, zu welchen mehrere schräge Röhren mit engen kaum einen Finger einlassenden Oefnungen führen. In demselben macht sie von weichem zerbissenen Grase ein Bette. Zur Seite des Nestes gräbt sie zween oder mehrere Vorrathskeller von noch grösserem Umfange als dasselbe, zu welchen von da aus andere unterirdische Kanäle führen. In gedachte Nester trägt sie den Sommer hindurch mit erstaunlichem Fleisse, Vorräthe von verschiedenen sehr sauber gereinigten Wurzeln, zur Winterspeise ein. Man kan kaum begreifen, wie ein paar so kleine schwache Thiere eine solche Menge Wurzeln aus dem zähen Rasen hervorgraben und zusammen führen können, als man bey einem Neste gemeiniglich findet. Denn die Einwohner desselben sind meistens ein einiges Paar, bisweilen sogar eine einzelne Maus, selten eine Familie. Solcher Vorrathskeller sind bey einem Neste drey, vier und mehrere, und einer enthält oft acht, ja zehn Pfund gereinigter Wurzeln. Die Mäuse graben ihre Wurzeln oft ziemlich weit vom Neste, und wo sie sich häufig aufhalten, da sieht man überall Grübchen im Rasen wo Wurzeln ausgegraben sind, welche sie auf der Stelle von den Keimen, allen Zasern und Erde reinigen, in zwey bis drey Zoll lange Stückchen theilen und rücklings zum Neste ziehen; sie bereiten sich dazu auf dem Rasen, welchen sie abbeissen, kleine Strassen, die sich oft theilen und allenthalben hinführen. Die Wurzeln, welche diese Art Mäuse einsammlet, sind auf den Isetskischen und Barabinzischen Steppen die von der Phlomis tuberosa, oder vielmehr nur die bittern Knollen derselben; der Natterwurz (Polygonum Bistorta), in Dauurien der kleinen Alpennatterwurz (Polygonum viviparum) und der welschen Bibernell (Sanguisorba officinalis), ingleichen auch, welches zu bewundern, die giftigen Wurzeln des kleinen Kälberkropfes (Chærophyllum temulentum); die Tungusen bilden sich ein, die Mäuse sammlen sie, um sich damit zuweilen an ihren Festtagen trunken zu machen; und in der That wird diese schädliche kleine Rübe von den Mäusen mit andern Wurzeln verzehrt. An der Lena trägt sie die Wurzeln von einem gelbblühenden Hedysarum [a]) und in Kamtschatka, nach Stellers Berichte [b]), die von der Spiræa palmata, dem Sedum Anacampseros und dem gelben Waldhahnenfusse (Anemone ranunculoides L.), oder gar einem Sturmhute, nebst den Zwiebeln der kamtschatkischen Lilie, des Schaftheues (Equise-

a) *Fl. Sib. IV. p. 28. t. II.*

b) Beschr. v. Kamtsch. S. 129.

tum hiemale) und den sibirischen Cedernüssen ein. Im Sommer soll sie von Beeren und Kräutern leben. Sie wählt allemal die besten Wurzeln von jeder Art, und packt solche sehr fest theils unter einander, theils sortenweise, zusammen. Man siehet aus einer so grossen Fürsorge für das Winterfutter, daß diese Thierchen den Winter hindurch nicht erstarren; und findet auch im Frühjahre die Vorräthe, bis auf die abgenagten Ueberbleibsel, aufgezehrt; einen Keller ausgenommen, welcher gemeiniglich unangegriffen bleibt. Die leeren Nester (über welche man nicht ohne Gefahr reiten kan) werden im Frühjahr und Sommer ausgebessert, welches mehrentheils eine Arbeit der Männchen zu seyn scheint, gleichwie die Weibchen sich mit der Wiederanfüllung derselben vorzüglich beschäftigen.

Die erste Paarung dieser Thierchen geschicht mit dem Anfange des Frühlings; das Weibchen hat dabey einen starken und nicht unangenehmen Bisamgeruch. Es wirft auf einmal oft nur zwey bis drey Junge. Die starke Vermehrung dieser Thiere zeigt aber, daß sie den Sommer hindurch mehrmal hecken müssen.

Eine andere bewundernswürdige Eigenschaft dieser Mäuse ist ihre Neigung Wanderungen anzustellen. Sie wird an den sibirischen im geringern Grade bemerkt, als an denen die in Kamtschatka wohnen, die öfters auf das feste Land hinüber ziehen. Ihr Abzug geschicht allemal in sehr grossen Haufen gegen Nordwesten in gerader Linie; sie schwimmen keck über alle Flüsse, Seen und Meerbusen, die ihnen im Wege sind, obgleich viele von Vögeln und Fischen gefressen werden. Ein solcher Zug kan so zahlreich seyn, daß er zwo Stunden in einem fort währet. So gehen sie um den grossen penshinischen Meerbusen herum, und dann südlich bis ohngefähr gegen den 57ten Grad der Breite herunter, wo sie um die Mitte des Julius anzukommen pflegen. Im October kommen sie auf eben die Art wieder in Kamtschatka an. Es folgen ihnen viele Füchse und allerley andere Raubthiere nach und geben einen guten Fang. Eine solche Auswanderung wird für ein Zeichen künftiger stürmischer und nasser Witterung, die Rückkehr hingegen für die Vorbedeutung eines zum Wild- und Fischfange glücklichen Jahres angesehen.

Und in der That scheint das Gefühl gewisser Vorboten der zukünftigen Witterung die Haupttriebfeder zu solchen Heerzügen zu seyn.

Die Industrie dieser Thierchen wird von den Kamtschadalen und Tungusen, auch andern sibirischen Völkern die keinen Ackerbau haben, aufs beste genuzt. Im Herbste, wenn die Mäuse ihre Vorrathskeller gefüllt haben, suchen die Tungusen ihre Hölen auf, erforschen mit dem Fusse oder Schaufelstiele, wo der Rasen nachgiebt, und verfehlen mit dem Schaufelstiche selten entweder das Nest, oder einen Vorrathskeller zu öfnen. Den Wurzelvorrath der flüchtigen Maus suchen sie gleich auf der Stelle aus, und sondern die obgedachten kleinen Tollrüben sorgfältig ab. Sonderlich sind ihnen die Wurzeln der welschen Bibernelle zur Speise und zum Theetrank angenehm. — Die Kamtschadalen, von welchen diese Wurzelmäuse sehr in Ehren gehalten werden, pflegen sie ihrer Vorräthe nie ganz zu berauben, und legen ihnen für das Weggenommene getrockneten Fischrogen und andere den Mäusen unbrauchbare Kleinigkeiten hin. Andere Völker des östlichen Sibiriens, die von ihnen leben, lassen ihnen zwar nichts, berauben sie aber des mühseligen Lebens nicht, wie die Jakuten an der Lena, welche die Maus zugleich mit dem von ihr eingetragenen Hedysarum essen. Eben so verzehren die wilden Schweine, welche von Wurzeln so grosse Liebhaber, als die Tungusen sind, und die unterirdischen Wohnungen dieser Mäuse fleissig aufsuchen, zum öftern ihre Wohlthäterinnen mit sammt dem Vorrath [c]).

Ob diese nordasiatische Wurzelmaus ihre Wanderungen je bis in das nordliche Europa ausdähne? daran wird billig gezweifelt. Sie würde der Scharfsichtigkeit unserer Zoologen schwerlich ganz entgangen seyn. — Eine an Gestalt und Grösse, sonderlich in der Kürze der unter dem Haar versteckten Ohren, ihr sehr ähnliche Maus traf der berühmte Herr Etatsrath O. F. Müller 1777. in der Insel Laland zwischen dem Elymus arenarius im Sande am Ufer der Ostsee an, und

c) Pall. N. 3 Th. S. 195 *196. Glir. a. a. O.*

hatte die Güte mir eine sehr genaue Abbildung davon zukommen zu laßen, welche ich meinen Lesern *Tab. CXC. B.* darlege. Sie ist zimmtbraun, mitten auf dem Rücken dunkler, und auf dem Bauche weißgrau. Die Bartborsten sind ebenfalls braun. Die Grösse zeigt die Abbildung selbst. Da der Herr Etatsrath von ihrer Oekonomie nichts bemerkt noch in Erfahrung gebracht, so habe ich keine Anleitung sie mit der Wurzelmaus für einerley zu halten; sie scheint mir vielmehr von ihr und den übrigen Arten unterschieden zu seyn. Dis läßt sich aber freylich noch nicht mit Gewißheit behaupten, und ich habe ihr daher den auf der Platte stehenden Namen Mus Glareolus nur einstweilen, und so lange bis man weiß ob sie einen eigenen Namen verdient oder nicht, beygelegt.

22.

Die kleine Feldmaus.

Tab. CXCI.

Mus arvalis; Mus cauda unciali, auriculis vellere prominulis, palmis subtetradactylis, corpore fusco. PALL. *glir.* *p.* 79. *n.* 14.

Mus gregarius; Mus cauda corpore triplo breviore subpilosa, corpore griseo subtus pedibusque albis. LINN. *syst.* *p.* 85. *n.* 16.

Mus terrestris *); Mus cauda mediocri, auriculis vellere brevioribus **), corpore supra ferrugineo subtus cinereo. ERXL. *mamm.* *p.* 395. *n.* 7.

Mus campestris minor; Mus cauda brevi, pilis e nigricante et sordide luteo mixtis in dorso, et saturate cinereis in ventre vestitus. BRISS. *quadr.* *p.* 176. *n.* 12.

?Mus campaignolo. GESN. *quadr.* *p.* 733.

*) Von dem Mus terrestris LINN. wohl zu unterscheiden.

**) Das sind sie nicht.

Campagnol. BVFF. 7. *p.* 369. *tab.* 47.

Short-tailed fieldmouse. PENN. *br. Zool.*

Short-tailed rat. PENN. *quadr. p.* 305. *n.* 233.

Campagniolo; Italiänisch. Mulot à courte queuë; petit rat de champs; campagnol; französisch. Ratte couëtte; in Bourgogne.

Der Kopf ist spiziger als an der Wassermaus; die Ohren ragen ein wenig aus den Haaren hervor, die sie etwas länger hat als die Hausmaus. Die Vorderzähne sehen hochgelb. Der Schwanz misset etwa ein Drittel der länge des leibes; er ist ziemlich dünne behaart. Die Füsse sind kurz und an den vordern kaum eine bemerkliche Daumenzehe. Die Farbe: auf dem Rücken schmuzig gelb mit braun oder schwärzlich vermengt, welches an den Seiten sparsamer ist; am Bauche weißgrau, und gelblich überlaufen. Die länge ohngefähr drey Zoll, des Schwanzes ein Zoll, etwas mehr oder weniger. Das Gewicht der Männchen 5 bis 6, der Weibchen gegen 11 Quentchen [*])

Sie ist durch ganz Europa, bis in die kältern Provinzen von Rußland hinein, eine häufige Bewohnerin der Felder, Wiesen, Gärten und Gebüsche. Jenseit des Obs verliert sie sich nach der Beobachtung des Herrn Prof. Pallas, wird hingegen in Gilan gefunden. Sie nistet gern in die Ufer, geht aber so wenig in das Wasser, als in die Häuser. Ihre Hölen haben eine, oder gewöhnlicher zwo schräge und verschiedentlich gebogene kaum daumensdicke Röhren; die Männchen legen sie in einer Tiefe von ohngefähr einem bis anderthalb, die Weibchen die ihrigen zween Fuß tief an. Eine solche Höle ist einer Faust groß, und mit weichem Grasschnittchen ausgepolstert, worauf das Weibchen vom Frühjahr an einigemale, und zwar auf jeden Wurf acht bis zwölf Junge bringt. Die Speise dieser Maus sind Körner vom Getreide und andern Gewächsen, Nüsse, Bucheckern, und Eicheln, wovon sie auch Vorräthe einträgt. Sie vermehrt sich zuweilen

[*]) Pallas.

so starck, daß sie dem Getreide auf dem Felde nachtheilig wird; wird aber von den Füchsen, Iltissen, Wieseln, Kazen, und von der grössern Feldmaus aufgerieben und reibt sich unter einander selbst auf.

Herr Daubenton beschreibt eine schwärzliche kleine Feldmaus; diese ist vielleicht der

Mus agrestis; Mus cauda abbreviata, corpore nigro fusco, abdomine cinerascente. LINN. *faun. suec. ed.* 2. *p.* 11. *n.* 30.

welcher in dem *Systema naturae* nicht stehet. — Uebrigens muß ich noch bemerken, daß unter den Synonymen dieser und der grossen Feldmaus, dann der Wassermaus eine grosse Verwirrung herrscht. Ich schmeichle mir sie so richtig als bey der Kürze und Unvollständigkeit der Beschreibungen möglich war, vertheilt zu haben; der Raum verstattet mir aber nicht, von den vorgenommenen Veränderungen Rechenschaft abzulegen.

23.

Die Tulpenmaus.

Tab. CXCII.

Mus socialis; Mus cauda semunciali, auriculis orbiculatis brevissimis, palmis subtetradactylis, corpore pallido subtus albo. PALL. *glir. p.* 77. *n.* 13. *p.* 218. *tab. XIII. B.*

Mus socialis. Pall. R. II. Th. S. 705. *n.* 10.

Eine neue Maus. Gmelin R. II. Th. S. 173. *tab.* 11.

Mus microuros. Ebendas. Th. III. S. 500. *tab.* 57. *fig.* 2.

ERXL. *mamm. p.* 403.

Etwas grösser als die vorhergehende, von der sie sich durch die Farbe, die weissen Ohren und Füsse, welche keine Schuppen haben, den kürzern Schwanz und dickern Kopf; von der ihr noch ähnlichern Zwie-

Zwiebelmaus aber durch das viel weichere Haar, die blässere Farbe desselben, und von beyden, gleich wie von den andern Mäusearten, durch die Verhältnisse der Theile unterscheidet. Die Schnauze ist stumpf, die Lippen sehr fleischig, die Bartborsten ziemlich lang; über den Augen und an der Kehle eine doppelte Borste befindlich. Die Augen stehen weiter rückwärts als an der kleinen Feldmaus, mitten zwischen der Nase und den Ohren inne. Die Ohren sind oval, und laufen unterwärts trichterförmig zu; nur der Rand ist behaart. Der Leib ist kurz und dicke, auch die Beine kürzer und dicker als an der kleinen Feldmaus. Die Daumenwarze an den Vorderfüssen hat einen nicht undeutlichen Nagel. Der Schwanz ist kürzer und fast dünner, aber haarigter als ihn die itztgenannte Art hat. Die Nase fällt ins Dunkelbraune. Auf dem Rücken ist die Farbe blaßgelblich, doch die Spizen der längern Haare zum Theil braun, an den Seiten noch blässer, unten, und die Füsse, auch der Schwanz, weiß. Die Länge 3 Zoll 5 Lin. des Schwanzes $9\frac{1}{2}$, und mit dem über die Spize hinausragenden Haar, fast $10\frac{3}{4}$ Lin. Das Gewicht ohngefähr 6 Quentchen.

Sie ist in trocknen sandigen Gegenden auf der Steppe zwischen der Wolga und dem Jaik, vom 50ten Grade der Breite an, um das kaspische Meer und in den Gebirgen von Gilan, in Menge anzutreffen. In jedem Neste, zu dem acht und mehrere Spannen tiefe Röhren, vor deren Oefnung die ausgeworfene Erde aufgehäuft ist, führen, und welches ziemlich geraumig zu seyn pflegt, wohnet ein Paar oder eine ganze Familie. Man sieht sie, wenigstens am Jaik, sehr häufig im Frühjahre, selten im Herbste; niemals in den Häusern. Ihre Nahrung besteht, wie es scheint, am vorzüglichsten in den Zwiebeln der gemeinen Tulpe [a]); doch auch in anderem Wurzel- und Kräuterwerke. Ihre Begattungszeit fängt später an als anderer Mäuse ihre; sie müssen aber sehr fruchtbar seyn, da sie den Wieseln, Iltissen, Krähen und Ottern in Menge zur Speise dienen, und dennoch so zahlreich sind [b]).

[a]) Tulipa Gesneriana. LINN. [b]) Pallas.

24.

Die Schwertelmaus.

Tab. CXCIII.

Mus Lagurus; Mus brachyurus, auriculis vellere brevioribus, palmis subtetradactylis, corpore cinereo linea longitudinali nigra. PALL. *glir. p.* 77. *n.* 12. *p.* 210. *tab. XIII. A.* Zimmerm. Geogr. B. 2. S. 371.

Mus Lagurus. Pallas R. II. Th. S. 704. ERXL. *mamm. p.* 375. *n.* 12.

Dſhilkis - Tſitskan. (d. i. Zugmaus). Tatarisch.

Sie ist kleiner als die kleine Feldmaus. Der Kopf kleiner und länger, die Schnauze stumpf mit dicken Lippen; die Bartborsten kürzer als der Kopf, über jedem Auge und auf jedem Backen eine einzelne, an der Kehle eine doppelte Borste. Die Augen stehen den Ohren etwas näher, als an der kleinen Feldmaus; diese sind klein, rund, platt, kahl, liegen am Kopfe an und fast zwischen den Haaren verborgen. Die obern Vorderzähne sind platt und haben nur wenig Gelb, auch eine hinterwärts kaum ausgehöhlte Schneide. Die Backenzähne lassen sich nicht wohl zählen; es scheinen ihrer überall viere zu seyn, und der hinterste ist kleiner als die vordern. Der Leib ist lang; der Steiß bey den Männchen erhaben. Die Beine sehr kurz; an den Vorderfüssen eine nagellose Daumenwarze. Die Fußsohlen, ausgenommen die Schwielen derselben, haarig. Der Schwanz sehr kurz. Das Haar lang, sehr weich, glatt, auf dem Rücken von blaßgrauer Farbe, mit häufigen dunkelbraunen Haaren vermengt; zwischen den Augen entspringt ein schwarzer Streif, der längs über den Rücken hin bis an den Schwanz läuft, und mitten auf dem Rücken breiter ist. Die Brust, der Bauch und die Beine sind schmuzig weißgrau. Die Ohren braun. Die Bartborsten grau. Die Länge 3 Zoll $7\frac{2}{3}$ Linien; des Schwanzes, an den Weibchen $2\frac{1}{2}$, an den

Männchen 4 Linien. Das Gewicht der leztern bis $6\frac{1}{2}$ Quentchen; die Weibchen wiegen etwas weniger, ob sie gleich grösser scheinen.

Diese Art Mäuse ist eine Einwohnerin der Steppen um den Jaik, Jenisei und Irtisch, wo der Boden sandig und zugleich leimig ist. Ihre Nester sind rund, enge, mit Gras gepolstert, und haben zwo Röhren; die eine senkrecht, etwan einer Querhand tief; die andere schräge und etwan eine Spanne lang; beyde laufen zuweilen vor dem Eingange in das Nest zusammen. Männchen und Weibchen wohnen mehrentheils in zwo aber sehr nahen Hölen. Sie verlassen selbige ohne Schwierigkeit; schon das Schnieben eines in die eine Oefnung riechenden Hundes treibt sie zur andern hinaus. Ihre Nahrung scheint vornehmlich der Zwergschwertel[a]) zu seyn; sie fressen aber nebst dieser viele andere, auch salzige und bittere Gewächse, dergleichen die Wermuthart en sind; selbst scharfe, wie z. B. die sibirische Schwalbenwurzel[b]) nicht ausgenommen. Sie tödten und fressen andere Mäuse, ja einander selbst. Sie sind sehr geil und hecken vom ersten Frühlinge an öfters. Das Weibchen gibt während der Begattungszeit einen ziemlich starken Bisamgeruch. Es bringt auf einmal fünf bis sechs Junge. — Hurtig sind sie gar nicht im Laufe; wenn sie gefangen werden, sind sie anfänglich erschrocken, erholen sich aber bald, sezen sich auf die Hinterfüsse und beissen um sich herum, wobey sie mit den Zähnen öfters klappern, aber keinen Laut von sich geben. — Sie schlafen wie die Murmelthiere, auf den Hinterfüssen sizend, und scheinen dem äusserlichen Ansehen, der trägen und ungeschickten Bewegung, und selbst den Zähnen nach mehr zu dem Geschlecht der Murmelthiere als der Mäuse zu gehören; ob sie gleich im Winter nicht erstarren. — Zu manchen Zeiten ziehen sie in grossen Schaaren von einer Steppe zur andern; welches ihnen den tatarischen Namen zu wege gebracht hat, den sie aber mit der Streifmaus gemein haben.

[a]) Iris pumila LINN.

[b]) Asclepias sibirica LINN.

25.

Die Uralmaus.

Tab. CXCIV.

Mus torquatus; Mus brachyurus, auribus vellere brevioribus, palmis pentadactylis, corpore ferrugineo vario, torque interrupta albida, linea spinali nigra. PALL. *glir. p.* 77. *n.* 11. *p.* 206. *tab. XI. B.* Zimmerm. Geogr. G. 2. S. 372.

In der Grösse kommt diese Maus mit der kleinen Feldmaus, in der Gestalt aber mit der folgenden überein. Die Bartborsten sind so lang als der Kopf und schwarz. Die Vorderzähne weiß. Die Ohren sehr kurz, unter dem Haar versteckt, an der Spize rothbraun behaart. Die Beine sind kurz und stark, haariger als an der folgenden Art, die Fußsolen ganz behaart; die Klauen an den Vorderfüssen lang und stark, und an der deutlichen Daumenwarze ein kleiner Nagel; an den Hinterfüssen kürzer. Das Haar sehr weich und glatt, auf dem Rücken roth und gelblich, oder blaßgelblich und rothbraun gemischt und fast gewässert, mitten auf dem Rücken dunkler, an den Seiten blässer; unten schmuzig weißlich. Die Nase ist schwarz behaart; von da läuft ein dunkelbräunlicher Streif die Stirne hinan. Hinter jedem Ohre steht eine weißliche vorn und hinten braunroth eingefaßte Binde. Die Füsse sind weißlich und braun gemischt, die Fußsolen weiß. Der kurze stumpfe Schwanz braun, mit einem Büschel weisser steifer Borsten an der Spitze. Die Länge 3 Zoll 1 Lin. des Schwanzes $4\frac{1}{2}$ Lin. und mit den Haaren an der Spize 7 Linien.

Sie bewohnt den nordlichsten vom Holze entblößten Theil des Uralgebirges, und die weitläuftigen Moräste gegen das Eismeer hin. In ihren Nestern hat man Renthier- und Schneelichen [a]) gefunden, worunter die kleinen Knollen des Polygonum viviparum LINN. befindlich waren. Jedes Nest hatte viele Röhren, von denen vertiefte Wege auf dem Rasen hin liefen. Sie wandert zu gewissen Zeiten [b]).

[a]) Lichen rangiferinus und nivalis LINN. [b]) Pallas *nov. sp. glir. a. a. O.*

26.

Der Leming.

Tab. CXCV. A. B.

Mus Lemmus; Mus brachyurus, auriculis vellere brevioribus, palmis pentadactylis, corpore fulvo nigroque vario subtus albo. PALL. *glir. p.* 77. *n.* 10. *p.* 186. *tab. XII. A. B.* Zimmerm. Geogr. Gesch. 2. S. 372. *n.* 293.

Mus Lemmus; Mus cauda abbreviata, pedibus pentadactylis, corpore fulvo nigro-vario. LINN. *syst. p.* 80. *n.* 5. *faun. p.* 11. *n.* 29. Abh. der Stockh. Akad. d. W. 1740. S. 75. *fig.* 4. 5. aus dem Worm. MÜLL. *prodr. p.* 4. *n.* 26. *Zool. dan. tab.* . .

Mus Lemmus. FABRIC. Reise nach Norw. S. 191.

Mus norvegicus, vulgo Leming. WORM. *muf. p.* 321. *fig. p.* 325. RAI. *qu. p.* 327.

Cuniculus norvegicus; C. caudatus auritus ex flavo rufo et nigro variegatus. BRISS. *quadr. p.* 145. *n.* 5.

Glis Lemmus; Glis corpore fulvo nigroque vario. ERXL. *mamm. p.* 371. *n.* 8.

Lemmus. OLAVS MAGN. *sept. p.* 617. GESN. *qu. p.* 731.

Bestiola Leem dicta. ALDR. *dig. p.* 436. IONST. *quadr. p.* 168.

Lemming. Olear. Gottorf. Kunstk. S. 20. *t.* 12. *f.* 6. Pontoppid. N. G. von Norwegen 2 Th. S. 58. Zimmerm. Geogr. Gesch. 2. S. 5.

Leming. BVFF. 13. *p.* 314.

Lapland marmot. PENN. *quadr. p.* 274. *n.* 202. *tab.* 25. *fig.* 2.

Leming; Læmen; Læmus; in Norwegen. Lummik; bey den schwedischen Lappen. Fiällmus; Sabelmus; Schwedisch. Godde-Sapan; bey den dänischen Lappen. Pestrufchka; Rußisch.

Diese merkwürdige Mäuseart theilt sich in zwo Rassen, die norwegische und die rußische.

Die norwegische oder der **Leming**, Tab. CXCV. A, ist einer mittelmäßigen Wasserratte an Grösse gleich. Ihr Kopf ist eyförmig und abgerundet, die Nase haarig, die Lippen an der Seite aufgetrieben und bis an die Nase gespaltet; die Bartborsten kürzer als der Kopf, die untern ganz die obern nur an der Spize weiß und unterwärts braun. Die Vorderzähne auswendig gewölbt; die obern am innern Rande, die untern an der stumpfen Spize gelb, übrigens weiß. Die Augen klein, zwischen Nase und Ohr in der Mitte, mit 1 - 2 Borsten darüber. Die Ohren sehr kurz, rundlich, in den Haaren versteckt; innerhalb derselben gehet ein anderer dicker Rand, gleich einer Klappe um die etwas weite Oefnung des Gehörganges herum. Der Hals ist kurz, der Leib gedrungen, die Beine kurz und stark, die Vorderfüsse fünfzehig mit langen zusammengedrückten etwas gekrümmten gelblichen Klauen, von ungleicher Länge, worunter die zu dem sehr kurzen Daumen gehörige dicker, und vorn schräg abgestuzt ist, so daß sie unten eine, zum Zerreissen des Wurzelwerks dienliche Schärfe hat. Die Männchen haben grössere Klauen an den Vorderfüssen als die Weibchen. Die Hinterfüsse sind auch in fünf mit kürzern ungleichen etwas gekrümmten Klauen bewafnete Zehen getheilt, die oben fast kahl, um die Klauen aber langbehaart sind. Der Schwanz ist kürzer als die Hinterfüsse, dick, stumpf, mit dichten plattanliegenden Haaren bedeckt, die etwas über die Spize hinaus gehen. Das Haar ist lang. Die Farbe gelb, braun gewässert mit schwarzen Flecken, an den Seiten des Kopfes, der Kehle und auf der untern Fläche des Leibes weiß; Schwanz und Füsse weißgrau [a]). Die Länge des Thieres

[a]) *Caput* supra nigrum, subtus albidum, auriculis rotundatis nudis. *Dorsum* antice nigrum: lineolis duabus collaribus ferrugineis, postice in medio ferrugineum lateribus nigris. *Corpus* subtus lateribusque albidum. *Pedes* breves: *digitis* quinque, *unguibus* magnis arcuatis. *Cauda* abbreviata, pilosa. **Fabricius** Reise nach Norwegen S. 192.

beträgt $5\frac{1}{4}$ Zoll, des Schwanzes $7\frac{1}{3}$ Linien und bis an die Spize der äussersten Haare 1 Zoll.

Die rußische Rasse dieser Art, oder die **Pestruschka**, unterscheidet sich von jener durch die mindere Grösse, die kürzern Klauen, das kürzere Haar, hauptsächlich aber die Farbe. Diese ist fuchsgelb mit einzeln untermengten schwarzen Haaren, einem bräunlichen Streif von der Nase über die Augen und Ohren, einem braunen auf dem Scheitel und einiger Bräune im Nacken; der Leib siehet an den Seiten gelblich, unten ganz blaß, und die Kehle weiß. Länge $3\frac{5}{8}$ Zoll, des Schwanzes $5\frac{2}{3}$ und mit den äussersten Haaren $9\frac{1}{8}$ Lin. [b]).

Das Vaterland der Leminge ist der Theil des Sevegebirges [c]) in Skandinavien, welcher die Höhe eines Schneegebirges hat. Auf selbigem wohnen sie, sowohl an der schwedischen als norwegischen Seite, in Menge dicht beysammen unter der Erde, sonderlich unter Erdhaufen, in welchen sie ihre Röhren haben. Ihre Nahrung besteht in allerley Gewächsen, vielleicht in mancherley Wurzelwerk, zu dessen Ausgrabung ihre Vorderfüsse eingerichtet zu seyn scheinen. Die Käzchen der Zwergbirke [d]) lieben sie, und den Renthierlichen [e]). Sie bringen den Winter ohne anhaltenden Schlaf hin, laufen unter dem Schnee herum, und machen sich, um Othem holen zu können, Röhren durch denselben. Daß sie aber Wintervorräthe eintragen, hat man nicht bemerkt.

Sie können nicht sehr geschwind mit ihren kurzen Beinen über die lange Heide weglaufen, sezen sich aber mit Beissen zur Gegenwehr, ob sie gleich nicht im Stande sind, die Haut zu durchbeissen. Ihr Geschrey ist fein, nur schwach, und fast mehr einem Gezische als Geschrey ähnlich [f]). Sie werfen auf einmal fünf bis sechs Junge, die blind und

b) Pallas.

c) Tilas schwed. Mineralh. S. 22. ꝛc.

d) Betula nana. LINN.

e) Lichen rangiferinus LINN. Fabricius R. nach Norw. S. 192.

f) Fabricius a. a. O.

schon fleckig sind. Allem Ansehen nach geschicht dis jährlich mehrmal; denn ihre Zahl wächst bisweilen zu einer ungeheuren Grösse an.

Wenn dis geschehen ist, so folgt die allgemeine Auswanderung dieser Thiere von den Gebirgen nach den Ebenen und der See zu, wodurch selbige in der Thiergeschichte seit Olof Magnus und Scheffers Zeiten berühmt worden sind. Sie trägt sich selten, kaum aller zehn Jahre einmal, zu, und ist ein Vorbote strenger Winterkälte, vielleicht auch manchmal der Erfolg und die Wirkung des Futtermangels. Die Umstände, mit welchen sie geschicht, sind merkwürdig. Es versammlet sich nehmlich im Herbste das ganze Volk in Haufen, und jeder ziehet in gerader Richtung, in langen Colonnen, die eine bis zwo Spannen breit, oft mehrere Ellen von einander im Abstande und einander parallel sind, vom Gebirge hinab. Unterwegs fressen sie alles Grüne aus der Erde hinweg, so daß die öden Spuren ihres Zugs fast das Ansehen eines gepflügten Feldes haben. Sie bewegen sich meist des Abends und in der Nacht; am Tage liegen sie stille. Nichts bringt sie aus der geraden Linie; sie gehen durch Feuer und Wasser, ob gleich ihrer viele dabey umkommen. Sogar im Wasser finden sie die Richtung ihres Weges wieder, wenn man sie davon abgebracht hat. Einer ihnen im Wege stehenden Felsenwand, die so steil ist, daß sie nicht hinan klettern können, müssen sie freylich ausweichen; marschiren aber blos um selbige herum, und sezen sodann ihren Weg in der nehmlichen Linie weiter fort. Daß sie einem Menschen nicht ausweichen, ist leicht zu erachten; sie sezen sich aber, wenn man ihnen in den Weg tritt, auf die Hinterfüsse, wehren sich, beissen in den ihnen vorgehaltenen Stock, so fest, daß man sie damit aufheben kan. Die unterwegens werfen, sollen von den Jungen welche auf dem Rücken und im Maule mitnehmen. — Der Weg der Haufen, die sich gegen Westen wenden, endigt sich im Meere, der gegen Osten ziehenden hingegen im bottnischen Busen; worinn manche umkommen. Es gelangen aber ihrer viele nicht dahin; denn einige werden ein Opfer der widrigen Zufälle, die ihnen auf ihrer Wallfahrt zustossen; andere eine Beute der Eisfüchse, Wieseln und Raubvögel, die ihnen in Menge nachziehen. — Leztere mögen wohl bey der

Gelegenheit manchmal einen aus der Luft herab fallen lassen; dis scheint Anlaß zu der Sage gegeben zu haben, daß es bisweilen Leminge regne. — Andere zerstreuen sich in den Niederungen, und bringen daselbst den Winter einzeln zu. Im folgenden Sommer ziehen diese auf eben die Weise wieder auf die Gebirge; aber in so geringer Anzahl, daß die Rückzüge selten bemerkt werden. Man kan rechnen, daß kaum der hundertste Theil dahin zurück kommt.

Die **Pestruschka** ist eine Bewohnerin des nordlichen Urals, von wannen ihre Züge so wohl gegen Westen, wo sie sich bis ins rußische Lapland ausgebreitet hat, als gegen Osten bis an den Jenisei gehen. In den Eigenschaften kömmt sie mit dem Leming überein. Ihre unterirdischen Wohnungen bestehen in mehrern durch Röhren zusammengehängten Kammern, in welchen man Renthiermoos zusammen getragen gefunden hat.

Ob der Leming weiter gegen Osten in Sibirien anzutreffen sey oder nicht, darüber hat man noch keine Gewißheit. Zugmäuse gibt es in dem nordöstlichen Theile dieses weitläuftigen Landes wohl, der ältere Herr Prof. Gmelin hat dergleichen von der Lena bekommen und beschrieben; in wie weit sie aber mit jenen übereinkommen, ist aus der Beschreibung nicht völlig zu ersehen. Man findet dieselbe in dem vortreflichen Werke des Herrn Prof. Pallas [g]), in dem Artikel, worinn er die Naturgeschichte des Lemings aus den besten Quellen [h]), umständlicher als hier von mir geschehen können, vorgetragen hat, auf welchen ich mich also beziehe.

27.

Die Labradorische Maus.

Tab. CXCVI.

Mus hudsonius. PALL. *glir* p. 209. **Zimmerm.** Geogr. Gesch. 2. S. 373. N. 294 [a]).

Die Gestalt des Thierchens ist von der nicht sonderlich unterschieden, die ich am Leming beschrieben habe. Beyderley Geschlecht weicht

g) *Nov. sp. glir.* p. 196. u. f.

h) Worm, Linne', Högström, Pontoppidan, Leem u. s. w. welche auch die Gewährsmänner meiner Erzählung sind.

a) Eine kurze Beschreibung dieses

in der Größe und besondern Bildung der Vorderfüsse von einander ab.

Das eine — vielleicht, nach des Herrn Prof. Pallas Vermuthung, das männliche — ist größer. Die Nase dunkelbräunlich-aschgrau behaart. Die Bartborsten braun mit weißgrauen Spizen, ziemlich lang. Die Augen klein, nahe an der Nase. Die Ohren fehlen, und der Gehörgang ist mit einem bloßen unter dem Haar versteckten Wulst eingefaßt. Die Farbe ist vorn auf dem Kopfe weißgrau mit etwas Bräunlich vermengt. Von der Mitte desselben geht ein breiter Sattel, der nicht überall gleiche Breite, aber rings herum einen scharf abgeschnittenen Umriß hat, auf der Mitte des Rückens bis an das Kreuz hin, wo er absezt; seine Farbe ist gelbbräunlich mit Weißgrau melirt und dunkelbraun artig gewässert. An den Seiten ist der Leib weißgrau, mit einigen gelbbräunlichen untermengten Haaren; so auch der Rücken hinter dem Sattel. Noch weißer die Brust und der Bauch. (Der unterste, aber größte Theil jedes Haares siehet dunkel aschgrau.) Der Schwanz sehr kurz, mit langen starken glänzenden schmuzig weißen Haaren bewachsen. Die Beine kurz. Die vordern Füsse haben nebst einer sehr kleinen Daumenwarze, die ich nicht mit völliger Deutlichkeit sehe, vier Zehen, deren erste die kürzeste, die zwote länger, die dritte wieder etwas länger, und die vierte wieder etwas kürzer ist. Sie sind stark, und besonders die beyden mittelsten von unförmlicher Dicke, am Ende stumpf, und mit einer eine Linie höher stehenden starken mäßig gekrümmten stumpfen Klaue bewafnet; so daß jede dieser Zehen zwo Spizen eine über der andern hat. Die beyden äussersten Zehen, die kleiner als die übrigen sind, haben an einigen, vermuthlich den jüngern Thieren, lange, dünne, spizige, weit über die Spize hervorragende; an andern, allem Ansehen nach ältern Thieren, eben so wie die beyden mittlern gebildete Klauen. Der Rücken der Klauen ist dunkelbraun, das übrige Hornfarbe. Die hintern Füsse sind in fünf mit langen mäßig gekrümmten spizigen weißlichen Nägeln bewafnete Zehen zertheilt, deren mittelste die längste und die beyden äussersten die kürzesten sind. — Die

Thierchens gibt der Herr Prof. D. Forster in den *Phil. transact.* Th. LXII. S. 379.

Füsse sind oben mit schmuzig weißen glänzenden langen, *) die Fußsohlen mit dergleichen kürzeren Haaren bewachsen. Die Länge des Fellchens, nach dem ich diese Beschreibung gemacht habe, beträgt 5 Zoll; des Schwanzes 6 Linien und mit den hervorstehenden Haaren gegen 10 Linien.

An dem andern — vielleicht weiblichen — Geschlecht ist der ganze Rücken so melirt und gewässert, wie an jenem der Sattel; nur sticht das Gelbbräunliche weniger hervor, und über die Mitte des Rückens läuft ein schmaler dunkelbrauner Streif. Diese Farbe des Rückens geht an den Seiten unterwärts in ein mit Melonenfarbe überlaufenes Weißgrau über, welches die Farbe des Bauches und der Brust, und, doch etwas dunkler, auch des Halses ist. Der Schwanz ist überaus kurz, und die weißgrauen Haare daran mit einigen dunkelbraunen vermengt. Die Vorderfüsse haben nebst einer überaus kleinen Daumenwarze vier Zehen, deren zwote ziemlich dick und die längste, die erste etwas kürzer als die dritte, so wie die vierte wiederum kürzer ale die erste ist. Die Klauen haben die gewöhnliche Bildung, sind etwas gekrümmt, ziemlich spizig und von Hornfarbe. An den Hinterfüssen bemerke ich keinen Unterschied von denen der grössern Thierchen dieser Art. Die Länge eines solchen Fellchens ist $4\frac{1}{2}$ Zoll, des Schwanzes $3\frac{1}{2}$ und mit den hervorstehenden Haaren 5 Linien.

Das Vaterland dieser Thierchen ist das nordlichste Land des östlichen Nordamerica, Labrador, von dannen der Herr Prof. Pallas Fellchen erhalten und mir einige gütigst mitgetheilt hat. Daß sie unter der Erde wohnen, und Wurzelgräber sind, beweiset der Bau der vordern Füsse, der offenbar für das den größten Theil des Jahres hindurch gefrorne Erdreich des rauhen Landes eingerichtet ist. Das Haar ist sehr fein, dicht und ziemlich lang, und scheint dieser Maus einen Plaz unter dem brauchbaren Pelzwerk anzuweisen.

*) Die äussersten gehen bis über die Zehen hinaus.

Ob diese Maus, oder vielleicht gar der Leming, auch in Grönland gefunden werde? das läßt sich zur Zeit noch nicht bestimmen. Anderson c) erwähnt gewisser Erdmäuse, die es in Grönland geben soll. Allein in des Herrn Pastor Fabricius *Fauna Groenlandica*, geschicht keiner andern Arten des Mäusegeschlechtes Meldung, als der gemeinen Haus-Mäuse und Ratten, die mit den Schiffen dahin kommen, den Winter aber nicht aushalten d).

IV. Hamstermäuse mit Backentaschen.

Mures buccati. PALL. *glir. p.* 83.

Die beyden Vorderzähne der untern Kinnlade sind oben breit.

Die Ohren im Verhältnisse des Kopfes, mittelmäßig.

Innerhalb der Backen geraumige Taschen e), wie in der zwoten Unterabtheilung des Affengeschlechts.

Der Schwanz sehr kurz, geringelt und ziemlich dünnhaarig.

Zehen: vorn viere nebst einer Daumenwarze, hinten fünfe.

Der Kopf und Leib pflegen kurz und dick zu seyn.

Die hierher gehörigen Arten graben Baue unter der Erde, tragen in den Backentaschen Vorräthe für die gelindere Winterzeit ein, erstarren aber bey strenger Kälte.

c) Nachr. von Island, Grönland rc. S. 173.

d) S. 29.

e) Man sehe eine Beschreibung der besondern Organisation, die sie am Hamster haben, in des Herrn D. Sulzers Beschr. des Hamsters, S. 58. und Abbildungen ebendas. Tab. III. Fig. I. A. B. auch in des Herrn Grafen von Buffon 13 Th. Tab. XVII. Fig. 2. A. B.

28.

Die Jaikmaus.

Tab. CXCVII.

Mus Accedula; Mus buccis ſacculiferis, auriculis ſinuatis, corpore griſeo ſubtus albido. PALL. *glir. p.* 74. *n.* 20. *p.* 257. *Tab. XVIII. A.* Zimmerm. G. G. 2. S. 376.

Mus migratorius. Pallas. Reiſe II. Th. S. 703. n. 5.

Die Schnauze iſt ſtumpf, die Bartborſten mittelmäßig lang, die Augen ziemlich groß und mitten zwiſchen Naſe und Ohren; dieſe oval, oben gerundet und hinten ausgeſchweift. Der Leib kurz und dick. Die Füſſe kurz; die vordern vierzehig mit einer Daumenwarze, über der Fußwurzel eine Warze mit ohngefähr ſechs weißen Borſten; die hintern fünfzehig, daran die Daumenzehe kurz. Der Schwanz kurz, fein geringelt, dichthaarig. Das Thierchen iſt um das Maul weiß, die Ohren bräunlich, der Rücken gelblichgrau mit untermengten braunen Haaren, unten weißgrau, der Schwanz oben längshin braun, übrigens weiß. Die Füße weiß. Länge faſt 4 Zoll, des Schwanzes faſt 8 Linien.

Sie iſt im Orenburgiſchen am Jaik entdeckt worden; man weiß aber von ihrer Naturgeſchichte noch nichts zuverläßiges [a]).

29.

Der Hamſter.

1. Der gemeine Hamſter nur unten ſchwarz.

Tab. CXCVIII. A.

Mus Cricetus; Mus buccis ſacculiferis, corpore ſubtus aterrimo, cicatribus lumbaribus detonſis. PALL. *glir. p.* 83. *n.* 21.

[a]) Pallas.

Mus Cricetus; Mus cauda mediocri, auriculis rotundatis, corpore subtus nigro, lateribus rufescentibus: maculis tribus albis. LINN. *syst. p.* 82. *n.* 9.

Glis Cricetus; G. corpore subtus nigro, lateribus rufescentibus: maculis utrinque tribus albis. ERXL. *mamm. p.* 363.

Glis Marmota argentoratensis; G. ex cinereo rufus in dorso, in ventre niger, maculis tribus ad latera albis. BRISS. *quadr. p.* 166. *n.* 8.

Glis Cricetus. KLEIN. *quadr. p.* 56.

Cricetus. AGRIC. *subterr. p.* 486. GESNER *quadr. p.* 738. CLAUDER *Eph. nat. cur. dec. II. an.* 5. *p.* 376. *fig.* RAJ. *syn. p.* 221.

Porcellus frumentarius. SCHWENKF. *ther. p.* 118.

Hamster. BUFF. 13. *p.* 117. *tab.* 14. [a]) Amst. Ausg. *p.* 69. [b]) **Reichharts** Land- und Gartenschaz. Th. VI. S. 203. S. G. **Gmelins** Reise 1. S. 33. *tab.* 6. **Sulzer** vom Hamster. Gotha 1774.

German Marmot. PENN. *quadr. p.* 271. *n.* 200.

Hamster; Kornhamster; Kornferkel; in Teutschland. **Grentsch; Grutschel; Erdwolf;** in Schlesien. **Krietsch;** in Oesterreich.

Skrzéczek; Chomik; Polnisch. Hörtschök; Ungarisch. Chomak; Karbusch; Rußisch.

[a]) Der Herr Graf von **Buffon** wird vom jüngern Herrn Prof. **Gmelin** beschuldigt, den Hamster nicht gekannt und mit der großen Feldmaus verwechselt zu haben. Seine Beschreibung zeigt aber das Gegentheil; so daß ich mich wundere, wie er auf diesen Gedanken hat kommen können.

[b]) Diese und die folgenden 3 Seiten der erwähnten Ausgabe enthalten einen körnigten französischen Auszug aus der vom Herrn D. **Sulzer** verfaßten, damals noch ungedruckten Beschreibung des Hamsters. Eben derselbe stehet in dem 3 Th. der *Supplémens* des Herrn Grafen S. 185. f. f.

2. Ganz schwarz.

Der schwarze Hamster. Lepechins Reise 1 Th. S. 192. *Tab.* 15. Pallas Reise 1 Th. S. 128. Georgi Reise 2 Th. S. 821. Sulzer v. Hamst. Die Fig. auf dem Titelblatte.

Der Kopf ist dick, kurz und stumpf, die Augen sind klein und stehen ohngefähr zwischen der Nase und den Ohren in der Mitte; die Ohren sind rundlich, dünne, fast nackt. Die Bartborsten lang, schwarz, zum Theil mit weissen Spizen, die untern ganz weiß. Zwo ungleiche schwarze Borsten über jedem Auge, und eine auf jedem Backen. Der Nabel ist kahl und hat in der Mitte eine haarige Höle, worinn unschlittartige Schmiere ist. Am Ende des Rückens, hinter der Gegend der Nieren, läuft an jeder Seite ein langer schmaler haarloser nur mit kurzen schmuzigbraunen Borsten bewachsener Fleck mit dem Rückgrade parallel. Der Schwanz ist kurz, aber langhaarig. Die Füsse kurz. Die Vorderfüsse haben vier Zehen und eine Daumenwarze mit rundlichem Nagel, die Hinterfüsse fünf Zehen, wovon die innere viel kürzer als die übrigen ist, und nur zwey Gelenke hat. — Die gewöhnliche Farbe des Thieres ist folgende: Die Spize der Schnauze weiß. Die Backen blaßgelb. Die Nase oberwärts bis hinter die Augen, und ein Fleck unter denselben, welcher in das Blaßgelb der Backen herunter gehet, ein Streif um die Ohren, und zwischen dem Blaßgelben der Backen und einem Fleckchen von eben der Farbe hinter dem Ohre bis an den blassen Fleck der Schulter, fuchsgelb. Die Ohren, so weit sie behaart, sind von eben der Farbe; ihr Rand weiß. Die Stirne, der Hals oben und der ganze Rücken fast haasenfarbig, d. i. die Haare unten grau, oben gelblich, gelblich mit schwarzen Spizen, und die längsten zum Theil ganz schwarz, sonderlich längshin in der Mitte der Stirne und des Rückens. Gegen den Bauch herunter verwandelt sich diese Farbe, über und hinter dem grössern der weißlichen Flecke, in Melonenfarbe, weiter hinter in Fuchsgelb. Auf jeder Seite stehen vorwärts zween grosse gelblichweiße unvollkommen ovale Flecke; der vordere an der Schulter, der hintere etwas niedriger. Ein drittes kleineres Fleckchen auf dem Knie. Drey kleine hinten: eins an jeder Seite des Afters, das dritte mitten dazwischen. Die ganze untere Oberfläche des Thieres ist schwarz, die innere Seite der Schenkel mit einbegriffen. Die Gegend um den Schwanz, der Schwanz (die unten weißliche Spize ausgenommen) und die Schenkel auswendig fuchsgelb. Die Füsse weiß. Seltner ist die ganz schwarze Spielart, an welcher jedoch gewöhnlich der Umfang des Maules, die Nase, der Rand der Ohren, die Spize des Schwanzes und die Füsse weiß sind. Manche Stücke von der schwarzen Art haben eine ganz weiße Schnauze mit graulicher Stirne, auch eine weiße Unterkinnlade, von der sich ein spiziges weißes Fleckchen an der Kehle herunter ziehet. Andere sind auf dem Rücken mit grossen weißen Flecken gezeichnet. Andere weiß mit schwarzen Flecken. Noch andere, aber sehr selten, ganz weiß. Es soll auch gelbliche geben. Die Länge des Hamsters beträgt bis 10 Zoll, des Schwanzes gegen 2½ Zoll. Die Männchen sind immer grösser als die Weibchen, so daß wenn jene, nach des Herrn Prof. **Pallas** Beobachtungen, 1 Pfund bis 16 Unzen (Apoth. Gewicht), diese kaum halb so viel wiegen.

Das Vaterland des Hamsters ist das südliche Rußland und Sibirien, vornehmlich um den Ural, wo er bis an den Jeniseistrom in den Steppen in größter Menge wohnt; Pohlen, Slavonien, Ungarn, Schlesien, Böhmen, wie auch das mittlere und südliche Teutschland, sonderlich Thüringen, in dessen Getreidefeldern er häufig ist. Der Rhein scheint die westliche Gränze der von ihm bewohnten Gegenden zu seyn. Der schwarze Hamster ist selten, doch um Simbirsk und Ufa häufig [a]). Er nimmt seinen Aufenthalt in mäßig festem auch mäßig trockenen Boden, am

[a]) **Pallas**, **Zimmerm.** Geograph. Gesch. 2. S. 10. **Sulzer**. Nach Hrn. **Fischers** Naturgeschichte von Liefland S. 60. soll es auch in Liefland Hamster geben, von denen aber gesagt wird, daß sie ihre Hölen gern unter Baumwurzeln bauen, und gemeiniglich paarweise leben — welches auf den gemeinen Hamster nicht recht paßt.

am liebsten solchen der als Acker bearbeitet wird, unter der Dammerde; sandiges, steiniges, nasses, sumpfiges Land, mit Wurzeln durchflochten, Wiesengrund meidet er. Sein Bau bestehet aus senkrechten und schrägen Röhren, und den Kammern zu denen jene führen. Die Kammern sind von der Grösse einer Rindsblase, auch wohl zwey bis viermal so groß, rundlich und oben gewölbt; inwendig ganz glatt. In einer die nur klein ist, und zu welcher wenigstens eine senkrechte und eine schräge Röhre von aussen hinein führt, wohnt er, und in einer oder zwo bis fünf grössern, jenen zur Seite oder etwas tiefer gelegenen, die nur durch Röhren, welche eine gemeinschaftliche Oefnung haben, mit der Wohnkammer in Verbindung stehen, hat er seine Vorräthe. Die alten Hamster machen ihre Kammern in einer Tiefe von drey, vier, fünf und mehr Fuß, und daneben eine bis fünf Vorrathskammern, deren alte Männchen mehr als die Jungen und die Weibchen zu haben pflegen, oft in einer Entfernung von zwo bis drey Fuß von der Wohnkammer. Die schräge Röhre gehet gemeiniglich nicht gerade, sondern mit verschiedenen Biegungen nach der Wohnkammer. Die senkrechten hingegen gehen jenen gegenüber, ganz gerade unterwärts, und machen nur zu unterst, wo sie sich in die Kammer öfnen, eine kleine Biegung nach derselben zu. Die Mündungen der Röhren sind um desto weiter aus einander, je tiefer diese sind. Vor der in eine schräge Röhre führenden Mündung liegt allemal ein Häufchen von der Erde, in welche der Bau gemacht ist, mit Spreu und Spelzen bestreut. Vor der senkrechten liegt nichts. Die schrägen sind in einem bewohnten Baue gewöhnlich in der Mitten immer mit Erde verstopft; die senkrechten hingegen nur im Winter. Die innere Oberfläche der Röhren ist wie geglättet. Auswendig sind sie weiter als in der Nähe der Kammer. Die schräge Röhre dient dem Hamster zum Ausgange, die senkrechte zum Eingange. Herr Reichart versichert selbst beobachtet zu haben, daß der Hamster, ehe er ausgehet, zu der leztern heraus und sich umsehe, und wenn er nichts Bedenkliches gewahr wird, sich alsdann durch die erste heraus begebe *). Der Bau, in welchem das Weibchen heckt, besteht aus einer einzigen weiten niedrigen und mit einer schrägen und zwo bis acht senkrechten Röhren versehenen Kammer, ohne Vorrathskammern. Sein Winterbau

*) L. u. S. S. S. 206.

hingegen, welchen man in einer weit größern Tiefe als die Baue der Männchen suchen muß, ist damit versehen. In diesen Kammern findet man Stroh, und zwar in der Wohnkammer sehr feines und weiches, welches fast blos aus den Blatscheiden des Getreides bestehet, und dem Thiere zum Lager; in den Vorrathskammern, jedoch nicht in allen, gröberes, das den eingesamleten Vorräthen zur Unterlage dienet. Jeder Bau wird nur von einem einzigen Hamster bewohnt, welcher darinn keinen andern, ohne Unterschied des Geschlechts, leidet. Die Paarzeit ist hievon allein ausgenommen. Jeder arbeitet also für sich allein, gräbt sich seinen Bau selbst, welches im Frühlinge, da er den alten verläßt, von dem Weibchen aber auch im Herbste, wenn das Fortpflanzungsgeschäfte vorbey ist, geschicht; und füllet selbigen selbst mit den nöthigen Vorräthen.

Die Nahrung des Hamsters besteht im Sommer in allerley grünen Kräutern, die er an der Wurzel abschneidet und zum Theil, aber nicht in die Vorrathskammern, sondern nur in seine Wohnkammer, einträgt,*) in Wurzeln und Baumfrüchten, wovon er aber, so viel man weiß, nichts einzutragen pflegt. Im Herbste und zu Anfange und Ende des Winters lebt er blos vom Getreide, Bohnen, Erbsen, Leinknoten, welches seine liebsten Speisen sind, Wicken ꝛc. von welchen er ansehnliche Vorräthe einträgt. Winterfrüchte trägt er weniger ein, als Sommerfrüchte, weil jene eher und zu einer Zeit reif werden, da er andere Nahrungsmittel, und seine Wintervorräthe zu besorgen noch keinen starken Trieb hat. Auf den russischen Steppen wählt er sonderlich die Saamenkörner der verschiedenen Arten von Süßholz zu seiner Winternahrung. Wurzelwerk findet man in den Vorrathskammern selten. Er lieset theils die auf der Erde liegenden Getreide- und andere Körner auf, theils weiß er, mit unglaubli-

*) Der Herr D. **Sulzer** fand im Frühlinge in den Hamsterbauen das Kräutrich von den Klatschrosen, welches sie dann vorzüglich zu lieben scheinen, von der Veronica agrestis, arvensis, hederæfolia und triphyllos, vom Lithospermum arvense, von Futterwicken, Pferdebohnen, der Ackerwinde, den Erdnüssen (Lathyrus tuberosus) Mäusegeschirr (Alsine media) ꝛc. Sonst lieben sie auch Salat, Kohl und andere Küchengewächse.

cher Geschwindigkeit, die noch in den Spelzen und Hülsen steckenden aus-zumachen. Damit füllet er, eben so behende, seine Backentaschen so voll an, daß sie strozen, und eilet damit in seinen Bau, wo er sie mittelst der Vorderpfoten in die Vorrathskammern ausleert und die Körner so fest auf einander packt, daß man Mühe hat, sie von einander zu trennen. Gemeiniglich reinigt er die Körner, ehe er sie in die Backentaschen nimmt, von allem Unnüzen, und samlet jede Sorte besonders ein, die denn also auch in der Vorrathskammer unvermischt liegt. Doch pflegen die Weibchen, die ihre Einsamlung später anfangen und damit zu eilen angetrieben werden, das was sie eintragen weniger zu reinigen, auch mehr unter einander zu mengen als die Männchen. Die Quantität des in Einer Kammer befindlichen Getreides beläuft sich von einem bis zwölf Pfund. Die zu den Vorrathskammern führenden Röhren werden entweder mit Getreide angefüllt, oder mit Erde verstopft, oder bleiben offen. Die Saamenkörner verlieren in den Scheuren eines Hamsters die Kraft aufzugehen nicht, sondern fangen wohl in denselben, falls sie nicht trocken genug sind, an zu keimen; da denn der Hamster ein tieferes Behältniß gräbt und sie dahin bringt, nachdem er vorher die Keime abgebissen hat. — Neben der vegetabilischen Nahrung verschmäht der Hamster die thierische keinesweges. Er läßt sich nicht nur mit Fleisch füttern, sondern fängt auch Käfer, kleine Vögel, denen er zuerst die Flügel entzwey beißt, und Mäuse; er fängt vom Gehirne an, und verzehrt alles, bis auf die Haut. Man hat sogar gefunden, daß die Hamster einander selbst auffressen. — Saufen siehet man sie selten, und sie können es, gleich andern Mäusearten gar entbehren. Bisweilen aber saufen sie ihren eigenen Harn.

Der Auswurf dieser Thierchen siehet so aus wie der übrigen Mäusearten ihrer. Sie entledigen sich seiner zwar nicht in einer besondern Kammer, wie einige meinen, aber doch an einem besondern und eigends dazu bestimmten Orte, gemeiniglich der schrägen Röhre, die zu dem Zweck eine besondere Erweiterung erhält. Die Auswürfe sind übelriechend.

Die Bewegung des Hamsters ist langsam, so daß er leicht einzuholen ist. Sein Gang gleicht des Igels seinem. Er geht des Morgens vor Tages Anbruch und des Abends nach dem Untergange der Sonne aus, um seinen Unterhalt zu suchen. Ein gleiches geschicht bey trübem Wetter am Tage. Das Wühlen geht ihm sehr geschwind von statten. Er scharrt die Erde mit den Vorderfüssen — wo sie zu hart ist, mit Hülfe der Zähne — los, und unter sich; dann krazt er sie mit den Hinterfüssen hinterwärts. Wenn sich so viel gesammlet hat, daß die Röhre ohngefähr so weit als die Hälfte der Länge des Thiers beträgt, verstopft ist, so schiebt er sie, rückwärts gehend, mit dem Hintern heraus; die Backentaschen nimmt er dabey nicht, wie einige gemeint haben, zu Hülfe. — Am Tage verkriecht er sich gern, und ruhet, wie eine Kugel zusammen geballt mit unter die Brust gezogenem Kopfe. — Wenn er frißt, oder sich, welches bisweilen geschicht, puzt, so sezt er sich dazu auf die Hinterfüsse, wie die übrigen Mäusearten auch thun. Er kan auf den Hinterfüssen stehen, aber nicht gehen. Klettern kan er nicht, ausser wenn er einen Wiederhalt hat, z. B. in den Ecken einer Stube u. s. w.

Die Stimme des Hamsters, wenn er auf den Fraß ausgeht, ist ein besonderes Murren, nach des Herrn D. Sulzers Beschreibung demjenigen nicht unähnlich, das man das Poltern in den Därmen nennet. Den Schmerz drückt er durch ein Schreyen aus, das mit dem, welches Schweine bey dieser Gelegenheit hören lassen, etwas ähnliches hat. Angst und Unwillen veranlassen ihn, wenn nach ihm gegraben wird, zu murren und zu pfauchen.

Der Hamster ist ein streitbares Thier, das sich gegen andere seines gleichen, wenn sie ihm zu nahe kommen, und gegen die übrigen Thiere, ohne Ansehen der Größe, aufs heftigste wehret, wenn er angegriffen wird. Geschicht der Angrif, indem er mit vollen Backen nach Hause kehret, so ist er wehrlos, man kan ihn zu der Zeit ohne Gefahr angreifen. Er sucht sie zuerst auszuleeren; dann macht er eine schnelle Bewegung mit der Unterkinnlade, so daß die Zähne klappernd gegen einander stossen, athmet schnell und laut mit einem schnarchenden Aechzen, bläset die Backentaschen auf, richtet sich auf die Hinterbeine und springt in dieser Stellung auf seinen Feind los, dem er, falls er weicht, nachhüpft. Er springt an Menschen und selbst Pferden hinauf. Sein Biß ist scharf, und, obgleich nicht eben wegen eines besondern Gifts, doch deswegen gefährlich, weil sich das Thier leicht verbeißt. — Wenn zween Hamster so zusammen kommen, daß sie einander nicht ausweichen können, so ist ein Zweykampf zwischen ihnen unvermeidlich, womit ein durchdringendes Geschrey verbunden ist, und der sich endlich mit dem Tode des schwächern Theils endigt, den der stärkere hernach auffrißt. Mehrere zusammengesperrte Hamster reiben sich unter einander so auf, daß zulezt nur einer übrig bleibt.

Wird der Hamster in seinem aufgegrabenen Baue angegriffen, so sucht er sich zuerst durch Wühlen zu retten. Das Weibchen läßt sogar seine Jungen im Stiche, und wühlt sich in der größten Geschwindigkeit ein. Die Jungen suchen sich selbst zu vergraben, so bald sie dazu groß genug sind. Ein erwachsener männlicher Hamster ist dreist genug, dem Gräber, falls er nicht auf seiner Hut ist, entgegen zu springen, und mit seiner Gegenwehr genug zu schaffen zu machen.

Ueberhaupt ist der Hamster ein beißiges Thier, und vermögend ein anderthalbzölliges Bret binnen kurzem zu durchnagen, wenn es nur nicht zu glatt ist.

Im October, wenn es anfängt kalt zu werden, begiebt sich der Hamster in seinen Bau, verstopft zuerst die schräge Röhre durchaus so fest als möglich mit Erde, unter welche Stückchen Stroh, Spelzen u. d. gl. gemengt sind, und dann die senkrechte, doch diese nicht immer bis ganz an die Mündung. Hierauf pflegt er sich eine tiefere und ganz kleine Wohnkammer, wie auch tiefere Vorrathskammern zu graben, in die er sodann seine Vorräthe schafft, und die ausgeleerten Kammern und Röhren mit Erde füllt, die neue Wohnung hingegen mit dem feinsten Stroh ausfüttert. Er verzehrt dabey zwey Drittheile, oder noch mehr, von selbigen, und wird davon sehr feist, welches er bis ins Frühjahr bleibt. Wenn nun nach etlichen Wochen die Kälte tief in die Erde und bis zu seiner Wohnung dringt, so fällt er in den Winterschlaf [d]), den er mit den übrigen Arten dieser Abtheilung gemein hat. Er liegt dabey auf der Seite, hält den Kopf unter den Bauch gezogen, welchen die vordern Füsse umfassen, da die hintern über der Schnauze beysammen liegen; alle Haare liegen alsdann dicht auf dem Leibe auf, und die Bartborsten sind steif; alle Glieder sind unbiegsam, die Augen geschlossen, das Athemholen und die Bewegung des Herzens dem Ansehen nach unterbrochen, und das ganze Thier fühlt sich eiskalt an. Die blosse Kälte, welche das Wasser in Eis zu verwandeln vermögend ist, kan dieses Erstarren nicht bewirken; sondern es ist dazu noch eine eingeschlossene Luft nöthig, wie die Versuche des Herrn D. Sulzers, verglichen mit denen, die der Herr Prof. Pallas angestellt hat, beweisen. Aus diesem seinem Winterschlafe ist er dadurch, daß man ihn in die Wärme, oder auch nur an die obschon kalte freye Luft bringt, leicht zu erwecken, und durch die Entziehung beyder kan man ihn auch wieder einschläfern. Wenn im Frühlinge die Erde wieder erwärmt wird, so erwacht der Hamster von selbst aus seinem Schlafe, und zwar einer, dessen Bau weniger tief ist, eher als einer der tiefer in der Erde steckt; mithin die Weibchen am spätesten. Nach der Mitte des Februars werden die ersten aufgewachten Hamster angetroffen. Sie öfnen aber ihre Wohnungen nicht sogleich nach dem Erwachen, sondern verzehren den noch übrigen Vorrath, und fangen dann um die Mitte des Märzes, die Weibchen aber erst im Anfange des Aprils an selbige aufzuthun, und zwar so, daß sie die senkrechten Röhren öfnen und erweitern. Nach einigen Tagen verlassen sie ihren Bau, und machen sich einen neuen, der nur einen bis zween Fuß tief und mit keiner Vorrathskammer versehen ist, ausgenommen, wenn sie Gelegenheit haben, etwas von frisch gesäeten Sommerfrüchten einzutragen. Die grünen Kräuter tragen sie blos in ihre Wohnkammern.

[d]) Man zweifelte vormals an dem Winterschlafe des Hamsters, weil er Vorräthe einträgt. Auch **von Bergen** äussert in der Diss. *de animalibus hieme sopitis*. S. 10. ein gleiches. Allein des Herrn D. **Sulzers** Beobachtungen haben die Sache ausser Zweifel gesetzt.

Zu Ende des Aprils kommt die Zeit der Begattung. Zu diesem Zwecke begeben sich die Männchen zu den Weibchen in ihren Bau, und bleiben allem Ansehen nach einige Tage beysammen. Treffen einander zwey Männchen da an, so erfolgt ein heftiger Kampf, bis das schwächere weicht oder unterliegt; sie behalten davon manchmal Narben. Sobald das Weibchen belegt ist, muß das Männchen weichen. Jenes macht sodann seinen Bau tiefer und weiter, bereitet sich ein weiches Nest, und wirft nach einer Trächtigkeit, deren Dauer noch nicht genau bekannt ist, aber wohl nicht über vier Wochen betragen kan, gemeiniglich sechs bis neun, das erstemal aber nur drey bis vier sehr kleine nackte und blinde, aber mit allen Zähnen versehene Junge. Diese werden mit acht Säugwarzen, wovon die Hälfte auf der Brust, die Hälfte auf dem Bauche stehet, gesäugt, bekommen bald Härchen, öfnen ohngefähr nach acht Tagen die Augen, und gehen durch die mehrern senkrechten Röhren von Zeit zu Zeit aus dem Bau. Nach vierzehn Tagen fangen sie schon an zu wühlen, und verlassen nach etwan drey Wochen die Mutter, die sie nun nicht mehr leidet, um für ihren Unterhalt selbst zu sorgen. In einem Jahre erhalten sie, allem Ansehen nach, ihre völlige Grösse, und die im Frühjahr geworfenen Weibchen scheinen noch in dem Herbst des nehmlichen Jahres, die Männchen aber im folgenden Frühlinge zum Zeugungsgeschäfte tüchtig zu seyn. Ein Weibchen wirft in einem Sommer mehrmal; man findet Mütter und Junge bis nach der Mitte des Septembers. Die schwarzen Hamster paaren sich mit den bunten, und der Herr Prof. Pallas hat beyderley in einem Neste angetroffen; doch halten sich die schwarzen gewöhnlicher zu einander, und bringen dann auch wieder schwarze Junge. Das ganze Alter eines Hamsters rechnet man auf sieben bis acht Jahr; welches aber wohl keiner erreicht. Nicht alle Jahre sind die Hamster an einem Orte gleich häufig; sie vermindern sich zuweilen in der Zahl, so daß sie selten werden können, und zeigen sich zu anderer Zeit im größten Ueberflusse, welches sonderlich in feuchten Jahren geschehen soll. Auch ist nicht jede Gegend, die sie hervorbringt, damit überhäuft. Es giebt Oerter, wo sie nie häufig werden.

Die Feinde des Hamsters sind vornehmlich der Iltis, in Pohlen und Rußland auch zugleich die Peregusna oder der Tigeriltis, welche ihn in seinem Bau aufsuchen, tödten und verzehren. Jener pflegt sich in seiner Höle, welche gewöhnlich ein verlassener Hamsterbau ist, Vorräthe von 10 und mehr todt gebißnen Hamstern zusammen zu tragen. Sonst stellen ihnen die Füchse, Mausegeyer, Milanen und manche andere Raubvögel nach, und verzehren viele. Die Hunde und Kazen sind gleichfalls Feinde der Hamster, ob sie gleich keinen fressen, den sie tod beissen.

Am mühsamsten wird den Hamstern von dem Menschen nachgestellet. Man glaubt, daß dieses Thier den Feldfrüchten einen Schaden zufüge, dessen Werth man nach Tausenden schäzen müsse. Die Rechnung, worauf sich die Nothwendigkeit der Vertilgung und Ausrottung solcher Arten von Geschöpfen, wie die Hamster, die Sperlinge rc. sind, gründet, ist zwar wohl nicht ganz richtig. Sie lesen manches vom Winde ausgeschlagene, und beym Mähen, Binden, Aufladen, Einfahren oder sonst ausgefallene Korn auf, das ausserdem ganz ungenuzt verdorben wäre; und dergleichen Körner sind gemeiniglich die besten. Die grüne Saat greifen sie selten oder gar nicht an. Indessen können sie den Ertrag des Ackerbaues merklich vermindern, wenn man sie zu sehr überhand nehmen läßt. Dadurch sind bisweilen einzelne Landwirthe, wie z. B. der verstorbene Herr Rathsmeister Reichart in Erfurt darauf verfallen, sie mit weisser Nieswurzel oder Arsenik vertilgen zu wollen. Das ist auch die Ursache der obrigkeitlichen Veranstaltungen gegen die Hamster, da ihr Fang durch kleine Preise befördert, oder gar verpachtet wird. — Der Fang geschicht durch Ausgraben oder Ausgießen. Es pflegen sich eigene Leute damit zu beschäftigen, die auf beyderley, doch am meisten auf die erste Art in einem Jahre eine unglaubliche Menge *) Hamster innerhalb eines kleinen Bezirks wegzufangen.

*) Um Gotha sind, nach dem Bericht des Herrn D. Sulzers S. 185. 186. 205. gefangen worden:

1621. 19145 alte, 35248 junge, zusammen 54429 Hamster.
1770? 6629 , 20945 , , 27 74 ,
1772. 7244 , 13568 , , 22812 ,

zufangen im Stande sind. Einzelne Hamster lassen sich in der von dem Hrn. Reichart f) beschriebenen Falle gut fangen.

Der Nuzen, den diese Thiere geben, bestehet vornehmlich in den Bälgen, welche die Kürschner gaar machen und unter allerley Kleidungen füttern; in dem von ihnen eingetragenen Getreide, das den Hamstergräbern zu gute kömmt; und dann in dem Fleische, welches an einigen Orten von den Armen gegessen wird, aber kaum eine erträgliche Speise zu seyn scheint, da es die Hunde und Kazen verschmähen g).

30.

Die sibirische Sandmaus.

Tab. CXCIX.

Mus arenarius; Mus buccis sacculiferis, corpore cinereo lateribus subtusque albo, cauda pedibusque albis. PALL. *glir.* p. 74. n. 24. p. 265. *Tab.* 16. *A.* Reise Th. *II.* S. 704. n. 7. Zimmerm. Geogr. Gesch. 2. S. 377. N. 302.

Der Kopf ist groß, und die Schnauze spiziger als am Hamster, die Bartborsten länger als der Kopf. Der Leib kurz. Der Schwanz dünnhaarig. Die Vorderfüsse vierzehig, nebst einer kurzen mit einem sehr kleinen Nagel versehenen Daumenwarze. Die Fußsohlen zwischen den Schwielen mit feinem Haar bedeckt. Das Haar sehr fein, oben weißgrau, unten, gleichwie die Beine und der Schwanz, weiß. Länge 3 Zoll 8 Lin. des Schwanzes 10 Lin. Gewicht 7 Quentchen.

f) Th. VI. S. 210.

g) Eine umständlichere Erzählung der hier nur kurz gefaßten Naturgeschichte des Hamsters, sehe man in dem mehrbelobten Buche des Herrn D. Sulzers, und verschiedene dahin gehörige Umstände in einigen Artikeln der Breslauischen Sammlungen zur Natur- und Kunstgeschichte, des Herrn Prof. Pallas *Nov. sp. glir.* und Reisen u. s. w.

Der Herr Prof. **Pallas** entdeckte sie auf der sandigen Steppe der Baraba am Irtisch, 1771 im Junius [a]). Sie macht ziemlich grosse Baue in die Sandhügel. Männchen und Weibchen scheinen besonders zu wohnen. Jenes bereitet sich in seiner Wohnkammer ein Lager von Sandweizenwurzeln, worunter man Ueberbleibsel der Schoten des Astragalus tragacanthoïdes findet; dieses ein Nest von unbekanntem weichem Stroh, unter welchem häufige Hülsen vom Alyssum montanum waren. Das Weibchen hatte fünf Junge bey sich. Die Alten waren sehr beißig, und sezten sich mit einem Laut, fast wie der Hamster, auf dem Rücken liegend, zur Wehre. Am Tage hielten sie sich verborgen, in der Nacht waren sie da und ziemlich lebhaft. Die Jungen wollten nicht zahm werden. Die liebste Nahrung dieser Thierchen waren die kugelförmigen, unreif saftigen Schoten des Astragalus tragacanthoïdes, die sie geschickt auszuhölen wusten [b]).

31.

Die Reismaus.

Tab. CC.

Mus phæus; Mus buccis sacculiferis, corpore caudaque fusco cinerascentibus, subtus albis. PALL. *glir. p.* 86. *n.* 23. *p.* 261. *tab.* 15. *A.* **Zimmerm.** Geogr. Gesch. 2. S. 377. N. 303.

Sie ist kaum so groß als die vorhergehende; die Schnauze stümpfer. Die Daumenwarze ohne Nagel. Die Fußsohlen kahl. Die Farbe fast wie am Billich, hellgrau doch dunkler als an der vorhergehenden, mit eingemengten schwarzen Haaren, welche Farbe sich auch auf die auswendige Seite der Beine herunter zieht. Die Ohren und ein Strich oben auf dem Schwanze längshin, bräunlich. Der Bauch und die Füsse, weiß. Länge 3 Zoll 5 Lin. Des Schwanzes 9, und mit dem über die Spize hinaus ragenden Haar, 9½ Lin. Gewicht 6 Quentchen.

[a]) Reise II. Th. S. 485. 493. [b]) **Pallas** a. a. O.

Der Herr Prof. Pallas entdeckte sie auf der Steppe bey Zarizyn, und ein Gefährte des sel. Gmelin in Gilan. Hier wohnt sie auf den hohen Gebirgen, zeigt sich auch bisweilen um die Dörfer und thut dem Reise Schaden. Sie schläft im Winter nicht. Ihr Winterpelz ist sehr langhaarig und zart *).

32.

Die Fleckmaus.

Tab. CCI.

Mus songarus; Mus buccis sacculiferis, dorso cinereo linea spinali nigra, lateribus albo fuscoque variis, ventre albo. PALL *glir. p.* 74. *n.* 25. *p.* 269. *tab.* 16. *B.* Reise II. Th. S. 703. *n.* 6. **Zimmerm.** Geogr. Gesch. 2. Th. S. 377. N. 304.

Die Schnauze ist fast so stumpf, als an der vorhergehenden. Die Bartborsten kürzer als der Kopf. Die Ohren länger. Der Schwanz dick, stumpf und haarig. Die Daumenwarze ohne Nagel. Die Fußsohlen dicht behaart. Der Leib kurz, oben grau mit einem schwärzlichen Striche längshin, an den Seiten große weißliche braun eingefaßte Flecke. Die untere Fläche, auch des Schwanzes nebst der Spize, und die Füsse, weiß. Länge 3 Zoll. Des Schwanzes $4\frac{1}{2}$ Lin. Gewicht 5 bis $5\frac{1}{2}$ Quentchen.

Sie ward vom Herrn Prof. Pallas auf der sandigen Steppe der Baraba, am Irtisch, 1771 im Jun. entdeckt. Die meisten steckten im Sande, in schrägen erst angefangenen Röhren; die Kammern waren noch nicht fertig. Ein Weibchen ward in einem Neste, zu welchem eine etliche Spannen lange schräge Röhre führte, das mit sehr weichem Wurzelwerk und Geströhde, worinn man viele Hülsen vom Alyssum montanum und Saamen von Elymus arenarius sahe, angefüllt war, mit sieben noch blinden in diesem Bette steckenden Jungen angetroffen. Aus dieser Kammer ging eine Röhre unter-

*) Pall. a. a. O.

wärts in ein tieferes, in dem unter dem Sande stehenden Thonlager befindliches, vielleicht zum Winteraufenthalt bestimmtes Behältniß, in welches die Mutter entflohe. Die Jungen wurden sehr zahm, fraßen vorzüglich gern die Saamen des Elymus arenarius, Polygonum fruticosum und verschiedene Schotengewächse, bewegten sich langsam, im Graben aber, womit sie sich in einem Kasten mit Sande beschäftigten, geschwind, waren am Tage wach und schliefen die Nacht hindurch zusammen gerollt, gaben, wenn sie ein wenig geplagt wurden, eine pipende Fledermausstimme von sich, und erstickten nach zween Monaten im Fett *).

33.

Die Obmaus.

Tab. CCII.

Mus Furunculus; Mus buccis sacculiferis, corpore supra griseo striga dorsali nigra; subtus albido. PALL. *glir. p.* 86. *n.* 26. *p.* 273. *tab.* 15. *A.* **Zimmerm.** Geogr. Gesch. 2. Th. S. 378. *n.* 305.

Mus barabensis. **Pallas** Reise II. Th. S. 704. N. 8.

Furunculus myodes. **Messerschmid.** *Mus. Petrop. p.* 343. *n.* 109.

Orochtschoschach; mongalisch.

Sie ist der sibirischen Sandmaus ziemlich ähnlich, doch kleiner; die Schnauze ebenfalls spizig, die Ohren groß, oval, oberwärts dünne, schwarzhaarig mit weissem Rande, der Schwanz länger als an den vorhergehenden, dünne und spizig, die Daumenwarze mit einem Nagel versehen. Die Farbe bräunlichgelb mit einem schwärzlichen Streif längshin auf der Mitte des Rückens bis gegen den Schwanz, dessen Anfang er nicht erreicht; der Schwanz oben längshin schwärzlich. Unten alles weiß. Länge über 3 Zoll, des Schwanzes gegen 1 Zoll.

*) **Pallas** a. a. O.

Messerschmid entdeckte dieses Thierchen in Daurien am Dalai Nor, die Gefährten des Herrn Prof. Pallas in der Baraba am Ob und zwischen dem Onon und Argun. Nach ersterem trägt sie Saamen von Wirbelkräutern (Astragalus) und Melden (Atriplex) ein; übrigens hat man von ihrer Lebensart und Sitten weiter keine Kentniß *).

V. Erdmäuse

Mures subterranei. PALL. *glir. p.* 76.

SPALAX.

ERXL. *mamm. p.* 377.

Die Vorderzähne sind sehr groß und endigen sich in eine breite Schneide. Sie werden nicht von den Lippen bedeckt.

Die Ohren fehlen.

Der Schwanz ist äusserst kurz oder fehlt.

Zehen: vorn und hinten fünfe.

Der Kopf ist dick, die Augen sehr klein, der Leib gestreckt.

Sie graben Baue unter die Erde, in welchen sie die meiste Zeit zubringen; im Winter leben sie von den eingetragenen Vorräthen und erstarren bey strenger Kälte.

34.

Die Maulwurfsmaus.

Tab. CCIII.

Mus talpinus; Mus brachyurus fuscus, incisoribus supra infraque cuneatis, auriculis nullis, palmis pentadactylis fossoriis. PALL. *glir. p.* 77. *n.* 9. *p.* 176. *tab.* 11. *A. Nov. Comm. Petrop.* 14. *p.* 568. *tab.* 21. *f.* 3. Zimmerm. Geogr. Gesch. 2. Th. S. 378. N. 306.

*) Pallas a. a. O.

Spalax minor; S. rostro abbreviato. ERXL. *mamm. p.* 379.

Sljepuschonka (d. i. Blinder); Semleroika (d. i. Erdgräber); Rußisch. Suchertskan (d. i. Blinde Maus); Tatarisch.

Sie hat Aehnlichkeit mit der Wasserratte. Der Kopf ist groß, die Schnauze dick, stumpf, an den Seiten stark behaart. Die Bartborsten so lang als der Kopf, drey Borsten vorn über jedem Auge, eine auf jedem Backen, und eine auf der Kehle. Der Gehörgang ist hinterwärts mit einem in dem Haar steckenden weiß eingefaßten Hautrande, statt der Ohren, umgeben. Der Leib ist gedunsen und kurz, der Schwanz kurz, abgestuzt, haarig. Die Beine kurz und stark. Die Fußsohlen ringsherum, bis an die Zehen, mit langen steifen abwärts gerichteten Haaren eingefaßt. Die Farbe oben schwärzlich braun, in der Mitte des Rückens dunkler, auf den Backen gelblich, am Kinn weiß. Unten und die Füsse graulich. Einige fallen mehr dunkelbraun, andere mehr helle und ins gelbliche. Eine Spielart siehet ganz mattschwarz; zuweilen ist das Maul und ein Strich unten am Bauche längshin, weiß. Länge 3 Zoll, 9 Lin. Des Schwanzes 4 Lin. Gewicht 1 Unze 2 bis 3 Qu. bis 2 Unzen.

Diese, von dem Herrn Professor Pallas entdeckte und noch von weiter niemanden beschriebene Maus ist eine Bewohnerin der ebenen und gemäßigten Gegenden Rußlands, von der Okka an bis an die astrakanschen Steppen. Sie wird häufig um die Vorgebirge des Urals und auf den Isetskischen und Ischimschen Steppen ostwärts, kaum über den Irtisch hinaus, nordwärts nicht über den 55 Grad, angetroffen. Sie liebt schwarzes Erdreich, sonderlich die Weiden um die Dörfer. Sie wühlt unter oder in dem Rasen, Röhren, die mehrere Klaftern lang und überall zu sind, und wirft daraus hier und da kleine kaum spannenbreite Erdhaufen auf. Morgens und Abends ist sie beschäftigt ihre Röhre zu reinigen und zu verlängern, wobey sie zuweilen mit dem Kopfe heraus kömmt und frische Luft schöpft. Sie wühlt auf eben die Art wie der Hamster. In jeder Röhre wohnt nur eine Maus einsam, und verläßt sie, außer zur Zeit der Paarung, sehr selten.

Ihre liebste Nahrung sind Erdnüsse oder die Knollen des Lathyrus tuberosus, und die von der Phlomis tuberosa; an der untern Wolga nährt sie sich vornehmlich von den Zwiebeln der Tulpe.

Im Winter schläft sie nicht, sondern sucht ihren Aufenthalt in dichten Gebüschen, oder unter Heuhaufen; wo sie sich in grösserer Tiefe als die Röhren, ein Nest und daneben eine Vorrathskammer anlegt, und jenes mit weichem Heu, diese mit den gedachten Knollen anfüllet. Unter den Heuhaufen gräbt sie ihre Röhren in die Oberfläche des Rasens selbst.

Sie läßt selten einen Laut hören, der dem Pipen junger Mäuse gleicht. Bisweilen bewegt sie die untere Kinnlade, gleich dem Hamster, schnell, als wenn sie die Zähne schärfen wollte

Sie läßt sich leicht fangen, wenn sie aufwirft, oder aus der Oefnung der Röhre herausguckt; denn ihr Gesicht ist bey Tage blöde. Sie wird bald kirre.

Ihre Paarung geschicht zu Ende des Märzes und Anfange des Aprils, zu welcher Zeit sie einen starken Zibethgeruch von sich gibt. Sie bringt auf einmal drey bis vier Junge; wie viel mal aber im Jahre? ist nicht bekannt. Sie vermehrt sich indessen nicht übrig, und man kan ihr keinen sonderlichen Schaden nachsagen [a]).

35.

Der Blesmoll.

Tab. CCIV.

Mus capensis; Mus brachyurus, incisoribus supra infraque cuneatis, auriculis nullis, palmis pentadactylis, ore albo. PALL. *glir. p.* 76. *n.* 8. *p.* 172. *tab.* 7. **Zimmerm.** Geogr. Gesch. 2 Th. S. 378. N. 307.

a) **Pallas. Güldenstädt.**

Hamster. Kolbe Beschr. d. Vorgeb. d. g. Hofn. S. 158.

Taupe du cap de bonne-espérance. BUFF. *suppl.* 3. *p.* 193. *tab.* 33. eine nicht gut gezeichnete Figur. Amst. Ausg. 4. *p.* 81. *tab.* 31. (28. gezeichnet) ebendieselbe.

BUFF. *suppl.* Amst. Ausg. 5. *p.* 22. *tab.* 9. eine richtigere Abbildung.

Blesmoll; bey den Holländern am Cap.

Der Kopf ist ringsherum abgerundet. Die Nase breit, stumpf, kahl. Die Bartborsten kurz, weißlich, mit längern bräunlichen vermengt. Die Vorderzähne weiß. Die Augen sehr klein. Die Ohren fehlen bis auf einen kleinen haarigten Hautrand hinten an der Mündung des Gehörganges. Der Schwanz ist sehr kurz, stumpf, mit langen weißen Haaren pinselförmig besezt. Die Beine stark und kurz; die Füsse am Rande mit langen unterwärts gebogenen Haaren gefranzt. Die Farbe ist um das Maul herum weiß, dahinter schwarzbraun mit einem kleinen weissen Fleck um jedes Auge und dergleichen grösseren um jedes Ohr, auf dem Halse und Rücken bräunlich mit durchschimmerndem Grau, an den Seiten blässer, unten schmuzig weiß. So auch die Füsse. Die Länge beträgt $5\frac{1}{2}$ Zoll. Der Schwanz misset nur 6 Lin. mit dem hinausstehenden Haar aber 1 Zoll. Die Beschreibung und Zeichnung des Herrn Prof. Pallas, die ich hier liefere, ist nach einem getrockneten Exemplar gemacht.

Von diesem Thiere ist dasjenige wohl kaum verschieden, von welchem der Herr Professor Allamand in Leyden, eine ihm von dem durch seine am Cap gemachte Beobachtungen bekannten Herrn Capitän Gordon mitgetheilte Abbildung, nebst dazu gehörigen Nachrichten, in der Amsterdammer Ausgabe der Büffonischen Supplemente, an dem oben angeführten Orte mitgetheilt hat. Sie scheint nach dem Leben gemacht zu seyn, wodurch der Unterschied von der Pallasischen in den Umrissen leicht begreiflich wird. Der einzige Unterschied bestehet in einem weissen Flecke auf dem Kopfe; er ist aber nicht wesentlich genug, um eine verschiedene Art anzeigen zu können.

Dieses

Dieses Thier wohnt am Vorgebürge der guten Hofnung unter der Erde, wo es Röhren gräbt und den Gärten viel Schaden thut.

36.

Der Sandmoll.

Tab. CCIV. B.

Zand-moll. MASON. *Phil. transact. vol. 66. part. 1. p.* 304.

Taupe du cap. LA CAILLE *Journ. p.* 299.

Taupe des dunes. ALLAMAND. BUFF. *suppl.* Amst. Ausg. 5. *p.* 24. *tab.* 10.

Kauw-howba; bey den Hottentotten.

Er hat viel Aehnlichkeit mit dem nächstvorhergehenden; allein der Kopf ist vorwärts konisch zugespizt, und endigt sich in eine abgestumpfte Nase. Die Bartborsten sind kurz und steif. Die Augen klein, aber der Abbildung nach grösser als an jenem. Die Ohren fehlen. Die obern Zähne sind durch eine tiefe Furche (der Abbildung nach ist es eine Querfurche) gleichsam jeder in zweene getheilt. Die untern, welche länger sind, kan das Thier nach Belieben von einander entfernen und einander wieder nähern. Backenzähne werden viere auf jeder Seite oben und unten angegeben; — wenn man sie recht gezählt hat. Der Schwanz ist kurz, mit langen steifen Haaren besezt, platt. Jede Fußsole ist mit eben solchen rings umher eingefaßt. Der Zehen sind vorn und hinten fünfe, und an jeder ein langer Nagel. Die Farbe ist oben weißlich mit Gelblichem überlaufen, an den Seiten und unten weißgrau. Die Länge des beschriebenen und gezeichneten Thieres, welches ein Männchen war, betrug nach der Krümmung des Rückens gemessen, einen Fuß; die Länge des Schwanzes 2½ Zoll.

Man ist die Abbildung des vorher nur sehr unvollkommen bekannten Thieres, welche ich hier liefere, dem vorbelobten Herrn Capit. Gorden schuldig. Es wohnt am Vorgebirge der guten Hofnung in den Dünen oder Sandhügeln der Küste, wo es tief im Sande lange Röhren gräbt, hin und wieder grosse Haufen daraus aufwirft, und dadurch die Gegenden seines Aufenthalts zum Reiten höchst unsicher macht, indem die Röhren unter den Pferden einbrechen, und sie oft bis an die Knie hineinfallen. Die Nahrung dieses Thieres besteht in den Wurzeln und Zwiebeln der am Cap so mannigfaltigen und häufigen Arten von Ixia, Antholyza, Gladiolus und Iris. Es läuft nicht hurtig und sezt die Füsse einwärts, gräbt aber desto geschwinder. Es ist beissig. Das Fleisch ist eßbar.

37.

Die Scharrmaus.

Tab. CCV.

Mus Aspalax; Mus brachyurus, incisoribus supra infraque cuneatis, auriculis nullis, unguibus palmarum elongatis. PALL. *glir. p. 76. p. 165. tab. 10.* Reise 3 Th. S. 692. Zimmerm. Geogr. Gesch. 2 Th. S. 379. N. 308.

Mus Myospalax. Laxman Sibir. Briefe S. 75. Abh. der Kön. Schwed. Akad. 1773.

Monon Zokór; bey den Daurischen Tungusen. Semlanaja Medwedka; (d. i. Erdbär) bey den Russen in Sibirien.

Der Kopf ist dick und etwas platt, stumpf. Die breite stumpfe Nase ragt über die Oberzähne hinaus. Die Barthaare sind kurz, weißlich. Die Augen klein, doch sichtbar. Die Augenlieder dick, runzlich, feinhaarig. Die Ohren ein ganz kurzer abgestuzter, hinten längerer Rand um den Gehörgang. Der Hals kurz. Der Leib platt. Der Schwanz kurz, rund, stumpf, kahl. Die Haut daran runzlich und weißlich. Die Beine kurz und stark. Die Vorderfüsse groß und kahl;

die Klauen der drey mittelsten Zeehen sehr stark und lang, unten scharf, die an der innern dünner, an der äussern kürzer als jene. Die Hinterfüsse kleiner und auch meist kahl; die Zeehen von ungleicher Grösse und die Nägel daran kürzer als an jenen. Die Farbe oben gelbgraulich, unten weißgrau. Der Scheitel gelber, an einigen mit einem weissen länglichen Fleck gezeichnet. Die Länge beträgt 8 Zoll 8 Lin. ohne den Schwanz. Der Daurischen nicht viel über 5 Zoll.

Daurien, und zwar die Gegend jenseit seiner Schneegebirge, zwischen dem Ingoda- und Argunfluß, bringt diese Maus, nach des Herrn Prof. Pallas Bemerkung, häufig hervor; am Abakan fand er sie selten; der Hr. Hofrath Laxman entdeckte sie jenseit des Irtisch zwischen dem Alei und Tscharysch. Sie liebt schwarzes Erdreich oder festen Sand, worin sie Röhren, oft von einigen hundert Klaftern, mit der Oberfläche der Erde, oder dem Rasen parallel gräbt, und daraus in mässigen Entfernungen grosse Erdhaufen aufwirft. Sie bedient sich dabey der Nase und der Füsse zugleich; die scharfen Nägel der Vorderfüsse dienen ihr, die harte steinigte Erde zu zerschneiden, und das Wurzelwerk zu zerreissen, wozu sie sich der Zähne weniger zu bedienen scheint.

Ihre Nahrung besteht in Zwiebel- und Wurzelwerk: in Daurien vornehmlich von dem dortigen scharlachrothen Türkischenbunde, (Lilium pomponium) und vielleicht von einigen Irisarten; um den Abakan und am Alei von dem Hundszahne (Erythronium Dens canis).

Ihre Stimme ist, wenn sie gefangen wird, aus girrenden kurzen und schwachen Tönen zusammengesezt. Sie ist nicht blind, obgleich ihre Augen klein sind. Sie ist schwer zu fangen *).

*) Pallas a. a. O.

38.

Die Blindmaus.

Tab. CCVI.

Mus Typhlus; Mus ecaudatus, palmis pentadactylis, incisoribus supra infraque latis, oculis auriculisque nullis. PALL *glir. p.* 76. *n.* 6. *p.* 154. *tab.* 8. Zimmerm. Geogr. Gesch. S. 380. N. 309.

Mus oculis minutissimis, auriculis caudaque nullis, corpore rufo-cinereo. LEPECHIN. *Nov. Comm. Petrop.* 14. *p.* 504. *tab.* 15. *f.* 1.

Spalax microphthalmus. GVLDENSTAEDT. *Nov. Comm. Petr.* 14. *p.* 409. *t.* 8. 9.

Spalax major; S. rostro elongato attenuato. ERXL. *mam. p.* 377.

Glis Zemni; G. corpore profunde griseo. ERXL. *ibid. p.* 370?

Caniculus subterraneus. RZACZINSK. *auct. p.* 325.? BUFF. 15. *p.* 142.?

Slepez. Gmel. Reise 1 Th. S. 131. *tab.* 22.

Podolian Marmot. PENN. *syn. p.* 277. *n.* 204.?

Slepez; Russisch. Sinskoë - Schtschenjæ; in der Ukraine. Piesek ziemny; in Pohlen.? Ssóchor - nómon; bey den wolgischen Kalmücken.

Der Kopf ist breiter als der Leib, oben platt, an jeder Seite mit einem dicken von der breiten Nase nach den Schläfen laufenden Hautrande eingefaßt, der mit einer Nath gegen einander laufender Haare geschärft ist. Die Bartborsten kurz und der Feine nach blossen Haaren gleich. Augen siehet man gar keine, und von den Ohren ist weiter nichts als die sehr kleine Oefnung des Gehörganges zu bemerken. Der Hals ist sehr kurz und unbeweglich. Der Leib cylindrisch, hinten stark zugerundet. Der Schwanz fehlt gänzlich. Die Füsse sind kurz; die hintern kaum länger als die vordern. Die Fußsolen sind an den Vorderfüssen hinterwärts, besonders an der innern Seite, mit langen Haaren, unter welchen insbesondere eins bis zwey vor den andern hervorragen, die an den Hinterfüssen fast ringsherum, mit langen abwärts gebogenen Haaren eingefaßt. Zeehen überall fünfe, wovon die zwo äussern merklich kürzer als die drey mittelsten, unter welchen die mittelste etwas länger als die beyden übrigen ist. Die Zeehen der Vorderfüsse sind meist kahl. Die Klauen kurz, flach, breit und stumpf. Der Daumen, die kürzeste der Zeehen, besteht an allen vier Füssen, sonderlich den vordern, fast aus der blossen Klaue. Das Haar ist dicht, weich, gelbbräunlich mit hervorschimmerndem Aschgrau. Der Kopf weißgrau, das hinterwärts etwas ins bräunliche spielt, der Umfang des Mauls nebst dem Kinne, die Nath auf den Backen wie auch die Haare auf den Füssen und um dieselben, schmuzig weiß. Der Bauch dunkel aschgrau, hinten mit einem weissen Strich nach der Länge hin und einem weissen Fleckchen zwischen den Hinterbeinen. Auf der Kehle läuft eine deutliche Haarnath nach der Länge hin, und eine, jedoch sehr undeutliche, auf dem Bauche mit jener in einerley Richtung. Die Länge des Thieres beträgt, nach den Abmessungen des Herrn Prof. Pallas, noch nicht acht Zoll, sein Gewicht $8\frac{1}{4}$ Unzen.

Die Vorderzähne sind breit und keilförmig zugeschärft; die untern sehr langen weiß, die obern fallen in der Mitte etwas ins gelbliche. Sie haben alle der Länge nach feine Runzeln.

Dieses Thierchen wohnt in dem südlichen Rußland, an der ganzen Westseite der Wolga, von Syzran an bis an die Sarpa, dann zu beyden Seiten des Dons bis in die Ukraine, und, wenn Rzaczinski das nehmliche Thier gemeint hat, bis in Podolien und Volhynien hinein [a]).

a) Es ist mir noch nicht ganz ausgemacht, daß das von Rzaczinski erwähnte Thier mit dem Slepez einerley sey. Er schreibt ihm kurze runde Ohren, eine Mäusefarbe, einen mittelmässig langen Schwanz und Maulwurfsaugen zu. Lauter Attribute die auf die Blindmaus nicht passen, sondern vielmehr auf die Maulwurfsmaus führen würden, wenn diese eine mit der Kaze einigermassen zu vergleichende Grösse hätte, die Rzaczinski seinem Thiere beylegt. Lezteres scheint mir also unter die noch unbekannten Arten zu gehören. Nur muß man es nicht Le Zemni nennen.

Es hält sich in keinem andern als schwarzem Erdreiche, und zwar im Rasen, auf. Unter demselben gräbt es, zuweilen bis auf weite Strecken, Röhren, die aus einem Haupt- und mehrern davon auswärts getriebenen Gängen bestehen, worinn in mässigen Entfernungen, Löcher, und über selbigen hohe und breite aus den Röhren heraus gewühlte Erdhaufen befindlich sind. Es bedient sich seiner grossen und starken Zähne, die Wurzeln und das dazwischen befindliche Erdreich los zu beissen, und seines schaufelförmigen Kopfs, die los gemachte Erde in die Höhe zu heben; ausserdem hilft sichs auch mit den Vorder- und Hinterfüssen und dem Hintern. In jeder Röhre wohnt eins; sie sind überhaupt nirgend im Ueberfluß anzutreffen.

Ihre Nahrung besteht bloß in Wurzeln, welchen sie unter der Erde nachgraben; besonders denen vom Peperlein (Chærophyllum bulbosum LINN.) Kräuter fressen sie nicht.

Sie sind ganz blind, und haben nur sehr kleine Augäpfel unter der ganz darüber hin gewachsenen Haut. Demohngeachtet kommen sie nicht selten aus ihren Löchern heraus, sonderlich des Morgens, auch zur Zeit der Paarung wohl am Tage. Ihr Gehör, und noch mehr ihr Gefühl, scheint desto feiner zu seyn. Sie sizen beständig mit aufgerichtetem Kopfe, in der Stellung die die Figur ausdrückt. Im Fall der Noth vertheidigen sie sich ziemlich heftig mit ihren grossen Gebißen; wobey sie muchsen und die Zähne gleichsam schärfen. Einen andern Laut hört man von ihnen niemals.

Im Winter graben sie tiefere Röhren, sonderlich um Gebüsche und Bäume, und machen sich darinn ein Lager von feinem weichem Wurzelwerk. Ob sie etwas für den Winter eintragen, und ob sie einen Theil des Winters in Erstarrung zubringen, ist nicht bekannt, lezteres aber nicht wahrscheinlich, da man sie noch sehr spät im Herbste arbeiten siehet. Die Paarung geschicht im Frühlinge und Sommer, und das Weibchen bringt zwey bis vier Junge, welche es aus den zwo in den Weichen liegenden Säugwarwarzen ernähret [b]).

[b]) Pallas. Güldenstädt. Lepechin.

Sieben und zwanzigstes Geschlecht.

Das Murmelthier.

ARCTOMYS.

MVRES soporosi.

PALL. *glir. p. 74.*

Vorderzähne: oben und unten zween mit einer keilförmigen Schärfe.

Backenzähne: in der obern Kinnlade fünfe, in der untern viere, auf jeder Seite.

Zeehen: an den Vorderfüssen viere, nebst einem sehr kurzen Daumen, an den Hinterfüssen fünfe.

Die **Ohren** kurz, oder gar keine.

Der **Schwanz** kurz und haarig.

Die **Schlüsselbeine** vollkommen.

Sonst unterscheidet auch der grosse, abgerundete Kopf, dicke Leib der Arten, und verschiedene Besonderheiten der innern Theile, dieses Geschlecht von dem vorigen, an welches es übrigens sehr nahe angränzt.

Sie wohnen unter der Erde, graben, klettern, nähren sich von Wurzeln und Körnern, und verrichten ihre Geschäfte am Tage.

Im Winter sind sie starr.

1.

Das Alpen-Murmelthier.

Tab. CCVII.

Arctomys (Mus) Marmota; M. capite gibbo auriculato, cauda villosa brevi, palmis tetradactylis, corpore fusco subtus rufescente. PALL. *glir.* *p.* 74. *n.* 1. Zimmerm. Geogr. Gesch. 2. S. 313. N. 295.

Mus Marmota; Mus cauda abbreviata subpilosa, auriculis rotundatis, buccis gibbis. LINN. *syst.* *p.* 81.

Mus alpinus. GESN. *quadr.* *p.* 743. *fig.* 744. gut getroffen. ALDROV. *dig.* *p.* 445. nebst einer mittelm. Fig. IONST. *quadr.* *t.* 67. RAJ. *quadr.* *p.* 221.

Mus montanus. MATTHIOL. *comm.* *p.* 368. mit einer Figur.

Glis Marmota alpina; G. pilis e fusco et flavicante mixtis vestitus. BRISS. *quadr.* *p.* 165. *n.* 6.

Glis Marmota; Glis corpore supra fusco-cinereo; subtus cinereo-flavescente. ERXL. *mam* *p.* 358. *n.* 1. mit Inbegrif der folgenden Art.

Glis Marmota Italis. KLEIN. *quadr.* *p.* 56.

Marmotte. BUFF. *hist.* 8. *p.* 219. *t.* 28.

Alpine Marmot. PENN. *quadr.* *p.* 268. *n.* 594.

Murmelthier; in Teutschland. Murmentle; Mistbellerle; in der Schweiz. Montanella; in Bündten. Marmontana; im Tridentischen. Marmota; Italiänisch; Spanisch. Marmotte; Französisch. Marmot; Englisch.

Der Kopf ist dick und wird von dem sitzenden Thiere öfters etwas aufwärts getragen. Die Schnauze dick und stumpf. Die Augen stehen fast zwischen der Nase und den Ohren in der Mitte, doch diesen ein wenig näher. Die Ohren sind kurz und haarig. Das

Haar

Haar auf und hinter den Backen ist vorzüglich lang; daher die Dicke der Backen. Der Leib ist kurz, dick, mit flachem breitem Rücken. Eine Haarnath läuft von der Kehle über die untere Seite des Leibes bis an den After. Der Schwanz stehet gerade hinten aus, und ist langhaarig. Die Füsse sind kurz, und haben lange kahle Fußsohlen, weil das Thier auf den Fersen geht. Die Farbe ist auf dem Kopfe und vorn auf dem Rücken schwärzlich, mit Grau und Weißlich vermischt; hinten röthlichbraun, so auch die Füsse auswendig. Die Spize der Schnauze, Kehle, Hals, Brust und Bauch gelbroth mit Grau und Schwarz vermengt. Die Ohren grau. Der Schwanz schwärzlich und braunröthlich gemengt. Länge 1 Fuß 3 Zoll. des Schwanzes 6 Zoll ohne das Haar an der Spize.

Das Murmelthier ist ein Einwohner der helvetischen und savoyischen Alpen, und wird auch auf den tyrolischen Eisgebirgen und Pyrenäen gefunden. Seine unterirdischen Wohnungen, Nahrung, Sitten, Fortpflanzung, Fang und Gebrauch, wovon man bisher nur das wenige, was Gesner [a]) und Altmann [b]) davon mitgetheilt haben, wußte, will ich lieber mit den Worten des verdienstvollen Herrn D. Am Stein zu Zizers in Bündten, als meinen eigenen, beschreiben, da ich das Vergnügen haben kan, einen treflichen Aufsaz darüber hier einzurücken, womit mich dieser würdige Arzt und Naturforscher auf meine Bitte beehret hat. Er lautet folgender maassen:

„Die Murmelthiere, deren es in Bündten *) viele giebt, bewohnen nur die höchsten Gebirge, wo kein Holz mehr wächst, und wo gewöhnlich weder Menschen noch Herden zahmes Viehes hinkommen. Vor-

a) Conr. Gesners *hist. anim.* am oben angeführten Orte.

b) Altmanns Beschr. der helvetischen Eisgebürge S. 198. u. f.

*) „Der gemeine Name bey dem Volk ist: Murbetle und Murbentle, bey den Romanschen Montanella. „

züglich wählen sie durch steile Felsen und Felsenschründe abgesonderte freye Pläze zu ihrem Aufenthalt; sie ziehen auch die Sonnenseite der Berge oder sonst sonnenreiche Oerter einer schattigten Lage immer vor, und weichen solchen Stellen zu ihren unterirdischen Wohnungen aus, wo der Boden feucht und naß ist, doch suchen sie in ihrer Nachbarschaft frische Quellen zu haben.

Ihre Nahrung besteht in Kräutern und Wurzeln, besonders, wie sich aus ihren ganz eigenen Weidgängen schliessen läßt, in dem zartesten und kräftigsten Grase. Man bemerkt, daß da, wo sie sich aufhalten, besonders viel Muttern (Phellandrium Mutellina) und Alpen-Wegerich (Plantago alpina) wächst, die beyde für vorzüglich kräftige, Fett und Milch erzeugende Pflanzen gehalten werden *). Früchte, Beeren, und andere Nahrung verschaft ihnen ihr Vaterland nicht. Gezähmte kann man indessen zu allerley und bald allen Speisen **), welche die Menschen geniessen, gewöhnen, sie gedeyhen aber dabey nicht so gut, als bey ihrer wilden Nahrung. Zwey gefangene junge fristeten bey guter Kühmilch und dem zartesten Heu, wovon sie reichlich genossen, ihr Leben nicht lange. Mit ihren scharfen Zähnen weiden sie das kürzeste und härteste Gras in unglaublicher Geschwindigkeit ab. Es hatte jemand zwey Murmelthiere, welche den Winter in einem kalten Zimmer auf einem Nest von alten Lumpen schlafend zubrachten; als man im Frühjahr nach ihnen sahe, war das eine völlig wach, und hatte das andere, aus Hunger und Mangel anderer Nahrung wie es scheint, beynahe ganz aufgefressen.

Ob sie schon immer trachten in der Gegend ihres Wohnortes, oder nicht weit davon, frisches Wasser zu haben, so bemerkt man sie doch nur in der heissesten Jahrszeit, und ehe sie ihre Winterwohnungen beziehen wollen, um die Quellen herum; vielleicht, daß sie sich des Wassertrinkens alsdann, um den Leib wohl auszureinigen, bedienen. Sonst ist

*) Nach Gesners Berichte sind die Murmelthiere auch Liebhaber vom Bärenklau (Heracleum Sphondylium).

**) „Sie lieben besonders auch Nußkerne.“

nicht wahrscheinlich, daß sie viel trinken, darum sie auch desto fetter werden. Gezähmt lassen sie sich die Milch wohl schmecken. Einige Jäger wollen beobachtet haben, daß sie, wie die Gemsen, den Salzlecken nachziehen.

Sie lieben den Sonnenschein sehr, an den sie sich, wenn sie sicher sind, stundenlang legen. Ehe sie sich legen, und auch wenn sie weiden wollen, richten sie sich zuerst allemal auf den hintern Beinen in die Höhe, und schauen ganz aufrecht um sich; das erste, das jemand erblickt, giebt der ganzen Gesellschaft ein warnendes Zeichen durch einen durchdringenden Pfiff, der eine Art des Bellens zu seyn scheint; die andern antworten alle durch das nehmliche Zeichen, und alle nehmen die Flucht, ohne sich durch weiteres Pfeiffen zu verrathen. Aus der Anzahl der auf einander folgenden Pfiffe wissen die Jäger, wie viel dieser Thiere in der Gesellschaft sind. Eben wegen ihrer grossen Wachsamkeit sind sie, wo viele beysammen sind, nicht leicht zu erschleichen, denn da wacht immer das eine oder das andere, und zwar wie man bemerkt auf etwas hohem, Felsen oder Steinen. Sie müssen ein überaus scharfes Gesicht haben. Sie erzeigen sich gegen keinerley Art Thiere feindselig; wenn sie verfolgt werden, so fliehen sie, und ändern, um sicherer zu leben, wohl gar ihren Wohnort, so daß ganze Familien von einem Berge zum andern ziehen, wo sie genöthiget sind, ihre ganze Wohnung neu einzurichten. In die Enge getrieben sezen sie sich gegen Menschen und Hunde zur Gegenwehr, beissen und krazen gewaltig.

Es halten sich von diesen Thieren allezeit eine Menge zusammen, welche mit einander eine Familie ausmachen. In der Gegend ihres Aufenthalts sieht man zwar allemal eine Menge Löcher und Hölen, besonders unter Steinen und kleinen Erdhöhen. Die Gänge sind gegen den Berg gerichtet, gehen bald gerade hinein, bald lenken sie sich etwas abwärts, besonders, wo der Boden nicht sehr steil ist, bald wieder aufwärts, ziehen sich oft hin und her, und vertheilen sich zuweilen auf beyde Seiten. In einer ziemlich weitläuftigen Gegend aber, und meistens in dem ganzen Bezirk ihres Aufenthalts ist nur eine einzige davon die eigentliche Winterbehausung, die ihre Röhren eben so, wie die übrigen hat, sich aber durch eine geräumigere Höle unterscheidet, worinn die Thiere ihr Winterlager nehmen. Die andern Röhren sind nur so genannte Sommerhäuser oder Hölen, theils auch kleine gar nicht weit hinein sich streckende Fluchtlöcher, die nur so weit gehen, daß man mit dem Arm, mit dem Stock und so etwas das Ende davon erreichen kan. Einige Sommerhölen ziehen sich dennoch auch gar weit hinein, sind aber innwendig nicht breiter, als die Zugänge oder Röhren selbst. Zu Fluchtlöchern brauchen sie auch Löcher und Hölen, die von selbst aus herunter gefallenen Felsstücken und Steinen entstanden sind. In den Sommerhölen findet man niemalen kein Heu, und sie sind schon von aussen von den Winterwohnungen dadurch gut zu unterscheiden, daß vor diesen mehr Erde ausgeworfen liegt, indem jährlich, wenn die Familie zunimmt, wegen Erweiterung der Behausung etwas Auswurf vor die Mündung des Eingangs herausgeschaffet wird. In den Sommerröhren liegt oft viel Murmelthierkoth, ja es scheint, daß sie sich einiger solcher Röhren besonders wie zu Abtritten bedienen. In den Winterröhren oder eigentlichen Zugängen zum Winterbau aber wird nie keiner angetroffen, wohl aber in einem besonders dazu bestimmten Nebengange. Ein sicheres Kennzeichen der Winterhölen ist, daß man immer vor denselben im August etwas Heu zerstreuet findet, vor den Sommerhölen hingegen niemals. Auch findet man zu Anfange des Octobers die Mündung der Röhren zu den Winterhölen fast verstopft, welches ein sicheres Zeichen ist, daß nun die Thierchen wirklich darinn liegen. Man muß sich wundern, daß nach Proportion der Minen, Röhren und Hölen, so diese Thiere machen, nicht mehr Erde gewöhnlich vor der Mündung ausgeworfen liegt; sie verstehen die Kunst, die losgekrazte Erde mit ihren vordern breiten Tazen oder Pfoten nicht nur hinter sich zu werfen, sondern in den Röhren gleichmäßig zu vertheilen und fest zu schlagen, so daß ihre unterirdische Wege, Gänge und Hölen ganz glatt, und gleichsam wie gewölbt aussehen, welches sie vor dem Einsturz sichert. Die Weite der Mündungen und Röhren ist kaum grösser, als daß man mit der Faust durch kan. Treffen sie, indem sie graben, Hindernisse von Steinen oder Felsen an, so weichen sie ihnen aus, lenken die Röhre anders, oder gehen wohl gar ein Stück weit zurück, und graben nach einer andern Richtung. Im Graben sind sie sehr schnell, wie man das oft mit Verdruß erfährt, wenn man sie zu frühzeitig heraus graben will, ehe sie recht eingeschlafen sind; denn da graben sie, so bald sie den Feind bemerken, weiter, man hört sie, man findet bald ihre frische Arbeit, und doch, wenn die armen Thiere nicht von Felsen und grossen Steinen an der Fortsezung derselben gehindert werden, so kann man ihrer mit Graben unmöglich habhaft werden, ob man schon ihre neuen Minen immer vor sich hat. Dieses sagen alle, die mit dem Graben umgegangen sind; die Sache ist aber weniger wunderbar, wenn man weiß, daß die Thiere schon zur Vorsicht eine Fluchtröhre haben, die in ihren Bau geht, und daß sie wahrscheinlich Bergein graben, wo man ihnen nicht so leicht folgen kann. Indessen sind die Thiere, wenn sie so gestört worden sind, dennoch gemeiniglich verloren; ihre Winterwohnung ist zerstört, eine neue anzurichten ist für dasselbe Jahr nicht mehr wohl möglich, sie graben in Furcht und Schrecken immer weiter, verstecken sich, schlummern ein, und sind bald des Todes. Sonst ist ihre Winterhöle, zur Zeit da man sie gräbt, folgender massen eingerichtet: Die Mündung des Zugangs oder die Röhre ist 2. 4. 5. und mehrere Schuhe hinein fest von innen aus vermauret, mit Erde, Stein, Sand, Leim und Gras, es stecken zuweilen steinerne Brocken eines Schuhes lang darunter. Das unter diese Materie gemischte Gras oder Heu ist den Gräbern ein Leitfaden, den Gang nicht zu verfehlen. Ist dieses ausgegraben, so gehet meistens ein Rohr links, das andere rechts. Man erwählt den glättern Gang, in welchem hin und wieder einige frische Härlein zu finden sind, als den rechten, den andern erklärt man für einen Nebengang, der, wie mich der Sache kundige versichert haben, den Thieren für einen Abtritt dient. Wenn nun der Gang sich zu erhöhen anfängt, ohne daß Felsen die Ursache davon sind, so ist man nahe an dem Bette oder Lager. Oft haben diese Röhren mehr als eine Seitenröhre von gleicher Beschaffenheit wie die Hauptröhre, die man Fluchtlöcher nennt. Die Länge der Hauptröhre ist sich nicht immer gleich; oft muß man 2. bis 4. und 5. Klafter weit hinein, und von einer halben bis zwo Klaftern tief graben, ehe man zu ihrem Bette kömmt; oft geht es weder weit noch tief hinein. Der Bau oder die Höle ihres eigentlichen Lagers ist selten mehr als 3. bis 4. Fuß unter dem Rasen. Zuweilen ist es nicht möglich gewesen, ihr Lager mit Graben zu erreichen, wenn sie die Röhre tief Bergein gerichtet hatten. Sonst richten sie, ehe sie ihren Winterbau anlegen, den Gang, wie schon angedeutet, wieder in die Höhe, vielleicht, weil sie zu tief unter der Oberfläche die Wiederkunft der Wärme im Frühjahr zu spät empfinden würden. Ihr Winterlager selbst ist eine runde oder eyförmige von einer halben bis anderthalb Klafter im Durchmesser habende Höle, grösser und kleiner nach dem Bedürfniß der Familie, und nach Zulassung des Bodens eingerichtet. In dieser liegt dürres aber rothes Heu in Menge, und die Thierchen hart aneinander, und mit dem Kopf gegen den Hintern gekehrt *), oben auf, ganz kalt, und in so tiefem Schlafe, daß sie ohne Leben und Athem zu seyn scheinen. Man findet von 2 bis 12 und 14, am öftersten von 5 bis 9 zusammen in einer Höle liegend, je nachdem die Familie stark, oder geschwächt worden ist. Es hat sich zugetragen, daß man auch nur eines angetroffen hat **). Aus der Winterhöle geht zuweilen, ich weiß nicht ob allemal, eine Fluchtröhre ohne Ausgang auf eine andere Seite. Jemand, der selbst öfters dergleichen Thiere gegraben hat, macht mir von ihrer Winterbehausung folgenden Riß, bey dem aber weiter kein Verhältniß in Acht genommen ist:

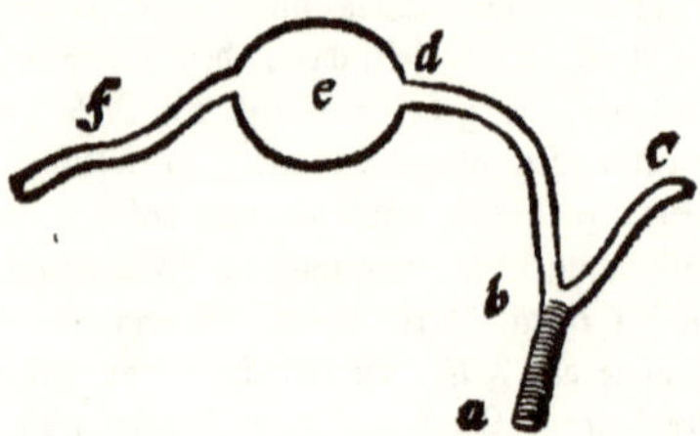

*) „Die Gräber behaupten, daß sie die Nase im After stecken haben.“

**) „Man soll zuweilen auch in einer Höle 2 Better, und 2 Partheien Thiere etwas entfernt von einander liegend antreffen.“

a ist die äussere Mündung der Röhre, von *a* bis *b* ist die Röhre im Winter verstopft, bey *b* theilt sich die Röhre, *c* ist der Nebengang, *d* die Fortsezung der Hauptröhre, *e* die Winterhöle, *f* ein blinder Fluchtgang. Das Verstopfen der Röhre nennen die Jäger das Zuschüben oder Verschüben derselben, und die dazu gebrauchte Materie den Zapfen.

Wenn man sie mit Vorsicht gräbt, das ist, nicht zu früh, und wenn die Witterung schon etwas kalt ist, auch daß man den Eingang der entdeckten Röhren immer während der ganzen Arbeit so gut als möglich verstopft, damit die äussere Luft nicht in die Höle dringe, so trift man sie schlafend an, und kann sie wie man will wegnehmen. Bringt man sie in die Wärme, oder legt sie an die Sonne, so fangen sie nach wenigen Minuten an zu schnarchen, und bewegen sich taumelnd hin und her. In warmen Zimmern kann man sie den ganzen Winter wachend erhalten, doch muste man solche, die man aus ihrer Winterhöle dahin gebracht hatte, gleichsam dazu und zum Fressen erst zwingen. In kalten Zimmern machen sie sich ein Bett von allem, was sie zusammen raffen können, und legen sich darein. Einige Jäger glauben, daß diese Thiere allemal im Neumonde wach wären, und mißrathen deßwegen, sie zu der Zeit graben zu wollen; es wird aber mehr auf die Witterung, und die Vorsicht beym Graben ankommen. Im Herbste sind die Murmelthiere sehr fett; das Gewicht des Fettes übersteigt oft das Gewicht des Fleisches und der Knochen. Im Frühjahre hingegen sollen sie, nach der gemeinen Meinung, wenn sie aus ihren Hölen hervorkommen, mager seyn, weil sie sich von ihrem Fett nähren sollen. Ein Jäger sagt mir, man treffe im Winter in ihrem Magen nichts, als ein dem Oel ähnliches Fett an. Hingegen versichert mich ein anderer, daß er zu Ende des Märzes a. St. ein Murmelthier geschossen habe, welches sich aus seiner Grube noch tief durch den Schnee herauf gegraben, und an die Sonne gesezt hatte, und dieß war so fett, als sie immer im Herbst sind, obschon Magen und Gedärme nichts enthielten, woraus man hätte schliessen können, daß es bereits Nahrung genossen.

Sie beziehen ihr Winterquartier, nach der Verschiedenheit der Gegend und des Jahrgangs, nach Michaelstag a. St. bis in den Weinmonat hinein, und kommen eben so zu Ende des Märzes oder im April wieder hervor. Man findet dann ihre Spuren weit auf dem Schnee, denn trockne Weide von dürrem Grase finden sie bey Zeiten auf Pläzen, die der Wind vom Schnee entblößt hat; sie laufen auch, bis sie von Menschen und Vieh eingeschränkt werden, oder Weide genug in ihrer Gegend finden, ziemlich, ja Stunden weit, ihrer Nahrung nach. Sie liegen also doch 5 ½ bis 6 Monat in ihrer Erstarrung. Wenn sie im Frühjahr hervorkommen, wird die Materie ihres Zapfens am Eingang ihrer Höle nicht heraus, sondern zurück und auf die Seite geschoben, wodurch ihre Winterbehausung zum Theil wieder verschlossen, und bis zur Zeit der Heuerndte bewahret wird, wie auch dieses die Materie zum künftigen Zapfen abgiebt. Man hat zuweilen auch 2. bis 3. dergleichen Zapfen nicht weit von einander in den Röhren angetroffen.

Sie paaren sich im April und May, und tragen ihre Jungen vermuthlich nur wenige, etwan 6. bis 7. Wochen; man hat im Junius schon Junge, und im Julius diese schon ziemlich hurtig gesehen. Am meisten hat man zwey bey einer Mutter gesehen, sie sollen aber auch drey bis viere werfen. Diese bewachen sie sehr fleißig. Ich habe nicht erfahren können, ob sie selbige in den Sommer- oder Winterhölen ablegen; vermuthlich in diesen, weil man in jenen kein Heu zum Lager findet.

Ihr so genanntes Bett von Heu in ihren Hölen wird jährlich nach Beschaffenheit und Nothdurft ein wenig erneuert, indem vom alten etwas Abgang heraus geschaft, und dieser mit frischem ersezt wird; das herausgeschafte Heu findet man in dem Zapfen. Man hat keine Merkmale gefunden, daß sie vom Heu in ihren Winterhölen etwas gefressen hätten, man findet, wenn man sie gräbt, auch keine Spur davon in ihrem Leibe, und dieses Heu ist im Frühling so häufig da, als im Herbst. Es scheint, sie enthalten sich der Speisen völlig, so bald sie sich in ihre Hölen verschlossen haben, ob sie wohl nicht sogleich erstarret liegen.

Daß sie einander das Heu auf den Bauch laden, und sich auf dem Rücken schleifen lassen, scheint eine pure Erdichtung zu seyn. Niemand will

will davon etwas weiter als vom blossen Hörensagen wissen. Da man so viel Heu in ihren Hölen antrift, daß oft ein Mann genug daran zu tragen bekäme, so hat man keine bequemere und zugleich wunderbarere Weise solches einzuführen finden können, als jene die von der Menschen ihrer entlehnt ist *). Indessen wozu der ganze sonderbare Zug, da jedes Thierchen einzeln viel geschwinder seine Portion eintragen kan, und, wo alle einander helfen, in kürzerer Zeit ein grösserer Haufen gesammelt seyn wird? Und wie wollten sie mit ihrer Ladung und dem Zug durch den engen, und oft krummen Gang ihrer Röhren fort, der nur nach der Grösse eines einzigen Thierleins eingerichtet, und oft wegen Felsen und Steinen so enge ist, daß man sich wundert, wie sie durchschlupfen können. Jedermann ist hingegen dafür, daß sie das Heu in dem Munde eintragen, da man an zahmen oder eingesperrten siehet, wenn sie sich ein Winterlager bereiten wollen, daß sie alles in den Mund nehmen, und diesen ganz voll damit stopfen, was sie zusammen schleppen können, sogar alle Lumpen, Handtücher, Stroh, Laub rc. rc. Aussen vor ihren Winterhölen, wo wegen ausgeworfener Erde, und andern ausgescharrten Sachen, meistens das beste und schönste Gras wächst, sieht man zerstreutes Gras, und abgefallene Grasstücklein liegen, auch trift man da andere Merkmale an, welche vermuthen machen, daß sie in der Nähe ihrer Hölen herum das Gras abrupfen, und mit ihren vordern Füssen zusammen und bis vor den Eingang der Röhren scharren, von da sie es im Munde bis in ihr Lager tragen. Die Röhren selber, wenn man sie öffnet, sind rein, so daß man selten ein Grashälmlein zerstreuet findet, weil sie wahrscheinlich beym Verschüben alles zurücke scharren, und zu dem Zapfen mischen. Man bemerkt die Kennzeichen ihres Einheuens nur in den schönsten Tagen des Augusts. Diese Arbeit müssen sie in den einsamsten Stunden verrichten, wo sie von niemanden bemerkt werden.

*) „Daß die Murmelthiere etwa auf dem Rücken kahler sind, ist wohl kein Beweis für die erdichtete Heufuhr auf dem Rücken. Sie haben dieses mit andern Thieren gemein, die graben und unter der Erde wohnen, besonders zu der Zeit, wann sie die Haare ändern.“

Die Art sie zu fangen ist verschieden. Geschossen können sie nur werden, wenn man vor Tage vor ihren Hölen herum sich verstecket hat, und auf sie lauret; man führt zu dem Ende eine trockene Mauer von Steinen auf. Wenn sie hervorkriechen, und eins davon erblickt den Jäger, oder bekömmt Wind von ihm, so pfeift es den andern, und alles versteckt sich noch besser. Der Jäger kan dann oft den halben oder ganzen Tag warten, ehe eins völlig hervorkömmt; denn sie können noch heimlicher und listiger auf ihn lauren, als er auf sie. Erlegt er eins von der Gesellschaft, so kan er sich eine ziemliche Zeit auf keines mehr in dieser Gegend Rechnung machen. Doch vertreibt sie diese Art der Verfolgung nicht, noch weniger das Ausgraben aus ihren Winterhölen; wenn mehrere Betten in dem Bezirk sind, die nicht gegraben werden, bisweilen auch nicht gegraben werden können. Der Fang durch das Ausgraben ist auch der angenehmste und nüzlichste, wenn er zu rechter Zeit geschehen kan. Die Thiere sind dann am besten daran, ihr Tod ist ihnen kaum empfindlich, und man kan ihr Fleisch durch Einsalzen und Räuchern am besten benuzen. Beym Graben sondirt man von Zeit zu Zeit mit einem langen Stocke den Gang ihrer Röhren, um solchen im Graben nicht zu verfehlen. Den Ort der Winterhölen, die man graben will, merket man sich schon frühe, und bezeichnet oder steckt ihn ab. Auf St. Gallustag a. St. gräbt man sie gemeiniglich. Der härteste Fang für sie, welcher oft die übrigen von der Gesellschaft zwingt die Gegend aufzugeben, ist der mit eisernen Fallen, die man vor den Eingang einer Sommerhöle aufstellt, wo man gesehen hat, oder sonst muthmassen kan, daß Thiere hineingekrochen sind. Die Tragödie, wenn sie mit den Füssen darin gefangen werden, und das Geschrey und Gewinsel des gefangenen, ist allen andern ein Schrecken, und vertreibt sie, besonders wenn sie oft wiederholt wird, gewiß. Minder schrecklich oder merklich für diese Thiere ist der Fang mit Steinplatten, welche man vermittelst Sprenghölzer vor der Mündung ihrer Sommerhölen, wie Mäusefallen, aufstellet, wodurch sie, wenn sie herauskommen und an das Querhölzlein anstossen, auf einmal todt geschlagen werden. Oft ist jedoch der Fang mit Fallen und Platten vergebens, indem sie nicht immer da heraus zu kommen genöthiget sind, wo sie hinein gekrochen waren. Da imdessen auf diese Weise viele gefangen werden, obschon sie durch Graben einen andern Weg bahnen könnten, so müssen die Thiere dieser Gefahr auszuweichen nicht schlau genug seyn. Von Hunden, die zur Ausspühung dieser Thiere besonders abgerichtet wären, habe ich bey uns nichts erfahren.

Das Fleisch wird frisch oder gedörrt von vielen für ein schmackhaftes und gesundes Essen gehalten. Es hat zwar einen besondern Erdgeschmack und wildelet stark, verliert aber das unangenehme durch das Wässern, Einmachen, oder Räuchern und die Zubereitung. Sonst ist es zart und mürbe *), es müste denn von einem sehr alten Thiere seyn. Allemal ist es gar fett. Zum Einräuchern werden sie, wie die geschlachteten Schweine, mit heissem Wasser gebrühet und geschabet; andere balgen sie aus. Sie wiegen bis 16 Pfund. Das frische Fleisch und Fett in Wasser gekocht macht eine milchweisse Brühe. Man hält den Genuß des frischen oder gedörrten Fleisches, oder die Brühen davon, den Kindbetterinnen vom dritten Tag ihrer Niederkunft an für sehr gesund, und nicht blos unsere Bauernweiber haben diesen Glauben. Das Fett, welches zerlassen einem Oel gleichet, und nicht wieder gerinnt, soll innerlich genommen das Gebähren erleichtern, so auch das äusserliche Schmieren, und dieß zugleich die Nachwehen vertreiben, überhaupt bey Menschen und Vieh eine erweichende und schmerzstillende Kraft haben. Sie brauchen es oft mit gutem Nuzen in Verhärtungen des Euters oder der Strahlen bey Kühen; ferner bey dem Husten der Kinder, die Brust und die Fußsohlen damit zu salben, und in mehrern andern Fällen. Der frische Balg mit dem fetten Theil gegen den Leib gelegt soll für Rückenweh, und kalte Flüsse helfen, und mit den Haaren einwärts gerichtet, zusammengelaufene Milchknoten und Verhärtungen der Brüste bey Weibern vertheilen.„

Nachdem der vorhergehende Bogen bereits abgedruckt war, hatte der Herr D. Am Stein die Güte, mir in einem freundschaftlichen

*) „Ranzig ist das Fleisch nur dann, wenn es alt und verlegen ist.„

Schreiben einen Nachtrag zu obigen Nachrichten mitzutheilen, welchen weitere bey einem erfahrnen Murmelthierjäger eingezogene Erkundigungen um die Sitten und Lebensart des Murmelthieres, veranlaßten, und den ich, um die natürliche Geschichte dieses Thierchens so viel möglich vollständig zu machen, hier anzuhängen nöthig finde. "Auch dieser, "sagt der Herr Doctor, " nennet mir die Muttern als das vorzüglichste Futterkraut dieser Thiere [d]). Heu hat er sie selbst gesehen in ihre Hölen, und zwar mit dem Munde, eintragen; sie fassen es so, daß es wie ein Knebelbart zu beyden Seiten herausstehet, und streichen, was locker ist, mit ihren vordern Pfoten sorgfältig ab: sie scharren es also nicht bis vor die Mündung ihrer Höle zusammen; wie jemand vermuthet hat. Ihre Winterhöle ist nach diesem, simpler, und besteht aus einer Röhre, und aus der eigentlichen Höle, die er mit den Backöfen vergleicht, wie sie unsere Bauern vor den Häusern haben. Darinn liegen die Thierchen, so viel ihrer sind, rings herum eins am andern, und jedes zusammen gerollt. Die Höle sey sehr glatt und ordentlich, und ausser dem Zugange gänzlich beschlossen; der Fluchtgang, wovon ich im vorigen, nach andern Nachrichten, gesprochen, sey sicher nur etwas zufälliges, und wahrscheinlich währendem Nachgraben von einem oder zweyen Murmelthieren entstanden, die unterdessen wach geworden. Er hält auch für wahrscheinlicher, daß sie das Heu zum Lager alle Jahre ändern, man finde viel Heu unter dem Auswurf vor dem Bau, der sich von Jahr zu Jahr vergrössere und zu kleinen Hügelchen anwachse; sie graben gern unter einem Steine hinein. Von einem eigenen Gange zum Abtritt in den Winterhölen will er nichts wissen; sie haben es auch, sagt er, nicht nöthig, weil sie nichts mehr fressen, so bald sie sich zum Winterlager rüsten *). — Wenn sie aber im Frühjahr ausbrechen, da noch der

[d]) Ein ohnlängst hier durchreisender Bündtner gab mir das Genipi, oder die Achillea moschata JACQ. *flor. 5. p. 45. t. 33.* * HALL. *hist. stirp. Helv. 1. p. 48. n. 112.* als ein gewöhnliches Futter des Murmelthieres an. — Das unten erwähnte zahme Murmelthier zog aller andern Nahrung die Mandeln vor; nächst diesen fraß es gerne rohe Kastanien, Nüsse, Rosinen, getrocknete Zwetschen rc.

*) "Ueber diesen Punkt und über die Röhren des Winterbaues stimmen die Aussagen der darüber befragten Murmelthiergräber nicht überein. Einer sagt: es ge-

Schnee liegt, und sie die Sommerhölen noch nicht beziehen können, jedoch schon Nahrung suchen und brauchen, so könnten sie solchen vielleicht alsdann nöthig haben. — Ihr Magen und Gedärme seyen im Winter ganz leer und rein, wie ausgewaschen, und dies noch ehe sie sich schlafen legen: er habe in dieser Periode, weil sie dann am fettesten sind, viele mit Platten gefangen. Der Magen sey im Winter ganz klein, und wie zusammen geschrumpft. Fett habe er keines darinn angetroffen. In den Winterhölen haben sie nur Einen Zugang, in den Sommerhölen hingegen derselben viele, die man, wenn man ihnen Platten richtet, mit Steinen versperre. Man richte ihnen zugleich auf der andern Seite des Thälleins, wo sie auch ihre Fluchtlöcher haben, Platten, damit sie, wenn sie dort beym Herausgehen auch entwischen, hier bey ihrem Eingange gefangen werden; und in die leztern Fallen gerathen sie am gewissesten. Die Furcht, und die Begierde sich zu verbergen, macht daß sie dieser Nachstellung weniger gewahr werden. —

Noch muß ich anmerken, daß mir das Gewicht eines solchen Thierchens zu hoch ist angegeben worden. Wenn schon der Herr Graf von Büffon sagt, daß sie bis 20 Pfund schwer werden: so ist doch Herrn Daubenton eher zu glauben, welcher anmerkt, daß das so er zu seiner Beschreibung gebraucht hat, 6 Pfund gewogen habe. Auch 16 Pfund sollen sie nie wiegen, wohl aber 7, 8 bis 9 Pfund, (das Pfund zu 16 Unzen) und dieses mit dem Eingeweide, und im Herbste wo sie wegen des Fettes am schweresten sind." So weit der Herr D. Am Stein.

he eine einfache Röhre bis zur Höle, und man treffe nirgends keinen Unrath an. Ein anderer: die Röhre habe eine oder mehrere blinde Nebenröhren, und das seyen Fluchtlöcher; aber Unrath treffe man nirgends darinne an. Der dritte: die Röhre habe noch eine Nebenröhre ohne Ausgang, und in dieser werde Unrath gefunden, aus der Höle aber gehe ein Fluchtloch. — Zukünftige sorgfältige Untersuchungen werden entscheiden, an welcher Seite die Wahrheit liege, oder wie sich die so verschiedenen Berichte, übrigens glaubwürdiger Leute, etwan vereinigen lassen."

Ich habe seit dem Abdruck des vorhergehenden Bogens die hier seltene Gelegenheit gehabt, ein recht zahmes Murmelthier zu sehen, und mit der ausführlichen und in aller Rücksicht treflichen Beschreibung, die der Herr Professor Pallas von dem Bobuk bekannt gemacht hat, zu vergleichen. Da es zu späte war, meiner obigen Beschreibung des Alpenmurmelthieres dadurch die nöthige Vollständigkeit zu geben: so will ich das, was ich gesehen habe, hier nachholen.

Der Kopf ist auf dem flachen Scheitel mit angedrückten schwarzen und dazwischen durchstechenden weißgrauen Haaren bedeckt. Die Spize der Schnauze gelblich weißgrau. Die Oberlippe gespaltet, und bis an die Nase aufwärts gefurcht. Die Vorderzähne mit einer abgerundeten Spize versehen, die obern und untern auswendig pomeranzenfärbig. Die beyden Hälften der untern Kinnlade sind beweglich, so daß sich die Spizen der Vorderzähne von einander entfernen und einander wieder nähern können. Die Bartborsten sind von schwarzer Farbe. Ueber jedem Auge stehet eine schwarze Warze, und auf ihr viele schwarze Borsten, wovon zwo eine vorzügliche Länge und Stärke haben. Eine andere breite Warze befindet sich auf jedem Backen, auf welcher drey grössere und verschiedene kleinere Borsten zu sehen sind. Der Umfang derselben ist weißlich, schwarz melirt. Die Kehlwarze war unkenntlich. Die Augen sind von mäßiger Grösse, und stehen dicht an der Fläche des Scheitels. Die Ohren haben graue und weisse Haare, und hinterwärts kurze schwärzliche Bürstchen. Der Leib ist mit einer weiten schlaffen Haut umgeben, die sackförmig nach den Füssen herunter läuft. Der Hals und Rücken oben weißgrau, schwarz und weißgelblich melirt. Die Seiten des Halses, und des Leibes hinter den Vorderfüssen bräunlich gelb. Etwas dunkler das Ende des Leibes hinter den Hinterfüssen. Noch dunkler Kehle, Brust und Bauch. Die Vorderbeine äusserlich wie die Mitte des Rückens. Die Hinterbeine, wie die Seiten des Halses. Die Füsse oben auf, schmuzig weißgelblich. An der Fußwurzel jedes der vordern Füsse stehet eine Warze, auf der 5 bis 6 Borsten ihren Ort haben. Der Daumen an den Vorderfüssen ist konisch, und mit einem rundlichen undeutlichen Nagel versehen.

Die Klauen der übrigen Zehen sind ziemlich lang, gebogen, spizig, oben einigermaassen flach; die an den Hinterfüssen kürzer als die vordern. Der Schwanz, lichtbraun mit schwarzbraun melirt; an der Spize ganz schwarzbraun. — Die langen Haare kommen Büschelweise in mehrerer Zahl aus der Haut heraus.

2.

Der Monax.

Tab. CCVIII.

Mus Monax; Mus capite gibbo auriculato, rostro cærulescente, cauda longiuscula villosa, palmis tetradactylis, corpore gryseo. PALL. *glir.* *p.* 74. *n.* 2. Zimmerm. G. G. 2. S. 375. N. 299.

Mus Monax; M. cauda mediocri pilosa, corpore cinereo, auriculis subrotundis, palmis tetradactylis plantis pentadactylis. LINN. *syst.* *p.* 81. *n.* 8.

Glis Marmotta Americana; G. fuscus, rostro e cinereo cærulescente. BRISS. *qu.* *p.* 164. *n.* 5.

Glis Monax; G. corpore fusco, lateribus ventreque pallidioribus. ERXL. *mam.* *p.* 361.

Monax. EDW. *birds* 2. *t.* 104. Seligm. Vögel 4. Tab. 102. BUFF. *hist. nat.* 13. *p.* 136. *suppl.* 3. *p.* 175. *tab.* 28.

Maryland Marmot. PENN. *syn.* *p.* 270. *n.* 198.

Die Schnauze ist spiziger als am vorhergehenden. Die Spize der Schnauze und die Backen fallen aus dem grauen ins blauliche. Die Augen sind schwarz. Die Ohren kurz, rundlich. Der Rücken ist dunkelbraun und spielt ins grünliche; die Seiten des Leibes nebst dem Bauche, heller. Der Schwanz beynahe halb so lang als der Leib, langhaarig, schwärzlich. Die Füsse schwarz: die vordern vierzehig. Die Klauen lang und spizig. Die Grösse des Kaninchens *).

*) Edward.

Dieses Murmelthier bewohnt die südlichere Provinzen von Nordamerica, bis Pensilvanien, auch die bahamischen Inseln, und scheint seine Hölen in den Felsen zu haben; wenigstens verbirgt es sich in denselben, wenn es verfolgt wird. In den gedachten Provinzen, die am meisten gegen Norden liegen, schläft es im Winter unter holen Bäumen. Ob dis in den südlichern auch geschehe, ist unbekannt. Eben so wenig weiß man die Nahrung des Thieres weiter anzugeben, als daß sie überhaupt vegetabilisch ist. Das Fleisch ist schmackhaft, und wird mit dem jungen Schweinefleische verglichen [b]).

3.

Der Bobuk.

Tab. CCIX.

Mus Arctomys; Mus capite gibbo auriculato, cauda brevi villosa, palmarum ungue pollicari, corpore gryseo subtus luteo. PALL. *glir.* p. 98; p. 97. *tab.* 5. Zimmerm. G. G. 2. Th. S. 374. N. 296.

Glis Marmotta polonica; Glis flavicans, capite rufescente. BRISS. *quadr.* p. 165.

Bobak. RZACZINSKI *Pol.* p. 235. BUFFON. *hist. nat.* 13. p. 136. *t.* 18. (FORSTER. *phil. tr.* 57. p. 343. PENN. *syn.* p. 268.

Swistsch; Bobuk; polnisch. Baibak; in der Ukraine. Suròk; Russisch. Suûr; Sugur; Suwer; Tatarisch. Tarbagàn; Mongolisch. Bschà; Mongolisch.

Der Kopf ist auf dem Scheitel platt, glatthaarig, bräunlich. Die Schnauze dick, kurz, stumpf, dunkelbraun, die Backen dicke, blaßgelblich. Die Nase und der Umfang des Mundes, schwarz; jene erhaben. Die Oberlippe der länge nach in der Mitte gefurcht. Die Vorderzähne groß

b) Catesby.

groß, platt, die obern sowohl als untern abgestuzt, doch so daß die Schneide einen Bogen macht; jene der Länge nach seicht gefurcht, auswendig von weißer Farbe, diese auswendig gelb. Die Bartborsten kurz, in fünf Reihen vertheilt; schwarz. Das Haar zwischen denselben gelbbräunlich. Eine Warze vorn über jedem Auge, mit vielen schwarzen Haaren oben darauf. Eine auf jedem Backen überzwerch, mit drey größern und verschiedenen kleinern Haaren. Eine an der Kehle, die in der Mitte eine weisse und an jeder Seite zwo schwarze Borsten hat. Die Augen sind klein, der Stern braun. Die Ohren klein, eyförmig, dick, weich, mit gelblichweissen Haaren bedeckt, die am Rande länger sind.

Der Leib ist kurz und dick, die Haut weit, mit härtlichem nicht dichten Haar bedeckt, welches auf der untern Fläche des Körpers besonders weitläufig stehet. Die Haare kommen büschelweise, drey und mehr beysammen, aus der Haut heraus. Auf der Kehle läuft eine kurze, und über die Brust und den Bauch eine lange Haarnath längs hin. Auf dem Rücken sind die kürzern Haare gelblich, die längern schwarz, oder dunkelbraun mit blaßgelblicher Spize; welches diesem Theile der Oberfläche ein gewässertes Ansehen gibt. Eben so die äussere Oberfläche der Beine. Die Kehle, der Bauch und die innere Oberfläche der Beine sind gelbbräunlich. Der Säugwarzen sind am Weibchen achte.

Die Beine sind kurz, mit einer sehr weiten Haut umgeben. An jeder vordern Fußwurzel stehet eine Warze mit einer einzelnen Borste. Die Fußsolen sind kahl, und das Thier tritt ganz auf sie auf. An den vordern Füssen sind der Zeehen viere, woran sich lange rundliche unten flache schwarze Klauen befinden; und ein kurzer Daumen mit einem stumpfen Nagel. An den hintern Füssen sind fünf Zeehen, mit kürzern unten ausgehöhlten Nägeln. Der Schwanz ist kurz, gerade, geringelt, aber mit langen nach beyden Seiten hinausstehenden Haaren dicht bedeckt, so daß man die Ringe nicht siehet; von Farbe an dem Leibe zu unterst gelbbraun, größtentheils gelblich, von der Mitte an schwärzlich, an der Spize schwarz. Die Länge des Leibes 16 Zoll, des Schwanzes 4 Zoll 4 Lin. und mit dem

Haar 5 Z. 4 Lin. Gewicht 8—10 Pfund, doch wiegen die größten in Dauurien bis 14 Pf. Apoth. Gewicht [a]).

Spielarten sind noch keine hauptsächliche bemerkt worden, wenn man nicht die Bobuke des östlichen Sibiriens dafür rechnen will, die längere Haare und wegen der häufigern Spizen derselben eine schwärzlichere Farbe haben. Es gibt jedoch fast schwarze, wie auch weisse Bobuke [b]).

Dis Murmelthier wohnt auf freyen sonnigten trocknen Anhöhen und Bergrücken von mäßiger Höhe, sonderlich in schiefrigem Sandstein, doch auch in höherem kalk- oder mergelartigem trocknerem Boden; von disseits des Dnepers an durch das mittlere und gemäßigtere Asien hin bis in China und Kamtschatka hinein, in einer Breite, die noch nicht bis an den 55ten Grad hinan reicht. Es gräbt überaus tiefe Röhren, die schräge wohl drey und mehr Klaftern hinunter gehen, und zuweilen durch Nebenröhren zu mehrern Kammern, zuweilen auch nur zu einer einzigen führen. Aus manchen Kammern gehen auch Fluchtröhren in die Höhe. Es gräbt bis in das Gestein und bringt bisweilen Kupfer-Sanderze mit in die Höhe; was es loswühlt, bringt es vor die Mündung der Röhre, wo es ein Häufchen macht. In felsigtem harten Grunde arbeiten diese Thiere mehr gemeinschaftlich, und man findet in solchem innerhalb einer Röhre, die gedachtermaaßen zu mehreren Kammern führt, ihrer wohl 20 bis 40 beysammen. In milderem Grunde hingegen wohnen sie einzeln oder in geringerer Anzahl. Doch sind öfters ihre Röhren dicht bey einander. Ihre Nester stopfen sie mit einer Menge des feinsten zärtesten Heues voll, und man hört auch in Rußland erzählen, daß eins von den übrigen dabey anstatt des Wagens gebraucht würde; wiewohl es eben so wenig hier als anderwärts jemand gesehen hat.

Am Tage, besonders Morgens und Mittags, wenn die Sonne warm scheinet, kommen sie hervor, fressen und spielen, doch ohne sich weit von

a) Pallas.

b) Gmel. R. I. Th. S. 30. Pallas nord. Beytr. 2. Band S. 344.

ihren Löchern zu entfernen. Sobald sie einen Menschen oder ein Thier erblicken, nehmen sie ihre Zuflucht zu ihrem Loch, vor oder in welchem, je nachdem die Gefahr sich nähert, das erschreckte Thierchen sizt und pfeift, auch wohl für Furcht den Pfif verdoppelt. Man will auch hier bemerkt haben, daß eins vor dem Loche size und lausche, indem die übrigen weiden, und also gleichsam eine Schildwache vorstelle.

Die Nahrung des Bobuks besteht nie in Fleischwerk, sondern immer in allerley Gewächsen, Melden, Wegetritt, Wegerich, Schaafgarben, wozu noch, aber sparsamer, gewürzhaftere Arten, Salbeyen und Quendel, kommen. Im südlichen Rußland ist sie der lange Erdbeerspinat *), in Dauurien die Wurzeln von niedrigen Schwerdteln **), welche sie auch häufig eintragen. In der Gefangenschaft fressen sie gern Kohl, schwarzes Brod und Aepfel. Wasser saufen sie nicht, wohl aber ihren Harn, und Milch wenn man sie ihnen gibt. Fressen auch die von dem Regen nasse Erde auf den Steppen.

Sie vertragen sich, ohne Unterschied des Geschlechts, sehr gut; fremde aus verschiedenen Orten zusammengebrachte zwicken sich zuerst, gleichsam zum Willkommen, sanft mit den Zähnen, und gewöhnen sich bald vollkommen an einander. Um das Futter streiten sie niemals, wenn gleich eines dem andern es vor dem Maule hinweg aus den Vorderfüssen nimmt. Daher können ihrer auch, in futterreichen Gegenden, viele, in einem einzigen Bau, friedlich beysammen wohnen.

Sie scheinen etwas später hizig zu werden, als die Ziesel; doch findet man in dem südlichen, wärmern Rußland schon im Junius halbwüchsige Junge. Wie viel ein Weibchen auf einmal werfe, weiß man nicht gewiß; vermuthlich mehrere, doch trift man viele mit nur einem Jungen an. Die Weibchen sind zahlreicher, als die Männchen, und die Art vermehret sich also stark, wenn sie gleich nicht viele Junge aufbringen.

*) Blitum virgatum LINN. **) Iris.

Gefangene Bobuke werden, wenn sie erwachsen sind, innerhalb einiger Tage, junge aber sogleich zahm. Alte Männchen verlernen jedoch das Beissen nicht ganz. Sie gewöhnen sich so an den Menschen, daß sie kommen, und sich sizend an der Kehle und auf der Brust krazen lassen. Dis haben sie gern, und dehnen sich dabey, zwicken aber die Hand sanft mit einem grunzenden Murren, die sie unter den Achseln kizelt. Auf dem Rücken lassen sie sich nicht gern angreifen, sondern laufen mit Grunzen davon, wenn es unvermuthet geschiehet, oder richten sich auf die Hinterfüsse, welches sie auch thun, wenn sie erschrecken oder zornig werden, da sie zugleich einen wiederholten sehr hohen Pfif hören lassen. Sie vertheidigeu sich sizend mit den Vorderfüssen, womit sie auch den Stock abwehren, beissen aber selten. Sie sizen oft auf den Hinterfüssen. Die Speisen fassen sie mit den Händen. Im Sommer sind sie gefrässig, geniessen aber im Winter, und überhaupt wenn sie fett sind, nur wenig. Wenn sie im Anfange viel Milch genießen, so werden sie krank davon und bekommen den Durchfall; in der Folge nehmen sie wenig von diesem Getränke. Ihres Unraths entledigen sie sich, mit gekrümmtem Leibe und aufgehobenem Schwanze, an einem gewissen Orte, gleichwie sie auch in dem Bau eine dazu bestimmte gemeinschaftliche Röhre haben. Er ist rundlich und dem des Hasen ähnlich. Wenn sie erschrocken sind, so laufen sie hüpfend, mit aufgerichtetem Schwanze davon, aber ungeschickt, daß sie überall anstossen. Durch niedrige Löcher, wo sie nur zur Noth den Kopf durchbringen können, zwängen sie den Leib mit Anwendung vieler Kraft hindurch. Mit den Hinterfüssen krazen sie sich oft, puzen sich aber mit den Vorderfüssen selten. Sie schlafen kugelförmig auf den Hinterfüssen sizend, mit gekrümtem Leibe, und zwischen den Füssen versteckter Schnauze. In Ermangelung eines Schlupfwinkels bereiten sie sich ein Bette von Werg, Wolle ꝛc. welches sie alle Abende zurechte machen. In kalten Nächten steigen sie gern in die Betten.

Im Herbste suchen sie sich zu verbergen, und bereiten sich zum Winterschlaf ein Lager, in der Wildniß, wie gedacht, in ihren Röhren von feinem Heu, in der Gefangenschaft aber in irgend einem Winkel, von allerley weichen Dingen. Darauf liegen sie den ganzen Winter betäubt, ohne etwas zu sich zu nehmen. In dem Hause, besonders an einem warmen

Orte aufbehalten, schlafen sie zwar nicht immer, kommen aber doch wenig zum Vorschein, geniessen nicht viel Speise, leeren aber doch von Zeit zu Zeit den Leib aus. Mit dem Frühlinge verlassen sie ihr Winterlager. Die vorher zahm waren, sind dann wieder wilder.

Die Kalmücken fangen diese Thiere in sackförmigen weitschichtigen Nezen von pferdehärnen Schnuren, die vorn ein wohlverwahrtes Loch haben, wodurch der Kopf durchgehet. Ein solches Nez wird vor das Loch eines Bobuks bevestigt. Wenn nun dieser herauskommt, so geht er in seiner Dummheit getrost in das Nez, steckt den Kopf vorn zum Loche und die Füsse zu den Maschen heraus, und kan dann wohin man will getragen werden. In Rußland geschicht der Fang mit Fallen, die aus einem vor dem Loche aufgestellten abgeschärften und mit Rasen beschwerten Balken bestehen, der, wenn das Thier herauskommt und das Stellholz hinwegstößt, auf selbiges fällt und ihm das Kreuz einschlägt. Sie werden auch mit Wasser aus ihren Bauen vertrieben und gefangen. Das Fleisch wird von den Kallmücken, Kosaken und gemeinen Ukrainern gegessen, und schmeckt gekocht und gebraten gut, wenn es nicht zu fett ist. Das Fett wird zu Bereitung des Leders, und die Bälge zu Pelzen gebraucht, aber nicht sonderlich geachtet [c]).

4.

Das kanadische Murmelthier.

Tab. CCX.

Arctomys Empetra.

Mus Empetra; M. capite gibbo auriculato, cauda villosa brevi, palmis tetradactylis, corpore supra vario subtus rufo. PALL. *glir.* *p.* 75. *n.* 4. Zimmerm. Geogr. Gesch. 2. S. 375. N. 298.

Glis canadensis; G. corpore griseo, ventre cruribusque aurantiis. ERXL. *mamm.* 363.

c) Pallas.

Quebec Marmot. PENN. *syn.* *p.* 270. *sp.* 199. *t.* 24. *f.* 2. *hist.* *p.* 397. *n.* 259. *tab.* 41. *fig.* 2.

Das kanadische Murmelthier. **Forster** Beytr. zur Länderkunde 3. S. 192. *Phil. transact.* 62. *p.* 378.

Der Herr Collegienrath Pallas, dem ich die Abbildung dieses Thieres zu danken habe, beschreibt es an dem oben angeführten Orte nach einem Exemplar in dem Leydener Naturaliencabinet folgendermaassen: In der Grösse stehet es zwischen dem Alpenmurmelthier und Ziesel in der Mitte, und kömmt der Cavia Paca bey. In der Gestalt gleicht es dem Alpenmurmelthier oder Bobuk völlig. Die Länge beträgt ohngefehr einen Fuß. Der Kopf ist oben schwarzbraun, an den Seiten weißlich. Die Vorderzähne sind groß, unbedeckt wie am Murmelthiere, vorn nicht gelb. Die Ohren klein, kahl, rundlich, kaum länger als die Haare. Warzen hat es mehrere zerstreute; die über den Augen, und auf den Backen, sind mit zwo Borsten und weißlichen Haaren besezt; die an der Kehle trägt nur eine Borste. Der Leib ist auf der untern Fläche, gleichwie die Beine, röthlich - rostfärbig; auf dem Rücken dunkelbraun, und da die Spizen der Haare gelblichweiß fallen, mit dieser Farbe gleichsam wellenförmig überlaufen. Die Füsse fallen aus dem Dunkelbraunen ins Schwarze; die Klauen dunkelbraun. An der vordern ist keine Spur eines Daumen. Der Schwanz hat eine Länge von dritthalb Zollen, die Farbe des Rückens, aber eine schwarze Spize.

Herr Pennant gibt diesem Thiere, dessen Beschreibung er nach einem lebendigen Stück aufgesezt hat, die Grösse des Kaninchens und drüber, und beschreibt das Haar zu unterst grau, in der Mitte schwarz, an den Spizen aber weißlich. Die untere Seite und die Beine nennet er pomeranzenfärbig. Die Zeehen schwarz und kahl, und den Schwanz dunkelbraun. An den Vorderfüssen hat er die Spur eines Daumen gefunden.

Der Herr Prof. Forster sagt, das Thier welches er gesehen, sey kleiner als ein Kaninchen und vielleicht noch jung gewesen; die Farbe auf dem Kopfe beschreibt er nußbraun, den Rücken weißlich, schwarz und gelblich braun gesprenkelt, die Beine und den ganzen Unterleib hell eisenfarb, den Schwanz an der Spize schwarz. Die Länge bis zum Schwanze eilf und die des Schwanzes drey (vermuthlich englische) Zoll. — Die Farbe der untern Fläche und der Beine scheint hier einen grossen Unterschied auszumachen. Doch nimmt der Herr Collegienrath Pallas dieses Thier für nicht von dem kanadischen Murmelthier verschieden an, und der Herr Professor sezt den Pallasischen Namen unter die Synonymen desselben.

Dis Thier bewohnt Canada bis in die bekannten nordlichsten Gegenden hinauf, und ist vielleicht eben das, welches wegen seines pfeifenden Lautes von den Franzosen Pfeifer (Sifleur) genannt wird [a]).

5.

Das bereifte Murmelthier.

Hoary Marmot. PENN. *hist.* 398. [*n.* 261. Zimmerm. Geogr. Gesch. 3. S. 274.

Eine der neuen vom Herrn Pennant bekannt gemachten Thierarten. Die Spize der Nase ist schwarz. Die Ohren kurz und oval. Die Backen weißlich. Der Scheitel dunkelbraun und hellbraun. Das Haar ist grob und lang; auf dem Rücken, an den Seiten und auf der untern Fläche, zu unterst aschgrau, in der Mitte schwarz und an der Spize weißlich, so daß das Thier wie mit Reif überzogen aussiehet. Die Beine sind schwarz. Die Klauen dunkelbraun. Vier Zeehen an den vordern, fünfe an den Hinterfüssen. Der Schwanz schwarz, mit untermengter Rostfarbe. In der Statur gleicht es dem Monax.

Es bewohnt die nördlichern Gegenden von Nordamerica.

a) DE LA HONTAN *Voy.* I. *p.* 233.

6.

Der Ziesel.

Tab. CCXI. A. B.

Arctomys Citillus.

Mus Citillus; M. capite gibbo, auriculis nullis, cauda brevi villosa, corpore vario. PALL. *nov. comm. Petrop.* 14. *p.* 549. *tab.* 21. *f.* 1. 2. *glir. p.* 76. 119. *tab. VI. VI. B.* Zimmerm. Geogr. Gesch. 2. S. 374. N. 297.

Mus Citellus; M. cauda abbreviata, corpore cinereo, auriculis nullis. LINN. *syst. p.* 80. *n.* 4.

Mus Suslica. GÜLDENST. *nov. comm. Petrop.* 14. *p.* 389. *t.* 7.

Mus noricus s. Citillus. AGRIC. *subt. p.* 485. GESN. *quadr. p.* 835. RAI. *quadr. p.* 220. RZACZ. *pol. p.* 235. *auct. p.* 327.

Citellus. SCHWENKF. *Sil. p.* 86. ALDR. *dig. p.* 436.

Cuniculus germanicus; C. caudatus, auriculis nullis, cinereus. BRISS. *quadr.* 147. *n.* 6.

Glis Citellus; G. auriculis nullis. ERXL. *mamm. p.* 366.

Orientalischer Hamster. GMEL. *Reise* 1. *p.* 30. *t.* 5.

Casan Marmot. PENN. *syn. p.* 273. *n.* 201. *t.* 25. *f.* 1.

Earless Marmot. PENN. *syn. p.* 276. *n.* 203. *hist. p.* 403. *n.* 263. *t.* 42. *f.* 1.

Zisel. BUFF. *hist.* 15. *p.* 139.

Souslic. BUFF. *hist.* 15. *p.* 144. 195. *Suppl.* 3. *p.* 191. *tab.* 31.

Tsitsjan. LE BRUYN *voy. en Mosc.* 2. *p.* 402. *fig.*

Zisel. Zeisel. Teutsch. Erdzeisel. KRAM. *anim. austr. p.* 316. mit einer nicht hierher gehörigen linneischen Benennung.

Sisel.

Sisel. Böhmisch.

Susel. Polnisch.

Suslik. Russisch.

Avraschka. Bey den Kosacken.

Jevraschka. Bey den Russen in Sibirien.

Jemuranka. Bey den Russen in der Gegend Barnaul.

Dshumburà. Mongolisch und Kalmückisch.

Dsumbra, Suurma. Bey den wolgischen Kalmücken. Sumura. Burättisch.

Dshymmuran, Dshymron. Tatarisch.

Simral, Imral. Morduanisch.

Sakildau-tskàn. Bey den Kirgisen.

Jyrgàn. Bey den Krasnojarischen Tataren. Yrka. Koibalisch. Yhrugäh. Jakutisch. Syräth. Kamtschadalisch.

Schilà. Korákisch.

Der Kopf ist dick. Die Nase schwärzlich, oben mit feinen Härchen bedeckt. Die Schnauze fast konisch. Stirn und Scheitel platt. Die Oberlippe gespalten, die Unterlippe sehr kurz. Die obern Vorderzähne gelblich, die untern weiß. Der vorderste Backenzahn in der obern Kinnlade etwas kleiner als die übrigen, konisch. Die hintersten oben und unten die größten. Sämtliche grössere Backenzähne spizzackig, fast wie sie es bey den Raubthieren zu seyn pflegen. Die Backen schlaff, in denselben Taschen (wie in dem Hamster), die bey einigen grösser und weiter, bey andern dieses weniger sind. Die Bartborsten schwarz und kürzer als der Kopf. Vier ähnliche kürzere Borsten über dem Auge und viere auf dem Backen. Die Augen groß, hervorstehend, von brauner oder schwarzer Farbe. Statt der äussern Ohren, nur ein dicker behaarter Wulst, der das Ansehen hat, als ob die vorher abgeschnittenen Ohren sich wieder vernarbt hätten. Der Körper oben vorwärts gehöhlt, hinterwärts gewölbt; unten weniger bauchigt, als der vom Murmelthiere. An der Daumenwarze, eine konische ziemlich hervorragende Klaue. Die übrigen Klauen der vier Zeehen der Vorder- und der fünf Zeehen der Hinterpfoten groß, schwarz und spiz. Der etwas geringelte Schwanz gewöhnlich kürzer als die Hinterfüsse, und mit langen, besonders zu beyden Seiten auslaufenden Haaren bekleidet, die das Thier, gleich dem Eichhorne, nach Belieben ausbreiten kann. Die Haare weich, glatt, kaum einen halben Zoll lang, am Kopfe etwas stärker, zwischen welchem noch anderes, wolliges, auf dem Rücken weisses, und am Bauche bräunliches Haar stehet. Die Farbe ist an den häufigen Spielarten, die von diesem Thiere bemerkt werden, sehr verschieden, worunter sich besonders folgende drey auszeichnen:

Der **gewässerte Ziesel** Tab. CCXI. A. ist oberwärts weißlichgrau mit braun oder gelb gemischt, und zwar wellenförmig, oder fast wie die Rebhünerfedern gewässert. Der Scheitel von gleicher Farbe, wie der Rücken, oder dunkler grau; der übrige Kopf, Hals und Füsse röthlichgelb, um die Nase und Augen dunkler. Die untere Seite des Körpers blaßgelblich. Er ist ziemlich groß, und unterscheidet sich noch durch seinen längern Schwanz, der lange graue und braune Haare hat, und in seiner Gestalt dem Schwanze des Eichhorns nahe kommt.

Der **geperlte**, wie ihn der Herr Collegienrath Pallas nennt, oder **gefleckte Ziesel** Tab. CCXI. B. ist von dem vorigen durch seinen gräulich braunen und mit weißlichen Flecken ziemlich gleichförmig besäeten Rücken, merklich verschieden. Dabey ist die untere Fläche und Seite des Kopfs, wie auch die untere Fläche des Körpers (und zwar hinter den Vorderfüssen bis an die Seite herauf) dann die vordern Füsse, und die vordere Seite der hintern weißgelblich, die Gegend zwischen der Nase und den Augen aber gelbbräunlich. So sehen auch die Hinterfüsse hinterwärts aus. Die Augen umgibt eine weisse Einfassung. Er hat einen kürzern gelbbräunlichen und weniger behaarten Schwanz, und eine mittlere Grösse.

Der **gelbliche Ziesel** endlich ist gewöhnlich graugelb, und entweder gleichfärbig, oder er nimmt von den vorigen bald etwas gewässertes, bald etwas gefleckte an; unten schmuzig weiß, und am Kopfe dazwischen bräunlich. Der Schwanz gewöhnlich kurz und gleichfärbig. Dieser Ziesel hat das Besondere, daß er bald in der Grösse beynahe eines Murmelthiers, bald in der einer Wassermaus, und also in Riesen- und Zwerggestalt gefunden wird [a]). Länge eines männlichen gewässerten Ziesels ohne Schwanz 9 Zoll 9 Linien, Schwere 16 Unzen [b]).

Aus den europäischen Ländern scheint der Ziesel nach und nach durch die Kultur verdrängt worden zu seyn; doch zählt ihn Konrad Geßner [c]) noch unter die Böhmischen und Schwenckfeld unter die Schlesischen [d]), Kramer aber unter die österreichischen Thiere der Wiener Gegend [e]), und in Pohlen sollen sie sich noch in dem weniger angebaueten Podolien und Wollhynien befinden [f]). Desto häufiger aber sind sie im mittäglichen Rußland, im ganzen mittäglichen Sibirien bis an den Amur und Lena, über den schwarzen, mäotischen und kaspischen Meeren; durch die grosse Tatarey; in Kamtschatka [g]), und auf den Inseln zwischen Kamtschatka und Amerika [h]). Auch ausser dem russischen Reiche sollen sie im mittäglichen Asien bis nach Indien und Persien sich ausbreiten [i]). In diesem grossen Erdstriche findet man insbesondere von den eben beschriebenen Spielarten, den gewässerten Ziesel, der bey Samara am schönsten ist, von der Wolga an bis an den Baikal. Weiter hin wird er blässer und mit unter mehr oder weniger gefleckt. Der geperlte selbst aber ist um den Don

a) Es ist wohl nicht zu verwundern, daß ehe noch der Herr Kollegienrath Pallas die Geschichte des Ziesels in ein helleres Licht gesezt hat, häufige Fehler von den Thierbeschreibern in Ansehung ihrer begangen worden sind. Man sehe hierüber den von diesem Thiere handelnden Artikel in den fürtreflichen *Nov. sp. Glirium* nach.

b) Pallas.

c) *Theriotr. Siles. p.* 86.

d) *Quadrup. p.* 835.

e) KRAMER *elench. veg. et animal. Austr. p.* 316. wiewohl mit Anführung eines nicht passenden linneischen Nahmens.

f) RZACZINSKY *hist. nat. Pol. p.* 235.

g) KRASCHENINIKOF *Vol. VII. p.* 217. teutsch Uebers. S. 119. Steller Beschreib. von dem Lande Kamtschatka. S. 126.

h) Steller a. a. O. Pallas nord. Beytr. 2 Band. S. 316. 3 B. S. 282.

i) DE BRUYN *Reize over Moscovie door Persie en Indie. p.* 430. Zimmermann Geogr. Gesch. 2 Th. S. 8. Vergl. Pallas.

und im kasanischen Reiche in den westlichen Gegenden der Wolga zu Hause. Merkwürdig ist es, daß er über der Wolga und tiefer im südlichen Sibirien nicht mehr, und doch endlich wiederum jenseits der Lena gar gewöhnlich gefunden wird. In andern, besonders heissern Gegenden hält sich endlich die dritte gebliche, von jenen beyden bald mehr bald weniger abweichende Spielart auf, und unter dieser wiederum die sehr grosse am untern Jaik; die ganz kleine aber an den Ufern des kaspischen Meeres, wo der Jaik und Yemba [k]) hineinfallen, so daß sie ihrer ganz verschiedenen Grösse ohnerachtet doch ziemlich nahe Nachbarn sind.

Sie lieben besonders das freye Feld, trockne erhabene ungebauete [l]) Gegenden; rasigten oder leimigten [ll]) nur mit kurzem Grase bewachsenen Boden; doch nehmen sie auch leicht mit dürrem, feuchtem, salzigem, sandigem und selbst felsigtem vorlieb. Nur Wälder und Sümpfe vermeiden sie. Dagegen halten sie sich an öffentlichen Strassen gerne auf, und wo sie einmahl einen bequemen Aufenthalt haben, da sind sie so häufig, daß sie hin und wieder ganze Strecken untergraben [m]).

Jedes dieser Thiere bewohnet seine eigene, selbst gegrabene oder von andern verlassene Höle. Die Hölen selbst liegen einige Spannen tief unter der Erde, und zwar die der Weibchen viel tiefer, als die der Männchen, so daß man jene, wenn die Thiere eben Junge haben, zu anderthalb Klafter tief findet. Sie haben ohngefähr einen Schuh im Durchmesser, sind gewölbt, länglich rund, und mit trockenem Grase ausgefüttert. Zu ihnen führen, je nachdem ihre Bewohner mehr oder weniger Winter erlebt haben, auch mehr oder weniger Gänge, wovon aber nur einer offen, die übrigen hingegen mit Erde geschlossen sind; doch nicht so ganz, daß man nicht von aussen noch die Eingänge dazu sollte bemerken können. Diese Gänge

k) Pallas.

l) Bey anhaltender Dürre und Miswachs ihrer gewöhnlichen Nahrungsmittel suchen sie die Getreidefelder heim. Lepechins R. I. Th. S. 242.

ll) In leimigten Grabhügeln an der Samara quartieren sie sich gern ein, weil sie dort vor dem Eindringen des Regenwassers sicher sind. Pall. R. I. Th. S. 221.

m) Pallas Reise 2 Th. p. 676.

laufen von verschiedenen Seiten her, nach Beschaffenheit des Bodens und der Lage der Höhle tiefer oder seichter, in allerley Krümmungen zu derselben. Der offene ziemlich enge und unter dem Grase verborgene Gang, dienet dem Thiere des Sommers zu seinem Ein- und Ausgange in die Höle. Gegen den Winter verschüttet es diesen mit Erde, gräbt sich anderwärts einen neuen aus der Höle bis an den Rasen hindurch, und verschläft dann den Winter betäubt und ohne Nahrung, in seiner Höle. Wenn es durch die Wärme des Frühlings wieder erweckt wird, so bricht es den neuen Gang vollends durch, und bedient sich nun dessen bis zum folgenden Winter, wie des vorjährigen. Die Löcher der verschütteten Gänge stehen gemeiniglich ein Paar Schritte von einander ab, und da sie wegen des davor liegenden von dem Thiere ausgeworfenen Erdhäufchens sichtbarer als die offnen sind, so verrathen sie nicht nur die Höle selbst, sondern auch wie viele Jahre lang sie schon dem Bewohner gedient haben.

Die Nahrung der Ziesel ist Weizen, Korn, Hafer n); zärtere Kräuter, als Klee, Wegtritt o), Geisklee p), strauchende Robinie q) und einige Tetradynamisten; ferner Affenbeeren r), Mehlbeeren s), allerley Wurzeln u. d. g. Pallas fand in ihren Hölen Ueberbleibsel von Mäusen und Vögeln, und auch die zahmen bezeigen zu thierischen Speisen viel Lust, so wie zur Milch. Sie trinken wenig und leckend, den Schnee aber, den die Eichhörner lieben, mögen sie nicht.

Im September, wenn die Kälte eintritt, wo sie am fettesten sind, werden sie träge und schläfrig, und ziehen sich schon erwähnter maassen in ihre Hölen zurück, verschliessen ihren bisherigen Gang, graben den zukünftigen bis an den Rasen, und überlassen sich dann dem Winterschlafe t).

n) Auch Erbsen, Leinsaamen, Hanf ꝛc. die sie alle besonders einlegen. BUFF. *supplem. III. p.* 192.

o) Polygonum aviculare L.

p) Cytisus volgensis L.

q) Robinia fruticosa L.

r) Empetrum procumbens L.

s) Arbutus Vva Vrsi L.

t) Um Jakutsk quartiren sie sich, nach des ältern Herrn Prof. Gmelins Bericht, im Herbst in die Kornbehälter ein, erstarren daselbst nicht, sondern zehren den Winter hindurch von ihren Vorräthen.

Im ersten Frühlinge aber, so bald nur der Schnee geschmolzen ist, also an einigen Orten früher, an andern später, durchbohren sie ihren neuen Gang vollends, und kommen aus ihren Winterquartieren hervor, eben so mager, als fett sie solche bezogen haben. Nach einem weisen Instinkte gehen sie dennoch nur ganz allmählig an ihre Nahrung, und werden bald wiederum fett. Bey kaltem und Regenwetter verschlafen sie die meiste Zeit in ihren Hölen, und um das noch ungestörter thun zu können, tragen sie sich vorher, wenn sie es ahnden, einigen Vorrath in ihren Backentaschen ein, die sich daher nach Maasgabe dessen erweitern. Dagegen verlassen sie ihre Hölen an warmen Tagen schon mit Sonnenaufgange, streifen den ganzen Tag herum, suchen Nahrung, ruhen dazwischen an der Sonne aus, oder spielen, Männchen und Weibchen zusammen, wobey die Eifersucht unter den Männchen manchmal harten Kampf verursacht. Sie sehen sich oft auf den Hinterfüssen sizend neugierig um, und wo sie Gefahr befürchten oder bemerken, ziehen sie sich, auf ein durch Pfeifen gegebenes Zeichen, eilends in ihre Hölen zurück. Sie werden so leicht zahm, daß, wie Herr Pallas versichert, bey alten nur ein Tag, und bey jüngern nur einige Stunden nöthig sind, um sie an Kettchen und an die Gesellschaft der Menschen zu gewöhnen; doch gilt dies mehr von den Männchen, denn die Weibchen, die von Natur beissiger und schlimmer sind, besonders die ältern, legen ihre Wildheit nie ganz ab. Sie sind etwas lebhafter, als die Murmelthiere, haben aber sonst in ihren Sitten viel ähnliches mit ihnen. Die kleinern Speisen nehmen sie mit dem Munde, die grössern Bissen aber mit den Vorderpfoten auf, da sie sie dann auf den Hinterpfoten sizend zernagen. Nach der Mahlzeit puzen sie sich sehr artig und emsig, mit den abgeleckten Vorderpfoten, und kämmen sich gleichsam den Pelz aus.

Sie laufen hüpfend, schlupfen durch alle Oefnungen, wo nur der Kopf durchkommen kan, richten sich zuweilen auf die hintern Füsse auf, um sich umzusehen u. s. f. Sie schlafen auf den Hinterfüssen sizend, und mit zusammen geballtem Körper, die ganze Nacht nicht nur, sondern, zumahl bey stürmischer Witterung und vollem Magen, auch am Tage, und überaus fest. Ihr Laut ist überhaupt pfeifend und scharf; die an sich stillen Männchen lassen ihn nur, wenn sie gereizt oder erschreckt werden, hören; die geschwäzigern Weibchen hingegen, deren Ton schwächer und kläglicher ist, beynahe so oft sie beunruhiget werden. Sonderbar ist es, daß auch der Laut dieser Thiere, nach ihren Wohnplätzen, wie sie selbst, verschieden ist.

Sie begatten sich im März oder April, in den kältern Gegenden an der Lena im May. Ohngefähr 20 bis 30 Tage nachher, also noch im April oder zu Anfange des Mayes, bringen sie drey, vier, sechs bis acht Junge, die nach Verhältniß der Grösse der Mutter, grösser oder kleiner, blind, nackt, weißlich und ziemlich unförmlich sind. Sie wachsen aber bald heran, und in einem Monate sind sie schon halb so groß als ihre Mütter. Gleichwohl verlassen sie erst im Sommer die Wohnungen der leztern, und so ähnlich sie alsdann schon jenen sind, so verrathen sie doch ihr grösserer Kopf und ihre Ungeschicklichkeit leicht. Um dieser leztern willen, werden viele derselben ein frühzeitiger Raub der Feinde ihres Geschlechts, der Iltisse, der grossen und kleinen Wiesel u.d.gl. die sie auch, besonders des Nachts im Schlafe, überfallen. Ausser diesen Feinden, machen noch verschiedene Falken, und auf die jüngern sogar Krähen und Reiher Jagd.

Sie werden entweder in Schlingen oder Fallen [u]) gefangen, oder ausgegraben, oder endlich, durch in die Hölen gegossenes Wasser, aus selbigen herausgelockt.

Das Pelzwerk ist im Frühjahr, wo es gute Haare und keine Fettigkeit hat, am besten und sehr wohlfeil. Daher werden auch nur die vorzüglich schön gefleckten, die in Sibirien an dem Lenastrom zu Hause sind, als Kaufmannswaare an die Chineser verhandelt, die ihre Bälge selbst theurer als die der grauen Eichhörner bezahlen. Die Korjäcken und Kamtschadalen bedienen sich derselben schon lange wegen ihrer Schönheit und Leichtigkeit zu Sommerkleidern. Bey ihnen sind sie so wohlfeil, daß das Tausend Bälge nur acht bis zehn Rubel kostet.

Einigen Sibirischen Völkern ist ihr Fleisch ein Leckerbissen, zumal im Herbste, wo sie sehr fett sind, und selbst den vornehmern Kalmücken, die

u) Georgi R. I. Th. S. 161.

ihnen noch eine besondere Zubereitung mit ihrem Milchbrandwein zu geben wissen, schmecken sie so gut als ein Ferkel x).

Der Ziesel ist übrigens schon den Alten bekannt gewesen. Allem Ansehen nach ist er das Thier, welches sie Mus ponticus y) nannten, und die Maus, in deren Pelzwerk die zwischen den Riphäischen Gebirgen und dem Pontus wohnenden Scythen sich kleideten z), welche die Parther σίμωϛ nenneten a); ein Name, der mit dem oben angeführten tatarischen und kalmückischen des Ziesels die auffallendste Aehnlichkeit hat b).

*

* *

7.

Der Gundi.

Mus Gundi. Rothman in Schlözers Briefwechsel I. Th. S. 339. PALL. *Glir. p.* 98. *not.*

Gundi Marmot. PENN. *hist.* 2. *p.* 405. *n.* 264.

Gundi; Arabisch.

Ein noch nicht gehörig bekanntes Thier, vielleicht aus dem Murmelthiergeschlechte, von dem wir noch nichts weiter wissen, als daß der Schwanz kurz, die Ohren wie abgestuzt mit einer weiten Oefnung, der Leib weißlich röthlich, (testaceo-rufescens) die Füsse vierzehig seyn, und die Grösse einem Kaninichen beykomme.

Es ward in der Barbarey bey Massusin gegen den Berg Atlas hin von dem vor einiger Zeit verstorbenen D. Rothman entdeckt.

x) PALLAS *Nov. sp. Glir.* l. c. Reisen I. Th. S. 50. 148. 207. 221. 319. II. Th. S. 112. 464. III. Th. S. 687. Gmel. R. I. Th. S. 31.

y) ARISTOTELES *hist. anim. l. VIII. c.* 17. *IX. c.* 50. PLINII *hist. nat. l. VIII. c.* 37. PALLAS *l. c.* 119.

z) IUSTIN. *hist. II. c.* 2.

a) HESYCHIUS *Lex.* II. S. 1190. VOSSIUS *ad* CATULL. (*Lond.* 1684.) *p.* 190. will indessen, aber mit wenigerer Wahrscheinlichkeit, durch σίμωϛ den Zobel verstehen.

b) PALLAS *l. c.*

Acht

Acht und zwanzigstes Geschlecht.

Das Eichhorn.

SCIVRVS.

LINN. *syst.* *p.* 86. *gen.* 25.

BRISS. *quadr.* *p.* 149. *gen.* 24.

ERXL. *mamm.* *p.* 411. *gen.* 39.

SQVIRREL.

PENN. *hist.* *p.* 406. *gen.* 30.

Vorderzähne: oben und unten zweene, die obern keilförmig abgeschärft, die untern mehrentheils schmäler und spiziger.

Backenzähne: in der obern Kinnlade fünfe, wovon der vorderste sehr klein ist; in der untern viere, auf jeder Seite.

Zeehen: an den Vorderfüssen viere, nebst der Spur eines Daumen, an den Hinterfüssen fünfe.

Die Ohren oval, kürzer als der Kopf, an einigen Arten kürzer als an andern.

Der Schwanz lang und haarig: die längsten Haare stehen zu beyden Seiten hinaus.

Die Schlüsselbeine vollkommen.

Der Kopf pflegt, im Verhältniß der Länge, breit und flach gewölbt oder platt zu seyn. Der Leib ist ziemlich dick und hinterwärts verhältnißmässig stärker. Die Beine kurz, die Pfoten aber ziemlich lang.

Die Eichhörner wohnen auf und in den Bäumen, einige auch in der Erde, klettern, bedienen sich der Früchte, Nüsse und andrer Gesäme zu ihrer Nahrung [a]), und gehen theils bey Tage, theils in der Nacht ihren Geschäften nach.

Einige laufen nur und haben einen hüpfenden Gang. Einige können die Haut zwischen den vordern und hintern Füssen, welche daselbst so weit ist, daß sie füglich ausgedähnt werden kan, ausspannen, und dann so weite Sprünge thun, daß sie zu fliegen scheinen. Diese haben breitere Vorderzähne in der untern Kinnlade, und an den Vorderfüssen einen besondern an einem der Handwurzelbeine (ossa carpi), dem

a) Es ist bekannt, wie leicht sie die Nüsse mit ihren scharfen und harten Vorderzähnen öfnen können. Bey der Gelegenheit ist es leicht zu bemerken, daß die beyden untern nicht immer in gleichem Abstande von einander bleiben, sondern mit den Spizen sich bald von einander entfernen, bald einander wieder nähern. Dis gibt zu erkennen, daß die untere Kinlade aus zween Knochen bestehe, die nicht zu einem einzigen mit einander verwachsen sind. Die Bewegung derselben, welche das Auseinander- und Zusammengehen der Zähne verursacht, möchte wohl den Muskeln der flügelförmigen Fortsäze des Keilbeins hauptsächlich zuzuschreiben seyn. Ich habe diese merkwürdige Bewegung der gedachten Zähne schon vor mehreren Jahren beobachtet, kan mich aber nicht entsinnen, vorher irgendwo davon etwas gelesen zu haben. Nachher ist sie mir auch an verschiedenen Mäusen, den Billichen, und selbst den Alpen-Murmelthieren vorgekommen; woher ich schließe, daß sie einem großen Theil der Arten dieser Abtheilung gemein seyn möge. Ihr Nuzen äußert sich wohl vornehmlich beym Nagen.

Daumen gegen über ansitzenden spornförmigen ziemlich langen Knochen, um den sich, wenn er ausgestreckt wird, die Haut gleich dem Aufschlage eines Aermels ausbreitet. Die Eichhörner theilen sich also in **laufende** und **fliegende.** Der Flug der leztern ist kein eigentlicher wahrer Flug, denn sie machen keine Bewegungen mit der ausgespannten Haut, ob sie sich schon einigermaaßen mit dem Schwanze steuern können; sie sind auch nicht im Stande, ihre Richtung in der Luft zu ändern.

Alle Eichhörner haben in ihrem Bau etwas vorzüglich feines. Die meisten sind munter und lebhaft. Sie können zahm gemacht und in den Häusern unterhalten werden; wo sie, wenigstens jung, artig sind, obgleich manche älter beissig werden.

1.

Das gemeine Eichhorn.

Tab. CCXII.

Sciurus vulgaris; Sc. auriculis apice barbatis, cauda dorso concolori. ERXL. *mamm. p.* 411. GATT. *mamm. p.* 113.

Sciurus vulgaris; Sc. auriculis apice barbatis, palmis tetradactylis. LINN. *syst. p.* 86. *n.* 1. *Faun. suec. p.* 13. *n.* 37. MÜLL. *prodr. p.* 5. *n.* 32.

Sciurus palmis solis saliens. LINN. *syst. ed.* 6. *p.* 9. *Mus. Ad. Frid.* 1. *p.* 8.

Sciurus vulgaris; Sc. rufus, quandoque griseo admixto. BRISS. *quadr. p.* 150. *n.* 1. Zimmerm. geogr. Gesch. 2 Th. S. 339. N. 237.

Sciurus vulgaris rubicundus. KLEIN *quadr. p.* 53.

Sciurus vulgaris. RAI. *quadr. p.* 214.

Sciurus. GESN. *quadrup. p.* 845. nebst einer Fig. ALDROV. *dig. p.* 396. Die Fig. *p.* 398. IONST. *quadrup. p.* 163. *tab.* 66. SCHWENKFELD *theriotr. Sil. p.* 121.

Ecureuil. BVFF. *hist.* 7. *p.* 253. *tab.* 32.

Squirrel. PENN. *brit. zool. p.* 44. *fig.*

Common Squirrel. PENN. *syn. p.* 279. *n.* 206. *Hist. p.* 406. *n.* 266.

Eichhörnlein. Ridinger jagdb. Th. *tab.* 20.

Eichhörnchen. S. G. Gmelin Reise I Th. S. 35. *tab.* 7. E. von weißlicher Farbe *tab.* 8.

Eichhorn; Eichhörnchen; Teutsch. Eichkatzl; in Oesterreich.

Eikhorn; Eekhoorn; Inkhoorn; Holländisch.

Ikorn; Schwedisch, und in Norwegen. Egern; Dänisch.

Σκίουρος; (OPPIAN.) Καμψίουρος; Ἵππουρος; Griechisch.

Νῆξις, in Kappadocien. VARIN.

Escureau; Escurieu; Ecureuil; Französisch.

Schiarro; Schiratto; Schirattolo; Schiriuolo; Scoiattolo; Italiänisch.

Harda; Hardilla; Arda; Ardilla; Esquilo; Spanisch.

Ciuro; Portugisisch.

Gwiwair; Cambrisch.

Feòrag; Ersisch.

Bjelka; Wjekscha; Russisch. Wewerka; Illyrisch, Böhmisch. Wiéwiorka; Polnisch.

Mókus; Evet; Ungarisch.

Uluk; Tungusisch. Uru; Morduanisch. Ur; Permäkisch; Tscheremissisch.

Orawas; Finnisch. Orre; Lappisch.

Kermang; Burättisch. Kermà; Kalmückisch.

Tien; Tiinn; Tijin; Tatarisch. Tyjin; Bucharisch.

Tabjèk; bey den Tomskischen Ostiaken.

Sak; bey den Jeniseiskischen Ostiaken. Schaga; Assanisch. Bakscha; Tschuwassisch.

Line; Leina; Wogulisch.

Das graue Eichhorn.

Sciurus hieme cærulescenti-cinereus, æstate ruber abdomine albo. ERXL. *mamm.* *p.* 414. *α.*

Sciurus varius; Sc. ex candido cinereus. BRISS. *qu.* *p.* 152. *n.* 4.

Sciurus varius, Varus vulgo dictus. ALDR. *dig.* *p.* 403. *fig.* *p.* 405.

Sciuri qui mures pontici et a colore varii dicuntur. IONST. *quadr.* *p.* 163.

Mus ponticus s. venetus, quem vulgo varium vocant. GESN. *quadr.* *p.* 741.

Veeh; Grauwerk.

Popieliza; Polnisch.

Das schwarze Eichhorn.

Sciurus niger, rarius visus in borealibus, distinguendus ab americano. ERXL. *mamm.* *p.* 415. *β.*

Das weisse Eichhorn.

Sciurus totus albus, oculis rubris. ERXL. *mamm.* *p.* 416. *γ.*

Sciurus albus sibiricus. BRISS. *qu.* *p.* 151. *n.* 2.

Sciurus albus. WAGN. *Helu.* *p.* 185.

Der Kopf ist zu beyden Seiten zusammengedrückt, am Scheitel etwas erhaben, und läuft über die platte Stirne und hervorstehende Schnauze in einer gebogenen Linie vorwärts. Die Oberlippe stark zurück, gezogen und gespalten. Die Unterlippe sehr kurz. Die grossen runden schwarzen und hervorragenden Augen halten in ihrer Lage, beynahe zwischen den Ohren und der Schnauze die Mitte; doch nähern sie sich jenen mehr, als dieser. Die Schnauze oberwärts roth, zu beyden Seiten aber, gleich den Augenliedern, weißlich, oft auch nur blaßroth. Das obere Augenlied hat, nahe am vordern Winkel, einige, etwa zwo oder drey feine Borsten, die, wie die ziemlich langen Bartborsten, schwarz sind. Der übrige Kopf ist roth, und eben so, die, zu beyden Seiten des Scheitels sizenden Ohren. Diese sind an ihrer Wurzel mässig geschlossen; in ihrer aufrecht stehenden Spize aber geöfnet, und ganz behaart; besonders sind die Spizen mit langen Haaren, wie mit einem Barte, besezt, welche, so wie die Ohren selbst, gerade in die Höhe stehen, und ihnen mehr Ansehen geben, als sie wirklich haben; denn sie sind an sich nur von mittlerer Grösse. Der Hals ist kurz; der Rücken meist gewölbt. Der Schwanz ohngefähr von der Länge des Körpers, und mit langen Haaren versehen, die, wie Fittige aus dem Stamme, zwar in alle Richtungen, meistens aber zu den Seiten, ausgehen. Die Vorderfüsse haben vier Zeehen, mit einer Daumenwarze; die Hinterfüsse fünfe; welche alle, die Daumenwarze ausgenommen, mit spizen krummen Klauen besezt sind. Unterlippe, Kehle, das Innere der Vorder- und Hinterschenkel, Brust und Bauch weiß. Der übrige Körper gewöhnlich rothgelb. Diese Farbe ist jedoch nicht beständig, und man findet sie aus dem rothen, durch braun, in verschiedenen Schattirungen, bis ins Schwarze übergehen. Die sogenannten rothen Eichhörner sind, vielleicht in dem ganzen Vaterlande der Art, die zahlreichsten und häufigsten a). Weniger ge-

a) Wenn Conr. Geßner *hist. quadr.* p. 846. sagt: Nigros Sciuros in Franconia ruffis frequentiores esse ajunt, so ist dieses nicht gegründet; wahr aber, daß es, besonders in manchen Gegenden, ziemlich viele schwärzliche gibt. In Frankreich, England, Dänemark, Norwegen, Schweden, Polen, Preussen und andern europäischen Ländern ist ebenfalls die rothe Art die gemeinere, wie man aus den Schriften eines Büffon, Pennant, Linné, Rzaczynski, Klein u. s. f. ersiehet. In dem Russischen Reiche hat man a) Rothe Eichhörner, die im Winter grau werden. In den südlichern gemässigtern Gegenden behalten sie einen röthlichen Anstrich, sonderlich auf dem Rücken. b) Braune, oder schwärzliche

mein die dunkelbraunen und schwärzlichen. Sehr selten siehet man schwarz- und weißschäckige [b]). Die seltensten aber sind die ganz weissen, die sehr einzeln unter den übrigen vorkommen, und eine Ausartung, vornemlich der schwarzen Spielart, zu seyn scheinen [c]). Die rothen Eichhörner pflegen ihre eigenthümliche Farbe gegen den Winter zu verändern, und etwas blaulich Grau unter das Roth zu bekommen, oder auch grau zu werden. Einige Eichhörner verändern ihre Farbe nicht. Uebrigens sind die ziemlich feinen Haare an ihrer Wurzel grau, und bekommen gegen das Ende allmählig eine von obengenannten Farben. Die Länge des Thiers, ohne Schwanz, ist 8 Zoll 6 Linien. Die Schwere 9 Unzen 1 Quentchen [d]).

Das Eichhorn ist beynahe durch ganz Europa, so wie durch ganz Rußland und Sibirien [e]), ein sehr gewöhnlicher und beständiger Einwohner der Wälder, daß man es nie auf freyem Felde und in weiter Entfernung von Waldungen antreffen wird. Am liebsten hält sichs auf den höchsten Bäumen auf, und es weiß solche mit der äussersten Geschwindigkeit und Geschicklichkeit zu beklettern, von einem Baume auf den an-

mit roth überlaufene, welche lezte Farbe den Spizen der längern Haare eigen ist. Im Winter werden sie graulich braun oder bleyfärbig. Die Schwänze sind glänzend schwarz. Sie haben ihren Aufenthalt um den Baikal herum und in den angränzenden Gegenden, auch an der Lena. c) Weißliche, die etwas größer als die übrigen, sehr weichhaarig, und weißlich grau wie das Grau der Möwen, aber gewässert, im Winter; zur Sommerszeit dagegen, wenn sie jung, sehr blaßroth, wenn älter, braunroth sind, auch wohl schwarze Seiten und Pfoten haben. Sie finden sich in der Baraba, zwischen dem Irtisch und Ob, zwischen dem Tschulym, an dem Iset, an der Samara und in den anstossenden waldigen Gegenden an der Wolga. Alle diese drey Hauptspielarten vermengen sich aber zuweilen durch Wanderungen einigermaaßen miteinander. Man sehe des Herrn Collegienrath Pallas *Nov. sp. glir.* p. 371. 375. u. f. auch Ebendess. Reise Th. II. S. 642. 660. und vergleiche des Herrn Prof. Georgi Reise Th. I. S. 162.

b) Dahin gehören auch die mit weissen Schwänzen, deren Pennant in der *Hist. of quadr.* und die mit weissen Schwänzen, Füssen und Seiten des Leibes, deren Linne' im *Syst. nat.* Erwähnung thut.

c) Sie pflegen rothe Augen zu haben, und sind in ihrer Art dasjenige, was die weissen Hausmäuse, Maulwürfe ꝛc. in der ihrigen.

d) Büffon.

e) Pallas *Nov. sp. Glir.*

dern in weiter Entfernung zu springen, sich auf den höchsten Gipfeln, hinter den Aesten und Stämmen der Bäume zu verbergen, fest zu halten u. d. m. Durch eine starke Erschütterung des Baumes, auf dem es sich eben befindet, kan es so in Furcht gejagt werden, daß, wenn es den benachbarten Baum nicht erreichen kan, es in beträchtlichen Höhen auf die Erde herab springt, um sich auf einen andern Baum zu flüchten. Ausserdem kommt es nur auf die Erde, wo es sich sicher glaubt, und um seiner Nahrung und seinem Getränke nachzugehen. Zur Wohnung bauet es sich ein Nest, gemeiniglich zwischen die Aeste der Bäume, aus Reisig, Moos u. d. gl. dauerhaft und geräumig genug für sich und seine Jungen Ja oft bewohnen auch ihrer zwey oder drey ein Nest gemeinschaftlich *f*). Die Nester selbst sind rund und oben mit einer kleinen Oefnung versehen, die wiederum von einem konischen Deckel gegen die Witterung geschüzt wird *ff*).

Die liebste und vorzüglichste Nahrung dieser Thiere sind Wall- und Haselnüsse, Bucheckern, Eicheln, Saamen von Nadelholz, den sie sehr geschickt aus den Zapfen heraus zu holen verstehen. Vermuthlich erst in Ermangelung dieser, greifen sie auch zu Knospen und Baumrinden. Auch Obst und andere Früchte verzehren sie, doch selten ganz, und scheinen fast mehr ihr Absehen auf die Kerne zu haben. Wenigstens ist mir ein Beyspiel bekannt, als sie vor zwey Jahren in den Wäldern Mangel litten, und sich deswegen welche in einige Gärten gezogen hatten, daß sie da viele Früchte verderbten, weil sie solche, besonders Aepfel und Birnen, nur bis auf die Kerne anbissen und dann wiederum fallen liessen. Mandeln fressen nicht alle Eichhörner gern. Von Kuchenwerk sind sie aber in der Gefangenschaft grosse Liebhaber, und lassen oft härtere Speisen dafür stehen *g*). Wenn sie ihre Nahrung zu sich nehmen, so sizen sie auf ihren

f) Pallas.

ff) Was Plinius *Nat. Hist. l. VIII. sect.* 58. sagt: Provident tempestatem et sciuri, obturatisque, qua spiraturus est ventus, cavernis, ex alia parte aperiunt fores, möchte sich wohl kaum auf unser gemeines Eichhorn, und vielleicht auf eine ganz andere Geschlechtsart, beziehen.

g) Wenn sich die Eichhörner an weiche Speisen gewöhnen, so wachsen ihre Zähne zuweilen zu einer monströsen Länge an, wie der Herr Collegienrath Pallas in

ren Hinterfüssen mit aufgerichtetem Körper und Schwanze, und brauchen ihre Vorderpfoten, als Hände, um die Nüsse, Tannenzapfen u. d. gl. zum Munde zu führen, und bequem zu halten, indeß sie mit ihren scharfen Zähnen die härtesten Schalen und alles überflüssige hinwegräumen, um auf den Kern zu kommen. Kleinere Dinge fassen sie zwischen die Daumenwarzen. Von ihrem Ueberfluß sammlen sie sich Vorrath für den Winter, und sind klug genug, zu diesem Vorrath immer die besten Früchte zu wählen, den sie in hohle Bäume und andere Hölen vergraben, aber auch bisweilen darinnen vergessen b). Auch erzählt Hr. Pallas als Augenzeuge, einen artigen, ausser den sibirischen Jägern, wenig bekannten Umstand, daß sie sich nehmlich allerley Erdschwämme (Fungi), die sie gerne haben, sammlen, solche, besonders in der Nachbarschaft ihres Nestes, in die Baumrizen, zwischen die Aeste, oder an die Spizen abgebrochener Aestchen stecken, und so für den Winter dürren. Dieser Appetit der Eichhörner nach Schwämmen ist auch in Lappland bekannt, wo man sie mit einer Art der Blätterschwämme bb) in die Fallen zu locken weiß i). Sie trinken wenig, und im Winter ziehen sie den Schnee beynahe dem Wasser vor.

in den *Nov. sp. glir.* S. 178. durch ein doppeltes Beyspiel aus dem Berliner *Journal littéraire* 1775. beweiset. In dem Naturaliencabinet der hiesigen Universität befindet sich ein Eichhorn in Weingeist, dessen Zähne in flachen Bögen neben einander vorbey bis auf eine Länge von fast einem Zoll angewachsen sind, so daß das unglückliche Thier sie eben so wenig als die beyden obenangeführten berlinischen, zum Fressen zu gebrauchen im Stande gewesen seyn kan. Ein neuer Beweiß gegen den berühmten Hunter, daß die Zähne allerdings wachsen! Doch bekommen nicht alle Eichhörner, die mit lauter weichen Sachen genährt werden, und auch kein Holz benagen, so monströse Zähne, wie ich aus sicherer Erfahrung weiß.

b) Wie die Mäuse, s. LINN. *amoen. acad. vol. II. p.* 452. Gleichen Eifer, den Ueberfluß zu vergraben oder zu verstecken, und gleiche Vergeßlichkeit in Ansehung desselben bemerkt man auch an den zahmen Eichhörnern.

bb) Agaricus integer LINN. *sp. pl. p.* 1640. *β. Fl. lappon. n.* 487.

i) Wenn also Schwenkfeld, wie er im *Theriotropheo Siles. p.* 121. meldet, Schwämme in den Mägen der Eichhörner antraf, so darf man dieses nicht mit ihm einem damaligen Mangel an Früchten und Zapfen zuschreiben.

Sie sind überaus feine, muntere, und lebhafte Thierchen. Sich selbst und ihre Wohnungen halten sie immer reinlich. Sie puzen sich daher sehr oft, und dabey sahe ich sie zuweilen einen milchartigen Speichel aus dem Munde mit den Vorderpfoten auffangen, womit sie sich gleichsam waschen. Auch pflegen sie den Schwanz dabey auszukämmen. Besonders zeichnen sie sich durch die Gelenkigkeit ihres Körpers und durch die Leichtigkeit und Artigkeit ihrer Bewegungen aus. Ihr Gang ist daher mehr hüpfend als schreitend, wobey sie den Schwanz rückwärts halten. Man kan einem an der Kette liegenden Eichhorne nicht ohne Verwunderung zusehen, wenn es, zuweilen Viertelstunden lang, von einer Seite zur andern gleichsam tanzt, so weit es die Länge der Kette zuläßt, ohne sich im geringsten stören zu lassen; ob es gleich zu anderer Zeit mitten unter seinen Bewegungen, nach dem geringsten verdächtigen Geräusche, auf den Hinterfüssen sizend, mit grosser Aufmerksamkeit horcht. Ihrer Beweglichkeit ohnerachtet, überlassen sie sich oft, zumal wenn sie gesättiget sind, dem Schlafe, kugelförmig zusammengelegt und in den Schwanz eingehüllet; oder sie liegen lange unverrückt platt auf dem Boden, und beschatten sich mit ihrem über den Rücken geschlagenen Schwanze. So schüchtern sie auch in der Wildnis sind, so können sie doch, besonders jung gefangen, überaus zahm gemacht werden, so, daß sie hören, wenn sie geruft werden, und in ihre Wohnung von sich selbst zurückkehren, wenn sie sich auch ziemlich weit davon entfernt haben. Sie würden um aller dieser Eigenschaften willen, ein sehr unterhaltendes Stubenthierchen abgeben, woferne sie nicht alles zernagten, und also für alles Hausgeräthe gefährlich wären. Dis werden sie auch mit der Zeit für ihren Besizer, den sie in der Jugend zwar nur liebkosend oder muthwillig zwicken, im Alter aber, da sie gemeiniglich beissig werden, zuweilen schmerzlich verlezen, wenn er ihnen zu nahe kommt. Ihr Laut ist, wenn sie gereizt oder sonst beunruhiget werden, grunzend und mit unter selbst durchdringend kirrend. Diesen Laut lassen sie zuweilen auch in der Freyheit von sich hören.

Zuweilen, obwohl nicht eben gerade alle sieben Jahre, oder sonst zu bestimmter Zeit k), stellen die Eichhörner, vermuthlich aus einem sich

k) Wie die Einwohner der Insel Gothland glauben. v. Linne' Gothländ. Reise. S. 222. des Originals. Klein in der Beschr. des fliegenden Eichhorns.

ereignenden Mangel der Nahrung, Wanderungen an, die man am häufigsten in schlecht angebauten Ländern, als Lappland [l]), Norwegen [m]), und Sibirien [n]) wahrgenommen hat. Sie ziehen sodann haufenweise von einem Orte zum andern, quartieren sich unterwegs in die Gebäude ein, schwimmen auch wohl über die Flüsse [o]). Nach des Vincenz von Beauvais, Olaus Magnus und anderer [p]) Berichte, welcher durch die Sagen, womit man sich in Schweden und Norwegen trägt, einiges Gewicht zu erhalten scheint, und sogar von Regnard [q]) aus eigner Erfahrung bestätigt werden wollen, sezen sie zuweilen auf Stückchen Holz oder Baumrinde über das Wasser, und der Schwanz dient ihnen dabey zu einer Art von Segel.

Sie begatten sich im März und April, und werfen vier Wochen nachher im May oder zu Anfange des Junius. Ein Wurf gibt gewöhnlich drey bis vier Junge [r]).

Sie mausen sich mit Ausgange des Winters, nnd nehmen dann gemeiniglich ihre rothe Farbe wieder an, die im ersten Jahre am schönsten ist, und im Herbst und Winter zuweilen in schwarz und grau, doch mit etwas roth untermischt, übergehet. Diese Farbenveränderung geschiehet nur allmählig und Gradweise. Wie Pallas an einigen ihm nach und nach vom August bis zu Ende des Septembers (alten Styls) dargebrachten Eichhörnern und an einem den Winter hindurch lebendig aufbewahrten, sehr genau bemerkte. Sie ist jedoch nicht allgemein, und er-

l) Scheffers Lappland S. 386.

m) Pontoppidans N. G. v. Norwegen II. Th. S. 47.

n) Pallas Reise II. Th. S. 660.

o) Pallas Ebendas. Die Kunst zu schwimmen ist überhaupt den Eichhörnern nicht so fremd, als man glauben könte. Wenn sie hinüber sind, ist das erste, daß sie sich puzen.

p) GESNERI *quadr.* p. 846. Scheffer a. a. O.

q) REGNARD *œuvres* T. I. p. 163. Cette particularité, sagt er, pourroit passer pour un conte, si je ne la tenois par ma propre experience.

r) Schwenkfeld a. a. O. Döbels Jägerpr. I. Th. S. 32.

strekt sich im Ganzen in Sibirien und den angränzenden Ländern ohngefähr bis an den 40sten, in Rußland bis an den 50sten, und im nördlichen Europa bis etwa nur den 60sten Grad N. Br. herab [s]). Viele bleiben aber nach den obigen Zeugnissen unverändert.

Ihr Fleisch, nach welchem ihre Feinde die Marder streben [t]), gibt auch für den Menschen eine zwar süßliche, doch nicht ganz unangenehme Speise.

Der Balg des europäischen Eichhorns ist von geringem Werth. Die Winterbälge der russisch-sibirischen aber sind ein schäzbares Pelzwerk, das um desto kostbarer ist, je schöner und dunkler grau es sieher, und unter dem Nahmen des Grauwerks weit und breit vertrieben wird [u]). Die Bälge der weißlichen oder silberfarbigen Eichhörner haben aber bey den Chinesern den Vorzug. Die Haare aus dem Schwanze werden zu Pinseln u. d. gl. verbraucht.

2.

Das virginische graue Eichhorn.

Tab. CCXIII.

Sciurus cinereus; Sc. cinereus ventre albo, auriculis imberbibus. ERXL. *mamm.* *p.* 418. *n.* 3.

Sciurus cinereus; Sc. virginianus cinereus major. RAI. *quadr.* *p.* 215. KLEIN *quadr.* *p.* 53. LINN. *syst.* *p.* 86. *n.* 3. Zimmerm. Geogr. Gesch. 2. S. 345.

Sciurus virginianus; Sc. cinereus, auriculis ex albo flavicantibus. BRISS. *an.* *p.* 153. *n.* 6.

s) Pallas *Nov. sp. glir.* *p.* 371-375. von Linne' *Syst. nat.*

t) v. Linne'.

u) Lesenswürdige Nachrichten von den russischen und sibirischen Eichhörnern oder Grauwerk liefert der Herr Collegienrath Müller in den Sammlungen russischer Geschichte III. Band S. 517. u. f.

Sciurus major griseus, cauda extrema comosa, pilis diffusis. BROWN. *jam.* *p.* 483.

Grey Squirrel. CATESB. *Carol.* 2. *p.* 74. *t.* 74.

Petit-gris. BUFF. *hist.* 10. *p.* 116. *tab.* 25.

Grey Squirrel. PENN. *syn.* *p.* 282. *n.* 209. *tab.* 26. *f.* 3. *hist.* *p.* 410. *n.* 272. *tab.* 43. *f.* 3.

Ecureuil gris, écureuil de Canada, de Virginie; bey den Franzosen.

Unter andern Amerikanischen Thieren, die bey Gelegenheit des lezten daselbst geführten Krieges, durch unsere Landsleute zu uns heraus gekommen sind, war auch dieses graue Eichhorn. Sehr erwünscht habe ich durch die gütige Mittheilung eines meiner Freunde, ein solches lebendiges Thier dieser Art vor mir, wodurch ich also in den Stand gesezt werde, die kurze Beschreibung seiner vorzüglichsten Eigenheiten aus der Natur selbst herzunehmen.

Es hat seiner Gestalt nach, mit unserm gemeinen Eichhorn die gröste Aehnlichkeit; aber doch auch ausser seiner wohl in die Augen fallenden Grösse und Stärke, noch Kennzeichen, die es von jenem, als eine besondere Art hinlänglich unterscheiden. Die Nase beynahe ganz mit sehr kurzen und feinen Häärchen besezt. Die Schnauze schon von der Nase an oberwärts grau: eben so Stirn und Scheitel. Die gespaltene und zurückgezogene Oberlippe, Backen und Augenlieder fahlgelb mit etwas grau untermischt. Auf den obern Augenliedern, nahe am vordern Augenwinkel, ein Paar feine schwarze Borsten, eben so wie am gemeinen Eichhorn. Die Bartborsten schwarz, von der Länge des Kopfs, und liegen reihenweise übereinander. Ausser diesen aber hat es noch einige an beyden Backen. Die Augen rund, schwarz. Die Ohren kleiner als in der Abbildung, und nur mit kurzen bräunlichen oder fahlgelben Haaren besezt, scheinen beynahe kahl zu seyn, und haben also gar nichts von jenem an dem gemeinen Eichhorne bemerkten, aufrecht stehenden Barte, am obern Rande desselben. Die Vorderfüsse in ihren Schenkeln breit, und gleichsam hosenförmig gestaltet; die Vorderpfoten bestehen aus vier Zeehen und einer Daumenwarze, die aber mit einem stumpfen und schwarzen Nagel versehen ist; an den Hinterpfoten fünf Zeehen. Alle Zeehen haben spizige krumme und schwarze Klauen. Der Schwanz so lang, daß er über den Rücken geschlagen, auch noch über dem Kopfe hervorragt. Unterlippe, Kehle, Brust, Unterleib, die innere Seite der Vorder- und Hinterfüsse bis an die Pfoten sind ganz weiß; und einige oben beschriebene Stellen am Kopfe und die Pfoten sind bräunlich untermischt. Alle die übrigen äussern und obern Theile des Körpers sind schön aschgrau, oder vielmehr näher betrachtet schwarz und weiß gemischt, und zwar sind diese auf dem Grunde mit graugelbem wolligem Haare bedeckt, zwischen welchem längere und glättere Haare stehen, welche in ihrer Wurzel schwarz und an der Spize weiß sind, oder umgewandt. Zwischen diesen stehen auch wohl einige ganz schwarze oder ganz weisse. Am Schwanze scheinen mehr bräunliche Haare hindurch, und alle, besonders aber die schwarz und weissen, sind an selbigem über zwey Zoll lang. Jedes solches einzelnes Haar ist abwechselnd schwarz und weiß geringelt. Gewöhnlich sind drey Ringe (die man sich aber lang, gleichsam als Glieder des Haares, denken muß) von der erstern und viere von der leztern Farbe, und so geordnet, daß die gleichfärbige Ringe mehrerer Haare gar vielfältig neben einander fortlaufen; dadurch werden dann in einigen Lagen des Schwanzes, besonders auf seiner untern Fläche, eine Art weisser und schwarzer Streifen oder Bänder, und zuweilen ganze Ellipsen gebildet, die dann am sichtbarsten sind, wenn das Thier auf dem Bauche liegt, und seinen Schwanz über den Rücken ausbreitet. In andern Lagen aber und auf seiner obern Fläche, hat der Schwanz mehr nur ein schwarz und weiß geflammtes Ansehen. Länge des vor mir habenden Thieres ohne Schwanz 1 Pariser Schuh, nach Büffon nur 10 Zoll 6 Linien [a]).

Diese Eichhörner finden sich in Kanada, Pensylvanien, Virginien und andern nordamerikanischen Provinzen. Der Herr Graf von Büffon gibt auch das nördliche Europa und Asien als ihr Vaterland an [b]) und hält diejenigen, welche Regnard [c]) in Lappland so häufig angetroffen hat,

a) A. a. O.

b) Ebendaselbst.

c) *Oeuvres de M.* REGNARD, *T. I. p.* 163.

mit den amerikanischen für einerley. In den linneischen Schriften findet man aber das virginische Eichhorn nirgend als einen Einwohner von Schweden angemerkt, und der Herr Collegienrath Pallas versichert ausdrücklich, daß man durch das ganze nördliche Europa, durch ganz Rußland und Sibirien nur eine Art grauer Eichhörner antreffe, die von unserer gemeinen nicht wesentlich verschieden sey, und des Sommers auch der Farbe nach mit ihr übereinkomme [d]); wie denn auch wirklich unter den zahlreichen Grauwerkbälgen, die aus dem Norden der alten Welt zu uns nach Teutschland kommen, kein einziger dem virginischen grauen Eichhorn gleicht. Dennoch möchten wohl jene lappländischen nur für eine Spielart der gemeinen zu erklären seyn. Uebrigens haben auch die grauen amerikanischen Eichhörner wie die gemeinen ihren Aufenthalt in den Wäldern und auf hohen Bäumen. Doch bauen sie sich keine Nester auf die Bäume, sondern schlagen ihre Wohnung in hohlen Bäumen auf, worinn sie auch ihre Jungen haben [e]).

Ihre Nahrung ist ohngefähr dieselbe, wie des gemeinen Eichhorns, Früchte, Hasel- und welsche Nüsse, Eicheln, Körner u. d. gl. Besonders sind sie für den Mays [f]) gefährlich, wovon sie nur den innersten süssesten Kern verzehren. Sie beissen auch gern die Eichenkätzchen (amenta) ab, doch ohne sie zu fressen. Zum Wintervorrath tragen sie die besten Nüsse und Eicheln zusammen und vergraben sie; tragen auch einen Theil in ihre Hölen.

Im Winter halten sie sich, bey kaltem und Schneewetter oft mehrere Tage inne, und nähren sich von dem eingetragenen Vorrath. So bald sich aber das Wetter ändert, kommen sie wieder hervor, scharren einen Theil der vergrabenen Nahrung aus, um ihn theils zu fressen, theils in die Nester zu tragen. Bey wiederbevorstehender Kälte sind sie hierinn geschäftiger. Die Schweine sowohl als auch manche Landeseinwohner spüren ihre Vorrathskammern aus, und berauben sie. In langwierigen schneereichen Wintern, wenn sie lange nicht dazu kommen können, geschieht es wohl, daß einige von ihnen verhungern.

d) *Nov. sp. Glir. p.* 370. *novi orb. p.* 8. Kalms *Resa II. D. p.* 410.

e) FRAN. HERNANDEZ *hist. anim.* f) *Zea Mays L.*

Wenn diese Thierchen im Walde einen Menschen sehen, so werden sie laut, und stören also den Vogelschüzen öfters in seinen Verrichtungen. Sie sind zwar nicht sonderlich scheu: falls sie aber Gefahr bemerken, retten sie sich gern auf den stärksten Baum, und halten sich so viel möglich auf der abwärts gekehrten Seite desselben, drucken sich zwischen die Aeste, oder kriechen in alte Vogel- oder Eichhornnester, und halten sich stille, bis sie sich sicher glauben. Sie springen nicht gern von einem Baum auf den andern, sondern laufen von demjenigen, auf den sie gestiegen sind, mit dem Kopfe voran wieder herunter.

Mit dem Maysbau hat auch ihre Anzahl zugenommen, so daß man sie jezt häufiger als sonst siehet. Sie stellen aber zu manchen Zeiten weite Wanderungen von einem Ort zum andern an. Im Herbste kommen sie nämlich aus den höhern in die niedrigern Gegenden herunter, und ein grosser Theil von ihnen wandert im darauf folgenden Frühling zurück. Es geschieht solches gemeiniglich, wenn ein sehr strenger Winter bevorstehet. Oft ist aber die Ursach eine aus dem Mangel an Nüssen und Eicheln entstehende Hungersnoth g). Es sind auch bisweilen andere Arten darunter, wie ich aus einem schäzbaren Schreiben des Herrn D. Schöpf vom 3 Nov. 1784 ersehe.

„Während meines Aufenthaltes zu Pittsburg, am Ohio, schreibt er, kamen unzählige Schaaren Eichhörner von den abendlichen Gegenden, und zogen über die Gebirge und nach der Seeseite zu. Ein mittelmässiger Schüze konnte ohne Mühe zehen bis funfzehen in einem Vormittage nach Hause bringen; ein junger Mensch in der Nachbarschaft soll in zween Tagen viel über hundert getödtet haben. Wir lebten eine Woche lang fast von ihnen allein. (Eicheln und Nüsse waren in den hintern Waldungen nicht gerathen; diese Thiere zogen sich daher in die angebauten Gegenden, und thaten in den Maysfeldern merklichen Schaden. Ungeachtet des langen Weges und ihrer vielen Verfolgungen kamen sie dennoch zahlreich genug bis an die Küsten. Man prophezeyte damals im September 1783 einen kalten Winter aus diesem Umstande, und es traf ein.)

g) Kalms *resa* 2 *D. p.* 409. u. f.

ein.) Unter dieser Menge waren die meisten Graue, einige wenige Schwarze, und sehr viele zwischen Grau und Schwarz." So weit Hr. D. Schöpf.

Diese Thierchen werden leicht und bald zahm, sonderlich wenn sie jung aufgezogen werden. Sie lassen sich so zahm machen, daß sie auch von Fremden, ohne alles Bedenken, angegriffen werden können. Sie laufen bisweilen mit Kindern, an die sie gewöhnt sind, in den Wald und wieder heim. Ihre Speise ist sodann ausser den angeführten Früchten, Brod, Kuchen, und Zuckerwerk und dergleichen [b]). Das oben beschriebene Eichhorn ist davon ebenfalls ein Liebhaber. Den Naturtrieb seiner Art, einen Theil der Speise zu verstecken, kan man auch an ihm sehr deutlich wahrnehmen. Denn nicht allein sein Haus ist beständig mit Nüssen angefüllt, die es dort verbirgt; sondern auch noch jede Ecke des Zimmers muß ihm eine Vorrathskammer abgeben. Es drückt dann die zu verbergende Nuß fest gegen die Ecke an, und macht mit den Vorderpfoten Bewegungen, sie mit irgend etwas zu bedecken. Das geschiehet auch wirklich, wenn es wo Sand, Sägespäne u. d. gl. vorfindet.

Es besizet dieselbe Gelenkigkeit des Körpers, dieselbe Neigung zum Klettern u. d. gl. nur, wie mich dünkt, nicht ganz die ausnehmende Munterkeit des gemeinen. In seinen Manieren und Bewegungen aber kommt es völlig mit ihm überein. Es sizt auf den Hinterfüssen, und bringt seine Nahrung mit den Vorderpfoten zum Munde; puzt und säubert sich auf dieselbe Weise, und eben so fleissig liegt es öfters auf dem Bauche mit ausgestrecktem oder über den Rücken gelegtem Schwanze, worunter es sich denn ganz verbergen kan; oft liegt es auch lange mit ausgestreckten Füssen auf dem Bauche, oder es hängt sich an den Hinterfüssen auf, um sich auszudehnen; zuweilen macht es seltsame Sprünge u. d. g. Doch sahe ich es keine weite Sprünge machen, und öfter, als das gemeine pflegt, schreitend laufen. Daß endlich auch diese Art Eichhörner könne sehr zahm gemacht werden, davon ist es ebenfalls ein Beweiß, denn es ist überaus fromm. Nur darf es nicht gereizt werden, widrigenfalls weiß es sich mit

b) Kalm S. 412. u. f.

seinen scharfen Zähnen nachdrücklich zu vertheidigen. Ob es gleich weniger nagt als unsere gemeinen zahmen Eichhörner: so kann es doch nicht ganz davon entwöhnt werden, und besonders ist es von Kleidern und Betten zu entfernen, die es sich gern zu einem Lager zurechte macht.

Ihr Balg gibt ein Pelzwerk, das in Amerika zwar nicht sonderlich geschätzt, aber doch im Nothfall gebraucht, und gewöhnlich zu Riemen verschnitten wird. In Frankreich wird es mit unter dem Nahmen Petit-gris begriffen, und zwar soll nach Büffon das Thier seinen Nahmen davon bekommen haben [i]).

Das Fleisch wird von einigen als ein Leckerbissen verspeißt, findet aber nicht viele Liebhaber. Die Klapperschlangen sind begierig darnach, und pflegen ihre sogenannte Zauberkraft [k]) oft an diesen Thierchen auszuüben. Wegen des Schadens, den sie am Mays thun, werden sie in einigen der amerikanischen Staaten verfolgt, und ihre Köpfe müssen gegen etwas gewisses geliefert werden [l]).

3.

Das Fuchseichhorn.

Tab. CCXV. B.

Fox-Squirrel. LAWSON *Carol.* *p.* 124. BRICKELL *North-Carol.* *p.* 127. ?

Squirrel with plain ears: coarse fur, mixed with dirty white and black — throat, and inside of the legs and thighs, black: tail — of a dull yellow color, mixed with black: body of the size of the grey squirrel. — Cat-Squirrel. PENN. *hist.* *p.* 411. *n.* 273. β.

i) Kalm a. a. O. und S. 227. — Schwed. Akad. d. Wiss. a. d. J. 1753. und in der Reise.

k) Kalm in den Abhandlungen d. Kön.

l) Kalm R. a. a. O.

Es hat ganz die Gestalt und Verhältnisse des Kopfes, Schwanzes, und der übrigen Theile, auch beynahe dieselbe Farbe, wie das graue Eichhorn, nur daß das Weiß am Leibe mehr ins Gelbe fällt, und der Schwanz, statt der grauen Haarspizen, gelbe zeigt. — Die Aufmerksamkeit und Geneigtheit des Herrn Hofmedicus D. Schöpf sezt mich in den Stand, zwey solche Eichhörner beschreiben zu können. Das eine ist auf den Oberlippen und Backen bräunlich gelb (melonenfarbig), in welches sich unter den Augen Schwarz mengt. Die langen Bart- und Augenborsten sind ganz schwarz. Ein Kreis von der erst erwähnten Farbe gehet um die Augen herum. Die Ohren bedeckt gleichfalls bräunliches glatt anliegendes Haar. Bärte oder Bürsten haben sie nicht. Die Haare auf dem Kopfe, Leibe, auch Anfange des Schwanzes sind stark, von abwechselnder brauner, schwarzer und weißgelblicher Farbe; die Spize ist gemeiniglich schwarz. Das Eichhorn bekömmt dadurch in seiner Farbe eine Aehnlichkeit mit dem Stachelthiere. Auf dem Kopfe ist Schwarz die herrschende Farbe. Auf dem sehr langen Schwanze sind die untersten Haare denen des Rückens an Mischung der Farben gleich. Weiter hinaus mengt sich Bräunlich darunter. Der gröste Theil des Schwanzes ist bräunlich und schwarz geflammt. Gegen die Spize des Schwanzes hin schwingt sich die schwarze Farbe als ein ovaler Bogen innerhalb des braunen Umkreises, um denselben parallel, herum. Kehle, Brust und Bauch sind weiß, doch mit einiger Beymischung von gelbbräunlich. Die Füße sind gelbbräunlich; an den vordern sind schwarze Haare untermengt.

Das andere hat vollkommen die nehmliche Farbe: nur sind Kopf, Brust, Bauch und Füsse dunkel schwarzbraun und fast ganz schwarz. Auf dem Kopfe haben einige einzeln untermengte Haare gelbbraune Ringel. An dem Bauche und den Füssen siehet man unter den dunkeln einige einzelne weisse Haare. Das Geldbraun am Schwanze ist dunkler als an jenem.

An beyden sind, wie am virginischen grauen Eichhorn, die Haare des Leibes stärker und härter, als an dem gemeinen europäischen Eichhorne. Die Vorderzähne sehen auswendig dunkelgelbbraun, und haben auf ihrer Oberfläche zarte erhabene Streifen. Die obern sind keilförmig, die untern endigen sich in eine stumpfe Spize. Auf jenen zeigt sich eine sehr seichte undeutliche Furche.

Was von diesen Thierchen zu bemerken ist, will ich mit den Worten des Herrn Hofmedicus aus dem oben S. 770. angeführten Briefe melden. „Diese Eichhörner, schreibt er, sind in Pensilvanien und Maryland unter dem Namen Fox-Squirrels, bekannt. Auf dem blauen Gebirge hörte ich ihrer zum erstenmal erwähnen. Ein Schüze von Profeßion beschrieb sie mir dort als eine Abänderung von den grauen, mit dem Unterschiede, daß sie gewöhnlich noch einmal so groß wären als jene, und sich hauptsächlich durch eine ihnen eigene röthlichere (Fuchs-) Farbe der Spizen von Schwanz und Ohren auszeichneten. Er fügte noch bey, daß sie seltener vorkämen. Man siehet vielleicht nicht über drey bis viere in einem Sommer, sagte er, und sie lassen sich eben auch nicht gewöhnlich in Gesellschaft der grauen finden.„ Wie selten diese Thierchen seyen, beweiset auch dieses, daß unter der oben S. 770. erwähnten Menge von meist grauen gar keine Fuchseichhörner waren, wenigstens nicht bemerkt wurden. Erst als der Herr Hofmedicus wieder herunter nach Baltimore kam, brachte man ihm die zwey, die ich beschrieben habe. „Ihre Größe, fährt er fort, bewog mich, folgende Maasse davon zu nehmen:

Von der Nasenspize bis zum Anfange des Schwanzes	12	Zoll.
Länge des Schwanzes	12	—
Zwischen beyden Ohren	$1\frac{1}{3}$	—
Länge der Ohren	$1\frac{1}{4}$	—
Von der Nasenspize zum Augenwinkel	$1\frac{1}{4}$	—
Breite der Stirne zwischen beyden Augen	$1\frac{1}{3}$	—
Länge des ganzen Kopfes	3	—
Vorderschenkel oder Oberarm (Humerus)	$2\frac{1}{4}$	—
Vorderarm (Cubitus)	2	—
Von da zur Spize des längsten Fingers	2	—
Hinterschenkel (Femur)	3	—
Schienbein (Tibia)	3	—
Von da zur Spize des längsten Fingers	$2\frac{1}{2}$	—

Beyde wogen zusammen etwas über 3 Pfunde, und vielleicht noch mehr, denn wir hatten keine gute Waage bey der Hand. Diese beyden sollten noch keine von den allergrößten seyn. Auch sollen sie, zu andern Zeiten, über den ganzen Rücken größtentheils röthlich oder rehfarb aussehen, so wie der Schweif von diesen ist. Ich habe nachher auch noch ein anderes gesehen, das noch mehr Schwärze um Kopf und Füße hatte, als obige beyde.

Wollte man nun diese Fuchseichhörner, als eine besondere Art (Species), gelten lassen, so hätte man nichts als ihre Größe, und die mehr beygemischte röthlichere Farbe, sie zu unterscheiden.

Als eine Spielart betrachtet, kommen sie allerdings dem grauen Eichhorn weit näher als dem schwarzen, und werden gemeiniglich von den Landleuten dafür angenommen, die aber freylich sich nicht die Mühe nehmen, die Sache genauer zu untersuchen. Ihre Farbe ist sicher Abänderungen unterworfen; doch glaube ich, aus den ihnen beygelegten Namen, und nach der Aussage des Anfangs erwähnten Schützen, daß die röthliche Farbe als eines ihrer Hauptunterscheidungszeichen anzusehen sey.

Die Unbeständigkeit der Farbe bey den andern Eichhörnern betreffend, muß ich hier, auch zur Erklärung des vorhergehenden, erinnern, daß es von dem grauen sowohl, als dem schwarzen Eichhorne, ganz einfach und rein gefärbte gibt. Unter der Menge der oben erwähnten reisenden Eichhörner aber habe ich außerordentlich viele gesehen, von denen es schwer zu sagen war, ob sie zur grauen oder schwarzen Gattung gehörten. Nehmlich es finden sich häufig graue, die bald nur an den Enden der Füße, und um den Kopf, eine dünne Schattirung von Schwarz haben. Andere aber hatten Kopf, Füße, oft auch den Bauch, vollkommen schwarz, den Rücken und Schweif aber grau. (Ich habe aber keine schwarze mit grauen Extremitäten gesehen.) Es ist daher wohl höchst wahrscheinlich, daß beyde Gattungen sich unter einander vermischen!

Die ganz schwarzen sind fast nie so groß, als die ganz grauen. Die Fuchseichhörner aber immer größer als beyde.

Die grauen und ganz reinen Eichhörner finden sich häufiger am Gestade oder den Küsten. Die schwarzen und vermischten tiefer im Lande und im Gebirge. Von den Fuchseichhörnern hatten wir um New York nie weder welche gesehen noch gehört.„

4.

Das schwarze Eichhorn.

Tab. CCXV.

Sciurus niger; Sc. niger auriculis imberbibus. ERXL. *mamm. p.* 417. Zimmerm. Geogr. G. II. Th. S. 347. *n.* 253.

Sciurus niger. KLEIN *quadr. p.* 53. LINN. *syst. p.* 86. *n.* 2. BRISS. *quadr. p.* 151. *n.* 3.

Quauhtechalotl thliltic. Sciurus mexicanus. HERNAND. *Mex. p.* 582. nebst einer Abb. FERNAND. *Nov. Hisp. p.* 8.

Black Squirrel. CATESB. *Carol.* II. *p.* 73. mit der Fig. PENN. *syn. p.* 284. *n.* 210. *tab.* 26. *fig.* 2. *hist. p.* 411. *n.* 273. *tab.* 43. *f.* 2. eben der Kupferstich.

Ecureuil noir. BUFF. *hist.* 10. *p.* 121. ohne Fig.

Es kömmt mit dem grauen Eichhorne sehr überein, ist aber schwarz, (bey einigen ist doch die Nase oder Schwanzspize weiß, oder ein weißer Fleck im Nacken, auch wohl ein weißer Ring um den Hals [a])) und etwas kleiner als das graue. Nach Herrn Pennant soll auch der Schwanz kürzer seyn. Es möchte daher eher für eine eigene Art, als für eine Spielart des grauen Eichhorns angesehen werden können, welches leztere doch dem Herrn Grafen von Büffon wahrscheinlicher vorkommt. Zumal da nach Catesbys Versicherung es sich mehr in besondern Haufen zusammen hält, als unter die grauen Eichhörner mischt. Es sind übrigens diese Thierchen eben so häufig, als die grauen, haben eben die-

[a]) Catesb. Pennant.

selben Sitten und Eigenschaften, und thun ebenfalls großen Schaden am Mays. Sie sind in Nordamerica, Mexico nicht ausgenommen, einheimisch, nicht aber irgendwo in der alten Welt.

5.

Das labradorische Eichhorn.

Tab. CCXIV.

Sciurus hudsonius. PALL. *glir.* *p.* 377. **Zimmerm.** Geogr. Gesch. 2. S. 344. N. 248.

Hudson's Bay Squirrel. PENN. *syn.* 280. *n.* 206. *a.* *t.* 26. *f.* 1. *hist.* *p.* 412. *n.* 274. *t.* 43. *f.* 1.

Das eisenfarbige Eichhorn. **Forster** Beytr. zur Völker- und Länderkunde 3 Th. S. 192. N. 13. *Phil. transact.* *vol.* *LXII.* *p.* 378.

Siksik. Eskimoisch. ? (nach einem meinem Exemplar angehängten Zettel.)

Der Herr Prof. Forster beschreibt dieses Thierchen etwas kleiner als das europäische Eichhorn, mit einem eisenfarbigen Rücken, grauen Bauche, und kürzern Schwanze, der von einer schönen röthlichen Eisenfarbe, und mit Schwarz eingefaßt ist. — Damit kömmt denn auch der ausgestopfte Balg überein, den ich der Güte des Herrn Collegienraths Pallas zu danken habe. An diesem ist der Kopf schwärzlich und bräunlich gesprenkelt; die Haare sind nehmlich schwarz und gelbbräunlich geringelt; je weiter nach dem Scheitel zu, desto mehr fallen diese Ringe in das Braune; die Oberlippen haben eine bräunlich gelbe ins Graue fallende Farbe; die Bartborsten, die länger als der Kopf sind, sehen ganz schwarz. Um jedes Auge herum gehet ein schön weißer Ring, der über dem Auge etwas breiter als unter demselben, hier aber etwan 1 Linie breit ist. Die Ohren sind kurz und rundlich, auswendig mit schwarzem und bräunlichem untermengten Haar bedeckt, welches über den Rand etwan zwo Linien hervorstehet, jedoch keine eigentliche Bürste macht; an dem hintern Ende siehet man wenig oder keine schwarze Haare unter den braunen, so daß sich demnach daselbst ein hellbrauner Fleck bildet. Inwendig im Ohr haben die Haare die nehmliche Farbe wie auf der Oberlippe. Der Hals hat die Farbe des Kopfes, an jedem Ohr aber stehet ein schön hellbrauner Fleck, der hinterwärts mehr ins Graue fällt. Die Mitte des Halses und Rückens ist schön hellbraun schwarz überlaufen, indem die Spizen der längern Haare schwarz sind; doch mengen sich gegen den Schwanz hin wenige dergleichen unter. An den Seiten des Körpers herab gehen die Haare aus dem hellbraunen nach und nach in gelblichbraun und weiter herunter in ein Weißgelblich, das ins Graue fällt, über. Die Beine haben eine hellbraune Farbe mit untermengten schwarzen Haaren; die Füße eben dieselbe ohne schwarze Haare. Kehle, Brust und Bauch sind weiß, worunter Aschgrau hervorschimmert. Zwischen den Vorder- und Hinterfüßen ist diese Farbe von der des Rückens durch einen schwarzen Streif abgesondert, dergleichen ich am Halse und hinter den Hinterfüssen nicht bemerke. Die Fußsolen der Hinterfüße sind weißgrau, und auch so eingefaßt. Der Schwanz ist oben bis über die Mitte schön hellbraun, am Rande herum bräunlich weißgelb: innerhalb desselben sticht, sonderlich gegen die Spize hin, schwarz hervor; unten bräunlich gelb und der Länge nach schwarz geflammt. Querstreifen finde ich an meinem Exemplare gar nicht. Das Haar ist fast so weich als an unserm europäischen Eichhorn. — Die Länge des Körpers von der Nasenspize an bis an den Anfang des Schwanzes beträgt 8 Zoll, die Länge des Schwanzes an sich 4, bis an die Spize der längsten Haare aber etwas über 5 Zoll; freylich an einem ausgestopften Balge, dessen Maaße aber von denen des Körpers in seiner natürlichen Größe nicht so gar sehr abzuweichen scheinen.

Es wohnt in den mit Nadelholz bewachsenen kältern Gegenden von Nordamerica, um die Hudsonsbay und in Labrador, wo der Balg her ist, den ich beschrieben habe [a]). Seine Farbe ist im Sommer und Winter einerley.

Die

a) Ist das **rothe Eichhorn** in **Carvers** Reise durch die innern Gegenden von America, S. 375, welches in der teutschen Uebersezung gerade zu für den Sciu-

Die Herren Pennant und Forster hielten dieses Thierchen ehedem für eine blosse Spielart des gemeinen europäischen Eichhorns. Der Herr Collegienrath Pallas aber erinnerte, daß es zu sehr davon verschieden sey, um nicht als eine eigne Art betrachtet zu werden. Beyde nehmen es auch izo dafür an. Eher könnte man darauf fallen, daß es vielleicht eine Spielart vom grauen virginischen Eichhorn seyn möchte. Aber auch dieses ist nicht sehr wahrscheinlich, da sich in dem Verhältniß der Theile, der Farbe und Stärke des Haares ein Unterschied zeigt, nach welchem es eine eigne Stelle in diesem Geschlechte behaupten zu können scheint.

6*.

Das carolinische Eichhorn.

Lesser Grey Squirrel. PENN. *syn.* *p.* 283. *n.* 209. *α*.

Carolina Squirrel. PENN. *hist.* *p.* 412. *n.* 274.

Der Kopf, Rücken und die Seiten, grau, weiß, und rostfarbig melirt; der Bauch weiß, von der vorbeschriebenen Farbe der Seiten durch einen braunen Streif unterschieden; die untern Theile der Beine roth; der Schwanz braun, mit Schwarz vermengt, und weiß eingefaßt. Kleiner als das europäische Eichhorn. Es ist in der Farbe veränderlich, meistens hat das Grau die Oberhand.

Es wohnt in Carolina.

Herr Pennant hält es für eine Abänderung des vorigen.

Sciurus vulgaris L. erklärt wird, vielleicht mit gegenwärtiger Art einerley? So würde sich dieselbe nicht blos auf die nördlichsten Länder von Nordamerica einschränken, sondern einen weiter ausgedähnten Wohnort haben. Vielleicht hat es seinen Aufenthalt in den innern unangebauten Laudstrichen bis gegen Florida herab, und dann wäre es um desto begreiflicher, wie das folgende carolinische Eichhorn eine Spielart von ihm seyn könne.

7.

Das persische Eichhorn.

Tab. CCXV. B.

Sciurus persicus. ERXL. *mamm.* *p.* 417. *n.* Zimmerm. G. G. 2. Th. S. 341. N. 240.

Eichhörner in Persien. S. G. Gmelins Reise 3 Th. S. 379. *tab.* 43.

Es sieht oberhalb dunkel aus. Die Gegend um die Augen ist schwarz. Die Ohren rund, erweitert, inwendig bloß, von aussen aber mit schwärzlichen Haaren bedeckt. Die Kehle, Brust und der Bauch sind gelb, und die Seitentheile desselben weiß. Der Schwanz ist schwärzlich grau, und unten in der Mitte mit einem weissen Bande gezieret. Die Haare, welche die Füsse bis zum Ursprunge der Zehen bedecken, gleichen von oben an Farbe dem obern Theile des Leibes, und von unten dem untern. Die Hände und Fußsohlen (vermuthlich die obere Fläche der Füsse von der Fußwurzel (carpus, tarsus) an bis an die Spizen der Zehen) sind dunkelroth.

Dis ist die Beschreibung, welche der Herr Prof. Gmelin von dem Eichhorne gegeben hat, welches er in der Landschaft Gilan, die man zu Persien zu rechnen pflegt, entdeckte. Er sezt hinzu: dis asiatische Eichhorn habe mit dem europäischen einerley Gestalt und einerley Lebensart; beyde ernähren sich auf ähnliche Art, beyde nisten und vermehren sich häufig auf einerley Weise, und das persische finde an dem Feldmarder eben so seinen Widersacher, als das europäische. — Daraus zieht er den Schluß: es gehöre so zuverlässig zu der Rasse der europäischen, als der Pudel und Windhund zur Rasse des Haushundes; und sezt hinzu: es behalte im Winter seine Farbe, zu einem neuen Beweise, daß der Petitgris des Hrn. Gr. v. Büffon (das graue virginische Eichhorn) keine besondere Gattung, sondern eine Ausgeburt des Winters in nordlichen Ländern sey. Allein welche Folgen! Man darf nur das graue americanische Eichhorn sehen, und die Gmelinische Beschreibung von dem persischen lesen, um überzeugt zu werden, daß beyde von dem europäischen Eichhorne weit unterschieden sind.

8.

Das Georgische Eichhorn.

Tab. CCXV. C.

Sciurus anomalus. GÜLDENSTEDT.

Der Umfang des Mundes ist weiß. Die Vorderzähne auswendig gelb. Die Nasenspize schwarz. Die Backen rothgelb. Die Bart- und übrige Gesichtsborsten dunkelbraun. Der Umfang der Augen eben so. Unter dem vordern Augenwinkel steht ein vertriebener brauner Fleck. Die Ohren sind länglich, und laufen in eine abgerundete Spize aus; auswendig sehen sie gelbroth, inwendig weißlicher. Die obere Seite des Kopfes und Halses, der Rücken, ein Streif auswendig an den vordern Füssen herab, die äussere Seite der Schenkel, und die obere Seite des untersten Theils vom Schwanze besteht aus gelben mit braunen stark vermengten Haaren. Weniger Braun ist vorn am Kopfe, noch weniger an den Vorderfüssen eingemengt; desto mehr auf dem Rücken, besonders hinterwärts. Kinn, Kehle, Brust, Bauch und die Füsse sind dunkel rothgelb. Noch dunkler der Schwanz. — Es ist grösser als unser gemeines Eichhorn.

Das Vaterland dieses Eichhorns ist die Landschaft Georgien in Asien. Die Abbildung ist mir von dem Herrn Collegienrath Pallas gütigst mitgetheilt worden.

9.

Das javanische Eichhorn.

Tab. CCXVI.

Sciurus bicolor *). SPARRM. *Götheborgska Wet. samh. handl. 1 St. p. 70.*

Javan Squirrel. PENN. *hist. p. 409. n. 269.*

*) Auf der Kupferplatte habe ich dis Eichhorn Sciurus javensis genennet, weil ich diesen Namen irgendwo so angeführt fand, daß ich veranlaßt ward zu glauben,

Das Thier hat zweyerley Farben. Lichtbraun auf fuchsroth stoßend (fulvus) ist das Kinn, der untere Theil des Halses, die Brust, die innere Seite der Vorderbeine, der Bauch und genau zwey Drittel des Schwanzes, von der Spize an zu rechnen. Schwarz, der obere und äussere Theil des Thieres, von der Nase bis zum Schwanze, das unterste Drittel mit eingerechnet; auch die Augenlieder, Ohren, das Aeußere der Vorderbeine und Hände. Die Hinterfüße sind über und über, auch an der innern Seite, schwarz. Die Ohren sind nicht viel über ½ Zoll lang, etwas spizig, mit ganz kurzen und ziemlich schwarzen Haaren an beyden Seiten. Die Bartborsten sind 2 bis 3 Zoll lang und schwarz. Die äußerste Spize mehrerer Haare auf dem Kopfe, und an den Seiten des Rückens, sind in etwas röthlich, und bey genauerer Betrachtung findet man alle lichtbraune Haare am Schwanze, zu unterst an der Wurzel ganz schwarz. Die Vorderfüsse haben vier Zeehen mit scharfen und spizigen Klauen; der Daumen ist sehr kurz, und mit einem ziemlich großen abgerundeten Nagel versehen, dergleichen die Makis und Affen haben. Die Hinterfüsse haben 5 Zeehen. Länge: von der Spize der Nase bis an den Schwanz 12 Zoll [a]), des Schwanzes genau eben so viel. Die Schwanzhaare sind kaum mehr als einen Zoll lang.

Das Thierchen ward von Schwedischen Ostindienfahrern lebendig in Java gefangen, und ist ausgestopft in der schönen Naturaliensammlung des Herrn Oekonomiedirectors M. Staaf in Götheborg [b]). Ich habe die Zeichnung dem sel. Herrn Prof. von Linné zu danken.

10.

Das rothbäuchige Eichhorn.

Sciurus erythraeus. PALL. *glir.* *p.* 377. Zimmerm. G. G. 2 Th. S. 342. N. 242.

Ruddy Squirrel. PENN. *hist.* *p.* 409. *n.* 271.

es sey eben der, den ihm der Hr. D. Sparrmann beygelegt hätte. Unter diesem Namen hat es auch der Hr. Pr. Zimmermann' Th. II. S. 342. N. 243. in sein Thierverzeichniß eingetragen. An beyden Orten ist also der ächte Sparrmannische Name wieder herzustellen.

a) Ohnfehlbar Schwedisches Maaß.

b) Sparrmann a. a. O.

Die Ohren sind mit hervorragenden Haaren, die gleichsam Bürsten vorstellen, eingefaßt. Oben hat das Thier fast die nehmliche Farbe wie der Aguti S. 613, denn es ist mit gelben und braunen melirten Haaren bedeckt; unten ist es der Länge nach dunkel rothbraun (sanguineo-fulvus seu saturatissime rufus.) Der Schwanz ist rund-behaart, von eben der Farbe, mit einem nach der Länge hin laufenden schwärzlichen Streif. Die Daumenwarze ist stark. Es ist etwas größer als das gemeine Eichhorn.

Der Herr Collegienrath Pallas hält es für von den vorigen verschieden.

Vaterland: Ostindien *).

11.

Das langschwänzige Eichhorn.

Tab. CCXVII.

Sciurus macrourus; Sc. cauda corpore duplo longiore grisea. ERXL. *mamm.* *p.* 420. Zimmerm. G. G. 2 Th. S. 340. N. 238.

Sciurus macrourus. FORSTER *zool. ind. sel.* *p.* 11. *t.* 1.

Sciurus ceylanicus, pilis in dorso nigricantibus, Rukkaia dictus. RAI. *quadr.* *p.* 215.

Long-tailed Squirrel. PENN. *ind. zool.* *p.* 1. *t.* 1.

Ceylon Squirrel. PENN. *syn.* *p.* 281. *n.* 207. *hist.* *p.* 408. *n.* 267.

Dandulana; Rukea; Zeylonisch.

Die Ohren sind mit kurzen schwarzen Bürsten gezieret. Die Nase ist fleischfarbig. Die Backen, die mit einem schwarzen gabelförmigen Streif bezeichnet sind, die Brust, der Bauch und der größte Theil der Beine sehen blaßgelb. Zwischen den Ohren steht ein gelber Fleck. Der Kopf, Rücken, die Seiten, und ein Stück der auswendigen Seite der

*) Pallas.

Schenkel sind schwarz. Der Schwanz ist noch einmal so lang als der Leib?, stark behaart und von aschgrauer Farbe. Es ist dreymal so groß als das gemeine Eichhorn [a]).

Wird auf Zeylon angetroffen. — Auch auf der Küste Malabar?

12.

Das malabarische Eichhorn.

Tab. CCXVII. B.

Le grand Écureuil de la côte de Malabar. SONNERAT *voy. tom.* 2. *p.* 139. *tab.* 87. Reise 2 Th. S. 109. *tab.* 87.

Grand Rat de bois. Auf der Küste Malabar.

Die Ohren sind gerade, (klein) und mit einer (kurzen) Haarbürste geziert. Der Leib ist langhaarig. Der Scheitel, die Ohren, der Rücken und die Seiten röthlich braun (roux mordoré sagt Hr. Sonnerat S. 140.); ein kleiner Streif von eben der Farbe (welcher wie die Figur ausweiset, der Länge nach getheilt ist) fängt an jedem Ohr an, geht an dem Halse herab und krümmet sich ein wenig hinterwärts. Ein Theil des Halses, hinterwärts, der vordere Theil des Leibes, und der hintere Theil der Aussenseite der Vorderschenkel sind schwarz. So auch der hintere Theil des Leibes, und der Schwanz. Der Kopf, Hals, Brust und Bauch, nebst der Vorder- und Innenseite der Schenkel und den Füssen, rothgelb (jaune rouillé), welches auf der Brust ein wenig lichter fällt. Der Augenstern siehet mattgelb. Der Daumen ist ganz kurz, hat aber doch einen Nagel. Die Nägel an den Zeehen sind stark und schwarz. Das Thier hat die Grösse einer Kaze, und ist also das größte unter den bekannten Eichhörnern.

Es hat seinen Aufenthalt auf den sogenannten Cardamombergen, einem Theil des Gategebirges in der Gegend Mahe', und auf der Küste Malabar.

[a]) Pennant.

Eine angenehme Speise für dieses Eichhorn ist die Milch der Kokosnüsse; wenn diese reif sind, so beißt es sie auf den Bäumen auf, und säuft die Milch aus.

Es wird leicht zahm, und lebt von Früchten. Es frißt sitzend, und führt seine Speise mit den Vorderpfoten zum Munde, wie die andern Eichhörner. Seine Stimme ist hoch und durchdringend [a]).

Sollte dis Eichhorn mit dem vorhergehenden nicht einerley seyn? Der Unterschied beruht nur in der Farbe, und ist entweder bey diesem Thiere einigermaaßen veränderlich, oder, welches mir wahrscheinlicher vorkömmt, in der Pennantischen Figur nicht mit erforderlicher Genauigkeit ausgedrückt; denn man muß sich erinnern, daß die Abbildungen zu der indischen Zoologie in Indien, die Beschreibungen aber nach denselben von Herrn Pennant gemacht sind.

13*.

Das abessinische? Eichhorn.

THEVENOT *voy. tom. V. p.* 34.

Zimmerm. G. G. 2 Th. S. 341. N. 239.

Abessinian Squirrel. PENN. *hist. p.* 408. *n.* 268.

Auch dreymal größer als das europäische Eichhorn, oben aus dem rostfarbigen schwarz, unten grau; der Schwanz anderthalb Fuß lang. — Das Vaterland Abessinien? — Eine Abänderung des vorigen?

a) Alles dieses ist aus der Reise des Herrn Sonnerat gezogen, dessen geneigter Mittheilung ich auch ein ausgemahltes Exemplar dieses und der übrigen von ihm beschriebenen Thiere zu danken habe.

14*.

Das Eichhorn von Bombay.

Sciurus indicus; Sc. cauda longitudine corporis, apice aurantio. ERXL. *mamm. p.* 420.

Bombay Squirrel. PENN. *syn. p.* 280. *hist. p.* 409. *n.* 270.

Das purpurfarbne malab. Eichhorn. Zimmerm. G. G. 2 Th. S. 341. N. 241.

Die Ohren haben Bürsten. Der Kopf, Rücken, die Seiten und das Auswendige der Schenkel sind schmuzig purpurfarbig. Der Bauch und die Inseite der Beine, gelb. Die Schwanzspize pomeranzenfarbig. Länge des Körpers 16, des Schwanzes 17 englische Zoll.

Wohnt um Bombay [a]).

15.

Das blonde Eichhorn.

Sciurus flavus; Sc. auriculis subrotundis, pedibus pentadactylis, corpore luteo. LINN. *syst. p.* 86. *amoen. acad.* I. *p.* 561. *ed.* 2. *p.* 281. ERXL. *mamm. p.* 422. Zimmerm. G. G. 2 Th. S. 342. N. 244.

Fair Squirrel. PENN. *syn. p.* 285. *n.* 212. *Hist. p.* 413. *n.* 276.

Die Ohren sind rundlich, ohne Bürsten. Der Schwanz rund behaart. Der Daumen äußerst kurz, mit einem kleinen Nagel bedeckt. Das Haar gelb, an der Spize weiß.

Vater-

a) Pennant.

Vaterland: Gusuratte, nach Herrn Pennant, der den della Valle als Gewährsmann anführt. Nach Linne' Südamerica.

Ist es auch wohl, nach meiner Eintheilung, ein wahres Eichhorn?

16.

Das brasilische Eichhorn.

Sciurus æstuans; Sc. griseus, subtus flavescens. LINN. *syst. nat.* p. 88. n. 9. ERXL. *mamm.* p. 421. n. 7. Zimmerm. Geogr. Gesch. 2. S. 347. N. 254.

Sciurus brasiliensis; Sc. coloris ex flavo et fusco mixti, tæniis in lateribus albis. BRISS. *quadr.* p. 154. n. 7.

Sciurus brasiliensis. MARCGR. *brasil.* p. 230.

Brasilian Squirrel. PENN. *syn.* p. 286. n. 213. *Hist.* p. 114. n. 277.

Die Ohren sind rundlich und tragen keine Bürsten. Der Kopf, Rücken und die Seiten mit weichen grauen, an der Spize gelben Haaren bedeckt. Der Schwanz ist rund; das Schwanzhaar schwarz und gelb geringelt. Die Kehle grau. Unten und an der innern Seite der Beine ist das Thier gelb; welche Farbe von der beschriebenen obern durch eine in der Mitte etwas unterbrochne weisse Linie abgesondert ist [a]). Die Länge des Körpers beträgt $8\frac{1}{2}$, des Schwanzes 10 Zoll [b]).

Es wohnt in Brasilien und Guiana.

a) Marcgr. Pennant. Es scheint allerdings, daß der Sciurus flavus LINN. der Sciurus brasiliensis MARCGR. und BRISS. und das brasilische Eichhorn des Herrn Pennant zu einer Art gehören, und deswegen habe ich sie auch, gleichwie die Herren Erxleben und Zimmermann gethan haben, hier zusammengezogen. Allein erwiesen ist es noch nicht, und verdient daher weitere Untersuchung.

b) Pennant.

Das gulanische Eichhorn des Herrn Bancroft [c]) scheinet von diesem unterschieden zu seyn. Es ist, wie seine Beschreibung lautet, an Größe und Gestalt dem gemeinen sehr ähnlich, hat aber einen sehr langen buschigten Schwanz, den es gemeiniglich in die Höhe hält. Am Leibe hat es ein glattes feines Haar, auf der Brust und am Bauche weiß, an den übrigen Theilen des Leibes aber von einer bleichen gelblich braunen Farbe, an jeder Seite mit einem schmalen weißen länglichen Streife gezeichnet. Die Haare am Schwanze sind sehr lang, und von einerley Farbe mit denen am Leibe, aber mit weissen und schwarzen Flecken gezeichnet.

Noch weiter entfernt sich von ihm, und zugleich von jenem, das guianische Eichhorn des Herrn de la Borde [d]), welches von dem Entdecker für das einzige Eichhorn des gedachten Landes, aber, wie man sieht, mit Unrecht, ausgegeben wird. Es hat ein röthliches Haar, ist nicht größer als eine europäische Ratte, lebt einsam in den Wäldern auf den Bäumen, und nährt sich von dem Saamen der Maripa, Aura, Comana u. s. f. bringt auf einmal zwey Junge in den Hölen der Bäume, ist beissig, aber doch leicht zu zähmen, läßt ein schwaches Pfeifen hören u. s. w. — Wenn der Herr Graf von Büffon zweifelt, ob es ein wahres Eichhorn sey, so ist, nach der Ursache seines Zweifels, weil es nehmlich in einem für Eichhörner zu warmen Lande wohne, leicht zu urtheilen, daß er hier nicht so wohl das Eichhorngeschlecht, als die Art des gemeinen Eichhorns meine. Indessen müssen wir es doch nur dem Herrn de la Borde auf sein Wort glauben, daß es unter das Eichhorngeschlecht zu rechnen sey; und es ist daher eine nähere Nachricht von diesem Thiere um desto mehr zu wünschen.

17.

Das Eichhorn aus Dschinschi.

Ecureuil de Gingi. SONNERAT *voy.* 2. *p.* 140. Sonnerats Reise nach Ostind. 2. S. 110.

c) N. G. von Guiana S. 85. d) BUFF. Suppl. 3. p. 146.

Ist nicht Sciurus cinereus asiaticus ERXL. *mamm. p.* 419. welches zu dem gemeinen Eichhorn gehöret.

Es ist etwas stärker als das europäische Eichhorn. Das ganze Thier hat eine erdgraue Farbe, die an dem Bauche, den Schenkeln und Füssen etwas heller ist. An jeder Seite des Bauches geht ein weisser Streif vom vordern bis an den hintern Schenkel. Um die Augen geht ein weisser zirkelförmiger Streif. Der Schwanz scheint ganz schwarz, ist aber mit weissen Haaren bestreuet.

Das Vaterland des Thierchens ist die Landschaft Dschinschi (Gingi) in Ostindien. Herr Sonnerat hat es entdeckt, und die vorstehende Beschreibung davon gegeben.

18.

Das Coquallin.

Tab. CCXVIII.

Sciurus variegatus; Sc. corpore supra nigro, albo fuscoque variegato. ERXL. *mamm. p.* 421. Zimmerm. G. G. 2 Th. S. 346. N. 252.

Quauhtecallotlquapachtli aut Coztiocotequallin *). FERNAND. *Nov. Hisp. p.* 9.

Coquallin. BUFF. *hist.* 13. *p.* 109. *t.* 13.

Varied Squirrel. PENN. *syn. p.* 285. *n.* 211. *hist. p.* 413. *n.* 275.

Die Ohren sind kurz und haben keine Bürsten. Der Kopf ist schwarz mit rothbraun oder Pomeranzenfarbe gemischt, sonderlich an den Seiten. Das Maul und die Ohren sind weiß. Oben ist das Thier gleichwie die äußere Seite der Beine, und der Schwanz, schwarz, dunkel pomeranzenfarbig und röthlich gewäßert, mit unterlaufenden weissen

*) D. i. Gelbbauch.

Haaren; unten und an der innern Seite der Füsse dunkel pomeranzenfarbig, worunter sich auf den hintern Fussolen Schwarz mengt. Die Bartborsten und Klauen sehen schwarz. — Dis Eichhorn ist grösser als das gemeine, und hat, ohne den Schwanz, fast 1 Fuß Länge [a]).

Es wohnt in Mexico. Lebt in der Erde unter den Baumwurzeln und in andern Hölen, wo es auch seine Jungen hat. Es trägt Vorräthe von Mays und andern Früchten für den Winter ein, aber ob in Backentaschen, ist unbekannt. Es ist wild und läßt sich schwer zahm machen.

19.

Das schwarz gestreifte Erd-Eichhorn.

Sciurus ſtriatus; Sc. flavus ſtriis quinque fuſcis longitudinalibus. LINN. *ſyſt.* *p.* 87. *n.* 7. ERXL. *mamm.* *p.* 427. *n.* 11. Zimmerm. G. G. 2 Th. S. 345. N. 250.

Striped Dormouſe. PENN. *hiſt.* *p.* 422. *n.* 286.

A. Das asiatische.

Sciurus ſtriatus. PALL. *glir.* *p.* 378. Georgi Reiſe I. Th. S. 163.

Sciurus minor variegatus, Furunculus ſciuroides Meſſerſchmid. GMELIN *Nov. Comm. Petrop.* *vol.* 5. *p.* 344. *tab.* 9.

Ecureuil Suiſſe. BUFF. *hiſt.* 10. *p.* 126. *tab.* 28. *)

[a]) Daubenton.

*) Der Herr Graf sagt S. 128. que le Suiſſe ou l'écureuil Suiſſe décrit par Liſter, Catesby & Edwards ne ſe trouve que dans les régions froids & tempérées *du nouveau monde*; und also hätte es billig in der folgenden Namenreihe angeführt werden sollen. Allein die Abbildung ist, wie man aus S. 142. 143. schließen kan, auch der Herr Collegienrath Pallas durch sein Zeugniß bestättigt, nach einem asiatischen Exemplar gemacht. Deswegen habe ich die Anführung hieher gesezt. Verwundere mich übrigens, daß der Herr

Borndoeskje. LE BRUYN *voy. p.* 432. *tab.* 254.

Burunduk. Russisch.

Uldjuki; Ulbuki; Tungusisch. Uhrda; Wotjakisch. Wahrtæ; Wogulisch.

Dsjulalà; Baschkirisch. Dschyrykù; Burättisch. Dshyræki; Mongolisch.

Schöpe; Schépek; Ostjackisch.

Kügerük; Köhrök; Tatarisch *).

B. Das americanische.

Tab. CCXIX.

Sciurus striatus; Sc. pallidus striis quatuor fuscis longitudinalibus. LINN. *mus. Ad. Frid.* 1. *p.* 8.

Sciurus carolinensis; Sc. rufus, tæniis in dorso nigris, tæniis ex albo flavescentibus intermixtis. BRISS. *quadr. p.* 155. *n.* 9.

Sciurus a cl. D. Lyster observatus cet. RAI. *quadr. p.* 216.

Ground-Squirrel. LAWS. *Carol. p.* 124. CATESB. *Car.* 2. *p.* 75. *t.* 75. BRICKELL *N. Car. p.* 129. EDW. *birds* 4. *tab.* 181. PENN. *syn. p.* 288. *n.* 216.

Ecureuil Suisse. CHARLEV. *nouv. Fr.* 3. *p.* 134. DU PRATZ *Louis.* 2. *p.* 98.

Graf, Gmelins Nachrichten von diesem Eichhorn ganz übergangen hat.

*) Mehrere Namen, die ihm die dem Russischen Scepter in Asien unterworfene Völker geben, kan man in PALL. *Nov. sp. glir. p.* 381. nachsehen.

Rösselwissla. Bey den Schweden in Nordamerica.

Ohihoin; Huronisch.

Diese Thierchen haben mit dem Hamster und andern Mäusen das gemein, daß sie mit besondern Backentaschen versehen sind, die sich zum Eintragen der Speise stark erweitern lassen. Auch ihr Aufenthalt unter der Erde, ihre Geschicklichkeit sich Hölen zu graben, ihr länglichterer Kopf, ihre kürzere, rundlichte kahle Ohren, ihr dünnerer Leib und kürzere Beine, ihr kurzes rauhes Haar, unterscheiden sie von den vorhergehenden Eichhörnern ziemlich stark; gleichwie sie sich in einigen dieser Stücke dem Coquallin und den folgenden gestreiften Eichhörnern mehr nähern. Indessen lassen sie sich doch nicht füglich aus diesem Geschlechte in das folgende verweisen, wie Herr Pennant thut, der sie hiedurch von den übrigen gestreiften Eichhörnern trennt. Der Umstand, daß sie am Tage nach ihren Verrichtungen ausgehen, und in der Nacht schlafen, auch daß sie den Winter nicht in Betäubung hinbringen, ist nach der Meinung des Herrn Collegienraths Pallas, von dem alle obige Bemerkungen entlehnt sind, hinreichend, sie bey den Eichhörnern zu erhalten. Ich setze noch hinzu, daß ihre Backenzähne mit denen der Eichhörner genau übereinkommen; denn sie haben deren oben an jeder Seite fünfe, wovon der vorderste ganz klein ist, unten hingegen viere. —

Man pflegt das asiatische und americanische schwarzgestreifte Erdeichhorn für einerley zu halten. Es wird indessen nicht undienlich seyn, eines nach dem andern zu beschreiben. Das asiatische mag den Anfang machen.

Der Kopf ist länglich, die Schnauze konisch und etwas mehr hervorstehend, als am gemeinen Eichhorn. Die Nase hervorragend, rundlich und mit feinen Häärchen bewachsen. Die Bartborsten sind fein, schwarz, kürzer als der Kopf und stehen in fünf Reihen. Ein paar kleinere Borsten stehen über dem vordern Augenwinkel, und eben solche an den Backen; an der Kehle vier zarte weisse Haare. In jedem Backen liegt ein Sack, der bis an die Ohrendrüse reicht. Die Augen sind ziemlich groß, schwarz, hervorragend; die Augenlieder am Rande kahl und dunkelbraun. Die Ohren kurz, länglichrund, und mit sehr kurzen inwendig graugelben; aussen, vorwärts schwärzlichen, hinterwärts weißlichen Haaren besezt. Der Körper gleicht dem des gemeinen Eichhorns. Die Klauen braun. Die Daumenwarze an den Vorderfüssen ist stumpf und mit einem Hornplättchen oben überzogen. Die Fußsolen sind kahl. Der Schwanz kaum von der Länge des Rumpfes, auf der Haut geringelt, ringsherum mit Haaren bewachsen, die weniger zweyschichtig stehen, als sonst an den Eichhörnern gewöhnlich ist. Das Haar ist kurz und nicht sonderlich fein. Die Farbe auf dem Kopfe, Halse, an den Seiten und auswendig auf den Beinen gelblich (gryseo-lutescens), mit untermischten wenigern, aber längern, schwarzen und an der Spize weißlichen Haaren. Der Kopf hat an der Seite abwechselnde blasse und braune Streifen. Der Rücken ist mit fünf schwarzen Streifen oder Bändern, der Länge nach gezeichnet. Das Mittelste dieser schwarzen Bänder läuft gerade über dem Rückgrade, vom Nacken bis an den Schwanz hin; neben diesem, in einiger Entfernung an jeder Seite, zwey, von den Schulterblättern nach den Hinterschenkeln hin. Diese leztere schliessen auf jeder Seite einen blaßgelben oder weißlichen Raum, auch in Form eines Bandes, ein. Und so ist auch der Raum zwischen ihnen und dem mittlern Bande, gelblich. Die ganze untere Fläche des Körpers ist graulich weiß. Der Schwanz oben schwärzlich, unten gelblich, und da die Schwanzhaare gegen das Ende schwärzlich und an der Spize selbst grau sind, so bilden sie eine Art undeutlicher schwarzer Streifen, auf dem ausgebreiteten Schwanze. Ohne diesen, der fast 4 Zoll misset, ist die Länge des Thierchens 5 Zoll 6 Linien. Schwere $1\frac{1}{2}$ bis 2 Unzen.[a]).

Diese Eichhörner bewohnen das ganze nördliche Asien, von einem Ende bis an das andere, und haben sich von da selbst über einen kleinen Theil von Europa, bis ohngefähr an die Flüsse Dwina und Kama ausgebreitet [b]). In Sibirien sind sie in Birken- und Nadelwäldern, besonders wo die Zirbelnußkiefer oder Zederfichte [c]) in einiger Menge vorkömmt, häufig. Dagegen vermißt man sie in der ganz nördlichen und von Waldung entblößten Gegenden, jenseits des 58ten Grades der Breite, und

a) Pallas. b) Pallas. c) Pinus Cembra L.

deswegen auch in ganz Kamtschatka, wo es doch viele Zirbelnüsse gibt; weil sie sich nehmlich über die kahlen freyen Gegenden bis dahin nicht haben verbreiten können. Sie halten sich wie andere Eichhörner in den Wäldern auf; doch mehr auf der Erde, ob sie gleich auch die Bäume mit eben der Leichtigkeit beklettern und darauf hinlaufen. Ihre Wohnungen aber haben sie nicht wie jene, auf denselben, sondern in der Erde. Es sind solches unordentliche Hölen, die sie mehrentheils unter die Wurzeln der Bäume oder unter kleine Hügel graben, und die wegen der Feuchtigkeit des Bodens nur etwan eine Spanne tief unter der Erde sind. Der Zugang zu denselben ist ein zikzak gehender Canal. Sie bestehen aus mehreren zusammenhängenden Kammern, davon die eine zum Nest, die andern zwo bis drey als Vorrathskammern dienen. Nachdem sie im Herbste diese angefüllet haben, so verbergen sie sich in ihren Hölen, worinne sie den Winter über, doch ohne beständig betäubt zu seyn, liegen, und von ihrem gesammelten Vorrathe leben. Dieser besteht, so wie ihre Nahrung überhaupt, vorzüglich in Zirbelnüssen, von welchen man zuweilen in einer Höhle zehn bis funfzehn Pfund der auserlesensten gefunden hat, auch in Saamen anderer Nadelhölzer und verschiedener Pflanzen, als der sibirischen Bärenklau [d]), des Wegtritts [e]) u. d. gl. Ja sie scheuen sich nicht, dergleichen Körner und Saamen aus dem auf den Wegen liegenden Pferdemiste heraus zu suchen. Diejenigen, welche man im Zimmern hält, nehmen auch Fleisch mit vieler Begierde an, und wenn ihrer mehrere beysammen sind, beissen sie sich wohl selbst die Schwänze ab. Sie nehmen ihre Speise, wie andere Eichhörner, in die Vorderpfoten, und sizen dabey aufrecht. Gibt man ihnen zu viel, so stopfen sie mit dem Ueberfluß die Backentaschen voll. So zahm als die gemeinen Eichhörner werden sie aber nie ganz, sondern bleiben furchtsam, beissig, verstecken sich gerne und zernagen ihre Kefigte, nebst den Bändern woran man sie hält.

Sie vermehren sich sehr stark.

Der Balg gibt kein vorzügliches Pelzwerk, daher auch der Fang dieser Thiere ohne sonderlichen Fleiß betrieben wird. Man schont sie in Sibi-

d) Heracleum Sibiricum L. e) Polygonum aviculare L.

Sibirien vielmehr, weil die Zobel und Marder stark nach ihnen gehen. Am stärksten ist er noch an der Lena, wo das Tausend Felle 6 — 8 Rubel kostet. Wenn die besten ausgesucht werden, so bekommt der Pelz daraus zwar ein schönes Ansehen, hat aber eine schlechte Dauer. Die Chineser kaufen indessen dieses Pelzwerk häufig.

Diese Eichhörner werden entweder in Fallen gefangen, oder mit stumpfen Pfeilen geschossen. Viele Männchen werden zur Begattungszeit von den Jakutischen Knaben die hinter den Bäumen auf sie lauren, und durch die mittelst Birkenrinde nachgemachte Stimme des Weibchens an sich locken, erschlagen f).

An dem americanischen gestreiften Eichhorn ist der Kopf ebenfalls länglich, merklich schmäler und vorwärts länger als an dem gemeinen Eichhorne. Die Nase ragt um ein beträchtliches hervor. Das Aeusserste derselben ist zirkelförmig, beynahe platt, oben mit feinen Häärchen bewachsen. Die Bartborsten stehen in fünf Reihen, und sind kürzer als der Kopf. Etwan 3 bis 4 Borsten stehen über dem vordern Augenwinkel, und einige wenige auf dem Backen, schräg unter dem hintern Augenwinkel. Innerhalb der Backen bildet sich ein Sack, der sich bis hinter die Ohren erstreckt. Die Backenmuskeln machen eine Scheidewand zwischen demselben und der Mundhöle. Die Augen stehen in der geraden Linie von der Nasenspize nach dem untern Theil der Ohren. Die Ohren sind kurz und gerundet, in- und auswendig haarig. An den Vorderfüssen sind die zwey mittlern Zeehen länger als die beyden äussern. Die Daumenwarze ist konisch, mit einem rundlichen Nagel bedeckt. An den Hinterfüssen sind die drey mittlern Zeehen von gleicher Länge, die beyden äußern kürzer, und unter diesen die innere die kürzeste. Die Fußsolen sind kahl. Der Schwanz hat eine geringelte Haut, und ist nicht so stark behaart, als am europäischen Eichhorn; doch stehen die Haare ziemlich nach zwo Seiten. Die Farbe des kurzen Haares auf der Spize der Nase ist schwarzbraun. Von der Nase über die Stirne bis zum Hinterhaupt ist sie ein

f) Pallas *N. sp. glir.* a. a. O. Reise II. Th. S. 209. 665. Lepechins Reise III. Th. S. 47.

ziemlich dunkles Braun mit Schwarz wenig gemischt. (Der Boden der Haare ist grau. Diesem folgt Schwarz, dann Lichtbraun, und die Spize ist wieder schwarz.) Der vordere und hintere Augenwinkel ist beynahe kahl und schwärzlich, so wie der äußerste Rand der Augenlieder. Auf beyden Rändern stehen einige kurze schwarze Haare; die Augenlieder selbst aber sind oben und unten durch einen Streif weißer Haare bezeichnet, die auf denselben stehen. Die Gegend unter den Augen, von dem vordern Augenwinkel an, und der obere Theil der Backen bis unter die Ohren hin haben die nehmliche (und insonderheit vorwärts eine fast noch dunklere) braune Farbe, als die Stirne. Von dem hintern Augenwinkel läuft eine etwas lichter braune nicht mit Schwarz gemengte schmale Fläche nach dem Ohr, welche oben sowohl als unten durch einen eben daher kommenden ganz schmalen weißlichen Streif, wovon der obere am obern, der untere am untern Theil des Ohres sich endigt, von dem Dunkelbraun der Stirne und Backen getrennt wird. Eben das Lichtbraun, wie auf der Fläche hinter den Augen, schließt an das unter den Augen über die Backen hin gehende Braun, am Umfange des Mundes bis gegen die Backen hinter, an. Die Ohren sind inwendig mit kurzen lichtbraunen schwarz zugespizten, auswendig vorn und am Rande mit lichtbraunen, übrigens aber mit grauweissen einzelner stehenden Haaren bedeckt. — Der Hals oben auf und die Mitte des Rückens haben die nehmliche braune Farbe, wie der Scheitel. Unmittelbar vom Ende des Scheitels läuft ein schmaler schwarzer Streif ganz in der Mitte des Rückens hin, der bis zwischen die Schultern einen kaum merklichen blaßbraunen Rand hat. An jedem Schulterblat fängt ein breites Band an, und geht dem schwarzen Rückenstreif beynahe parallel, bis in die Gegend, wo das Heiligbein anfängt, da es absezt. Es besteht aus zween schwarzen Streifen, breiter (vorzüglich der untere) als der Rückenstreif; und einem weißen ins gelbliche fallenden, an Breite dem Rückenstreife gleich, zwischen jenen. Alle drey sind einander parallel, und stossen dicht an einander. Auf den Schulterblättern und Vorderbeinen siehet man noch die Farbe des Rückens; weiter hinterwärts an den Seiten des Körpers wird sie lichter, und die eingemengten schwarzen Haare werden hinterwärts immer seltener. Auf den Hinterbeinen und zwischen denselben hinter den Seitenbändern, ist ein schöneres reineres Braun, wie auch auf den Hinterfüssen, bis an die Zeehen, zu sehen; die

Zeehen fallen blässer, gleichwie die Vorderfüße, auf denen sich schwarze Haare einzeln einmengen. An dem Schwanze ist jedes Haar unten hellbräunlich, dann schwarz und an der Spize weiß; dadurch bildet sich eine Art von schwarzer Binde innerhalb seines Umfangs, sonderlich unten. Die Kehle, die Brust und der Bauch, gleichwie die innere Seite der Beine, sind weißlich.

Die Maaße dieses Thierchens will ich, wie ich sie nach dem in Weingeist vor mir habenden männlichen Exemplar, dessen ich mich bey der Beschreibung bedienet, genommen, und zwar, zur Vergleichung, neben den Abmessungen eines sibirischen gestreiften Eichhorns, die wir dem Herrn Collegienrath Pallas zu danken haben g), hieher sezen.

	Das Sibiris.		American. g. E.	
Länge von der Nasenspize bis zum After	5.″	6.‴	5.″	10.‴ *)
— des Schwanzes ohne die Haarspize	3.	11.	3.	10.
— der Haarspize am Schwanze	1.	1.	—	9.
— von der Nasenspize bis in den Nacken	1.	$10\frac{1}{2}$.	2.	—
Entfernung der Nasenlöcher	—	1.	—	1.
— der Nasenspize vom Auge	—	$8\frac{1}{4}$.	—	8.
— des Ohrs vom Auge	—	5.	—	5.
Umfang der Schnauze	—	10.	—	8. †)
Abstand der Nasenspize von den Vorderzähnen	—	$2\frac{1}{2}$.	—	2. †)
Länge des Auges	—	$3\frac{1}{2}$.	—	$3\frac{1}{2}$.
Abstand der vordern Augenwinkel von einander in gerader Linie	—	$6\frac{1}{2}$.	—	7.
— — — nach der Krümmung der Oberfläche	—	$10\frac{1}{2}$.	—	$10\frac{1}{2}$.

g) *Nov. sp. glir.* p. 383.

*) Der Körper dieses Thierchens scheint sich durch das Hängen im Weingeist etwas gestreckt zu haben; lebendig mag es wohl eben so lang als das vom Herrn Collegienrath Pallas gemessene, gewesen seyn.

†) Die mit diesem Zeichen bemerkten Maaße haben nicht mit vollkommener Schärfe genommen werden können.

Abstand der hintern Augenwinkel in g. L.	—″	.‴	—″	8.‴
——— ——— nach der Krümmung d. O.	—	.	—	11.
——— der Ohren in gerader Linie	—	$8\frac{1}{2}$.	—	9. †)
——— ——— nach der Krümmung d. O.	—	10.	—	$10\frac{1}{2}$. †)
Länge des Ohres von unten an gemessen	—	7.	—	8. †)
——— ——— ——— vom Scheitel an gemessen	—	$4\frac{1}{2}$.	—	5.
Breite des ausgebreiteten Ohres	—	$4\frac{1}{2}$.	—	5.
Umfang der Schnauze vor den Augen genommen	1.	10.	2.	— †)
——— des Kopfes zwischen Augen und Ohren genommen	2.	5.	2.	6. †)
Länge des Halses	—	$4\frac{1}{2}$.	—	4-5. †)
Länge des Humerus	—	$7\frac{1}{2}$.	—	7.
——— Antibrachium	—	11.	—	11.
——— Vorderfusses mit den Klauen	—	9.	—	10.
——— der mittlern Zeehen ohne Klauen	—	$3\frac{1}{2}$.	—	$3\frac{3}{4}$.
——— der Klauen daran	—	$1\frac{1}{2}$.	—	$1\frac{1}{2}$.
——— des Femur	1.	1.	1.	2.
——— der Tibia	1.	2.	1.	2.
——— des Hinterfusses	1.	4.	1.	$4\frac{1}{2}$.
——— der drey mittlern Zeehen ohne Klauen	—	4.	—	$4\frac{1}{2}$.
——— der Klauen daran	—	$1\frac{2}{3}$.	—	$1\frac{2}{3}$.

Dies Thierchen ist in den weniger kalten Landschaften an der Ostküste von Nordamerica, in Pensilvanien, Virginien, Carolina [b]) und bis Florida hinunter gar nicht selten. Es scheint sich bis an den mexicanischen Meerbusen ausgebreitet zu haben, und selbst in Mexico einheimisch zu seyn [i]). Auch auf den dem festen Lande benachbarten Inseln, als Rhode-Island, Long-Island rc. findet man es. Weiter in das Land hinein

[b]) Zimmerm. G.G. I.Th. S.297. Catesby a. a. O.

[i]) FERNAND. *nov. Hisp.* p. 9.

nach den Gebirgen zu wird es auch angetroffen. Der Herr Hofmedicus Schöpf sahe eins in Carlisle, also ungefähr 200 Meilen von der Küste ab. Carver k) rechnet es mit unter die Thiere, die in den innern Theilen von Nordamerica, und le Page du Pratz l) unter diejenigen, die in Louisiana angetroffen werden. Man weiß indessen nicht, wie weit seine Verbreitung westwärts gehe, ob es gleich wahrscheinlich genug ist, daß es sich weit über die Gegenden hinter den Gebirgen ausgebreitet habe, da es ihm an Nahrung, Aufenthalt und Sicherheit, wenigstens von Seiten der Einwohner, nicht mangelt. Also ist denn auch unbekannt, ob es an der Asien gegen über liegenden americanischen Küste einheimisch sey? In den Nachrichten der Russen, welche die Inseln zwischen Kamtschatka und America, und die benachbarte westliche Küste dieses Welttheils besucht haben, geschieht dieses Thierchens, so viel ich weiß, eben so wenig Erwähnung, als in den Beschreibungen von dem ohnehin waldlosen Californien und dem daran stoßenden festen Lande. Wie weit es gegen Norden hinauf angetroffen werde, ist mir ebenfalls unbekannt. In Penobscot, an der Bay of Fundy, unter 44° 40′ Breite, ist es, wie mir der Herr Hofmedicus Schöpf meldet, gesehen worden. In der Gegend, wo ehedem die Huronen wohnten, also zwischen dem 41 und 45ten Gr. der Breite, kommt es noch vor; ich zweifle aber, daß es viel weiter nordwärts zu finden seyn dürfte. In Pensilvanien ist es von dem seel. D. Kalm in vorzüglicher Menge beobachtet worden, aus dessen Nachrichten m), und dem, was mir vorbelobter Herr Hofmedicus von diesem Thierchen mitgetheilt hat, ich folgendes anzuführen für nicht überflüßig halte.

Es hat seinen Aufenthalt in den Wäldern, und gräbt sich seine Wohnung in die Erde; der Zugang dazu ist lang, und geht bis 4 Fuß tief schräge hinunter; dann theilt er sich in verschiedene Nebengänge, deren etliche sich in eine zu Tage ausgehende Röhre endigen. Hierdurch gewinnet das Thierchen den Vortheil, daß es sich, wenn das eine Loch

k) Reise S. 375.

l) *Hist. de la Louisiane vol. 2. p. 98.* u. f. 227.

m) *Resa til norra America II. p.* 419.

verstopft ist, leicht in ein anderes retten kan. Ersteres geschicht bisweilen durch das abgefallene Laub, da es denn, wenn man es jagt, mit grosser Aengstlichkeit nach seinen Fluchtlöchern sucht. Wenn es sich sodann nicht weiter zu helfen weiß, so flüchtet es auf einen Baum. Auf die Bäume gehen diese Eichhörner nicht anders, als in solchen Nothfällen; sonst sind sie blos auf und unter der Erde anzutreffen. Die Speise dieser Thierchen besteht in Mays, welches seine liebste Speise seyn soll, und anderem Getreide, Eicheln, Nüssen u. d. gl. wovon sie sich Wintervorräthe eintragen. Sie stopfen auf einmal so viel in ihre Backentaschen, daß sie strozen. Wenn sie selbige mit Korn gefüllt haben, und dann an einen Ort kommen, wo Weizen ist, so leeren sie das Korn aus, um die Backentaschen mit Weizen zu füllen. Sie sind also dem Getreide so nachtheilig, als wie die Hamster. Ein Schwede in Pensilvanien stieß beym Erdegraben in einem Hügel auf die Röhre eines solchen Thierchens; nachdem er dieselbe weit verfolgt hatte, fand er eine Nebenröhre bey einer Elle lang, an deren Ende er einen großen Haufen der besten Eicheln von der Weißeiche n) antraf. Etwas weiter hin kam ein anderer Nebencanal, großentheils mit Mays angefüllet. Dann folgte ein anderer voll Hickerynüsse o), und zu innerst fand er von den schönsten Zwergcastanien p) so viel, daß er ein paar Hüte damit anfüllen konnte. Im Winter stecken sie in ihren Hölen, und leben von den eingetragenen Vorräthen; wenn es aber schöne warme Tage gibt, so kommen sie bisweilen hervor. Zuweilen graben sie sich durch die Erde bis in die Keller, in welchen die Aepfel verwahrt zu werden pflegen, die sie dann verzehren oder anfressen. An den Maysvorräthen thun sie auch viel Schaden. Indessen schüzt die Mühe des Nachgrabens diese Thierchen für der Verfolgung der trägen americanischen Landleute, denen sie sonst verhaßt genug sind; zumal da das Fleisch nur den Kazen ein Leckerbissen ist, und die Bälge, die sehr dünn und schwach seyn sollen, nirgend gebraucht werden. Dis Eichhorn läßt sich schwer, und nie ganz, zahm machen, wenn man es auch ganz klein aufzieht. Einige pflegen es jedoch, seiner Schönheit wegen, im Bauer in der Stube zu unterhalten.

n) Quercus alba LINN.

o) Iuglans alba LINN.

p) Fagus pumila LINN.

Wenn man das, was von dem asiatischen sowohl als americanischen gestreiften Eichhorn beygebracht worden ist, zusammen hält, so ist allerdings die Uebereinstimmung beyder, auch in den Maassen, so groß, daß es den Zoologen nicht verdacht werden kan, wenn sie aus ihnen nur eine einzige Species machen. Indessen halte ich gleichwohl dafür, es sey nöthig, sie noch genauer als bisher geschehen ist, zu vergleichen, ehe man als ganz ausgemacht annehmen kan, daß kein specifischer Unterschied zwischen ihnen Statt habe. Wer würde nicht wünschen, daß der erste unter den Zoologen unsrer Zeit, der Herr Collegienrath Pallas, diese Vergleichung hätte anstellen können! Allein daran wurde er durch den Mangel eines americanischen gestreiften Eichhorns gehindert q). Mir fehlt ein asiatisches, dergleichen zu sehen ich noch keine Gelegenheit gehabt habe; also bin ich nicht im Stande, mehr, als in dem obigen geschehen, dazu beyzutragen. Was mich aber bewegt, die specifische Identität dieser beyderley Thiere für noch nicht so ganz entschieden anzusehen, ist (die Unähnlichkeit der Figur in dem Werke des Herrn Grafen von Büffon mit dem amerikanischen gestreiften Eichhorn, sowohl in den Umrissen und Verhältnissen der Theile, als der Zeichnung, zu geschweigen,) hauptsächlich die Entfernung derjenigen Gegenden in Asien und America, in welchen sich diese Thiere aufhalten. Man wird nicht annehmen wollen, daß sie in beyden Continenten zugleich ursprünglich einheimisch seyen, sondern den Saz, daß America die Thierarten, die ihm mit der alten Welt gemein sind, aus Asien empfangen habe r), auch hier gelten lassen. Der Herr Collegienrath Pallas sagt aber von den asiatischen gestreiften Eichhörnern ausdrücklich, daß die waldlose torfige Gegend um den Kowyma, zwischen dem 58ten und 60ten Grad der Breite, die Gränze ihrer Verbreitung sey. Nun nehme man eine Landkarte vor sich, und werfe einen Blick auf den ungeheuren Landstrich, der zwischen der östlichen Gränze des Vaterlandes der gestreiften Eichhörner in Asien, und der Gegend in America gegen über, wo man die ersten gestreiften Eichhörner vermuthen kan, inne liegt, und wenigstens 90 Grade der Länge beträgt. Man bemerke die vielen Flüsse, von welchen der zu Europa gehörige Theil dieses Landes, der noch dazu waldlos und sumpfig ist, durchschnitten wird, und das beyde

q) *Nov. sp. glir.* p. 381. r) Zimmerm. G. G. 3 Th. S. 245. u. f.

Continente trennende Meer; welches alles den Weg, den sie hätten nehmen müssen, sehr verlängert; — und dann versuche man zu erklären, wie diese Thiere aus Asien nach America haben kommen können! — Ueber das Inselmeer zwischen Kamtschatka und America wohl nicht; denn es gibt in Kamtschatka, und so viel bekannt und zu vermuthen ist, auf diesen unbewaldeten nur mit Buschwerk bewachsenen Inseln keine. Zudem würden auf diesem, so wie auf jedem andern Wege, den man sich vielleicht noch südlicher einbilden könnte, auch die andern europäisch-asiatischen Eichhörner, und noch mehrere asiatische Thiere, nach America haben gelangen können; die man doch daselbst nicht antrift. — Hieraus scheint denn also mit Fug das Resultat gezogen werden zu können: daß es noch weiter zu untersuchen sey, ob die asiatischen und americanischen gestreiften Eichhörner specifisch einerley, oder verschieden seyn?

Meine Figur des americanischen gestreiften Eichhorns ist ursprünglich die Catesbysche, aber in mehreren wesentlichen Stücken nach der Natur gebessert. Nur die Streifen zwischen den Augen und Ohren, gleichwie auch die am Schwanze, hat derjenige, der die Verbesserungen machte, auszudrücken nicht gewagt. Diese muß man sich also hinzudenken.

20.

Das Palmen-Eichhorn.

Tab. CCXX.

Sciurus palmarum; Sciurus subgriseus: striis tribus flavicantibus, caudaque albo nigroque lineata. LINN. *syst.* *p.* 87. *p.* 5. ERXL. *mamm.* *p.* 423. *n.* 9. Zimmerm. G. G. 2 Th. S. 343. N. 245.

Sc. palmarum; Sc. coloris ex rufo et nigro mixti, tæniis in dorso flavicantibus. BRISS. *quadr.* *p.* 156. *n.* 10.

Mustela africana. CLVS. *exot.* *p.* 112. mit einer Figur. NIEREMB.

REMB. *hist. nat. p.* 172. die ebenangef. Fig. des l'Eclüse. JONST. *quadr. p.* 153. RAI. *quadr. p.* 216.

Sciurus Palmarum, Mus Palmarum vulgo; Sc. coloris ex rufo et nigro mixti, tæniis in dorso flavicantibus. BRISS. *quadr. p.* 156.

Le Palmiste. BUFF. *hist. nat.* 10. *p.* 126. *tab.* 26.

β. Palm Squirrel. PENN. *syn. p.* 287. *n.* 215. *hist. p.* 415. *n.* 279.

Der Kopf ist etwas zugespizt und kraushaarig. Die Ohren kurz, aber breit, und besonders innwendig behaart. Die Vorderpfoten vierzeehig, mit einer sehr kleinen Daumenwarze, die Hinterpfoten fünfzeehig. Der Schwanz ohngefähr von der Länge des Körpers und Kopfes. Die Haare desselben zwar länger (4 Linien), als die des Körpers (3 Linien); aber doch verhältnismäßig nicht so lang als am gemeinen Eichhorn. Die Farbe oben von der Schnauze bis zum Schwanze und an den Seiten röthlichbraun, auch wohl graulich untermischt, einige Stellen an den Seiten des Kopfes und Halses, der Schultern und Vorderfüsse ausgenommen, welche bräunlich grau oder schmuzig weiß sind. Unten fast graulich oder gelblich weiß. Auf dem Rücken drey weisse Bänder. Das mittelste läuft vom Halse bis zum Schwanze über dem Rückgrade hin, und in einer kleinen Entfernung von diesem auf jeder Seite eines in gleicher Richtung. Der Schwanz ist grau und schwärzlich braun. Jedes einzelne Schwanzhaar wechselt mit schwarz an der Wurzel und Spize, und grau in der Mitte. Bey einem andern Thierchen dieser Art bemerkte Herr Daubenton [a]) an den Schwanzhaaren folgende Abwechselungen: röthlich an der Wurzel, dann schwarz, röthlich, schwarz und an der Spize weiß, so daß auf der untern Fläche des Schwanzes, eben so viele Streifen zu sehen waren. Länge eines noch jungen Thieres ohne Schwanz zwey Zoll 10 Linien, des Schwanzes 2 Zoll 8 Linien [b]).

a) BUFF. a. a. O.

b) Daubenton.

[Auf dem Naturalienkabinette unserer Universität befindet sich ein erwachsenes Eichhorn dieser Art. Es ist etwas grösser als das gemeine Eichhorn, und hat einen längern spizigern Kopf, und kleinere geschoben viereckige Ohren mit stark übergeschlagenen Säumen, die von dem sogenannten Bock und dessen entgegengesezten Erhöhung, so daß sie zwo parallele Seiten des geschobenen Vierecks machen, bis an den hintern Rand des Ohres, die vierte Seite des Vierecks, welcher ungesäumt ist, laufen. Die Augen stehen den Ohren um etwas weniges näher als der Nasenspize. Die Bartborsten sind braun und wie gewöhnlich ungleich, die hintern längern ragen über den Kopf hinaus. Ueber jedem Auge stehen zwo zarte nicht gar lange, auf jedem Backen drey etwas längere, und an der Kehle eine sehr feine Borste. Die Daumenwarze hat einen rundlichen zarten Nagel. Der Schwanz ist kürzer als der Leib. Die Farbe auf dem Kopfe hellbraun, auf der Nase und unter den Ohren, auch an den Seiten des Halses noch heller; der Rücken mit Innbegrif des Halses vom Nacken an bis an den Schwanz dunkelbraun, doch die Spizen vieler längern Haare besonders hinter den Ohren weißlich; auf diesem braunen Grunde laufen fast parallel, in einer Entfernung etwa von einem halben Zoll zwischen je zwoen, drey weisse anderthalb Linien breite Streifen, der mittlere bis an den Schwanz, die beyden äussern kaum so weit. Unterhalb diesen erstreckt sich die etwas lichtere braune Farbe noch keinen halben Zoll breit an den Seiten des Körpers herab *). Die Backen, Oberlippe, Kehle, der Hals unten, die Brust und der Bauch sind weiß. Ein hellbrauner Fleck zieht sich von den Schenkeln nicht weit vorwärts in den weissen Grund, und eben so sehen die Schenkel auswendig, (die Haare haben dort lange weisse Spizen,) etwas heller die hintern, und noch mehr die vordern Füsse oben auf. Der Schwanz hat ziemlich langes Haar, theils von brauner Farbe, (desto dunkler, je näher es dem Leibe ist,) theils mit langen weissen Spizen. Die Zähne sind dunkelpomeranzenfärbig **).

*) Sie geht also an der Büffonischen Figur zu weit herunter, wo auch die weissen Streifen zu breit sind.

**) Die Geschlechtstheile dieses Thieres, welches ein Männchen ist, sind von sehr beträchtlicher Grösse, so daß der Name: Sciurus genitalibus maximis LINN. *syst.* 2. *p.* 46. völlig auf dasselbe paßt. Das ist aber wohl der Fall mit mehrern Eichhornarten.

Ein kaum halb so grosses, nach den Zähnen, Klauen, Bartborsten rc. zu urtheilen, noch junges Thierchen, allem Ansehen nach von eben dieser Art, hat zwar noch einen etwas stumpfern Kopf, aber sonst das nehmliche Ansehn, auch dieselben Farben, jedoch schöner; von den drey weissen Streifen läuft der mittelste, nicht viel über eine halbe Linie breit, vom Genick an bis an den Schwanz, und noch fast einen halben Zoll weiter, auf selbigen hinauf; von diesem stehen die beyden äussern etwa dritthalb Linien weit ab, haben eine Breite von mehr als einer Linie, und endigen sich an dem Anfange des Schwanzes. Die braune Farbe geht noch anderthalb Linien breit an den Seiten des Leibes herunter, und schneidet sich hart an dem Weiß der Seiten ab, so daß sich daselbst ein vierter und fünfter weisser Streif zu formiren scheint.

Wenn daher an manchen Individuen, die braune Farbe von den Schenkeln sich weiter vorzieht, so entstehen daher statt der drey gewöhnlichen, fünf weisse Streifen, und so kömmt die Spielart heraus, die Herr Pennant beschreibt, und die daher ganz füglich mit ihm für nichts weiter als eine Spielart zu halten ist [c]).]

Dieses Eichhörnchen ist ein Bewohner der heissern Länder von Afrika und Asien [d]), wo es sich auf den Palmbäumen aufhält, und daher seinen Namen bekommen hat. Nach dem von Herrn Pennant angeführten Bericht des Herrn Loten, ehemaligen Gouverneurs auf Zeylon, werden diese Eichhörner sonderlich auf den Kokospalmen angetroffen, und gehen sehr nach dem Sury oder Palmwein, daher sie auch von den Holländern daselbst Surycatjes [e]) genannt werden. Nach des l'Eclüse *f*), oder vielmehr des Plateau, der ihm Zeichnung und Nachrichten von einem solchen Thierchen mitgetheilt hat, Bemerkung, trägt es zwar seinen Schwanz oft aufrecht, in die Höhe gerichtet, schlägt ihn aber nicht über sich zurück. Uebrigens kommt es in seiner Lebensart und seinem ganzen Betragen mit dem ge-

c) Pennant a. a. O.

d) Zimmermann.

e) Man vergleiche hiebey, was in Ansehung dieses Namens oben S. 436. gesagt worden ist.

f) *Exot. l. c.*

meinen überein. Es lebt ebenfalls von Früchten, und speißt sie auf dieselbe Weise. Es hat dieselbe Stimme, Sitten, Gelenksamkeit und Lebhaftigkeit, und verbindet damit ein noch schöneres Ansehen. Auch läßt es sich sehr zahm machen, und gewöhnt sich dann leicht an die ihm einmahl angewiesene Wohnung, so daß man es frey herum laufen lassen darf. Weisses Brod liebte das von Plateau unterhaltene vorzüglich.

21.

Das Liberey=Eichhorn.

Tab. CCXXI.

Sciurus getulus; Sc. fuscus, striis quatuor albidis longitudinalibus. LINN. *syst. p.* 87. *n.* 6. ERXL. *mamm. p.* 425 *n.* 10. Zimmerm. G. G. 2. S. 343. N. 246.

Sciurus getulus; Sc. coloris ex rufo et nigro mixti, tæniis in lateribus alternatim albis et fuscis aut nigris. BRISS. *quadr. p.* 157. *n.* 11.

Sciurus getulus. ALDROV. *digit. p.* 405. Die Fig. *p.* 406. Gesn. Thierb. S. 24. JONST. *quadr. p.* 163. *tab.* 67. RAI. *quadr. p.* 216.

Barbarian Squirrel. EDW. *av.* 4. *t.* 198.

Barbary Squirrel. PENN. *syn. p.* 287. *n.* 215. β. *hist. p.* 416. *n.* 280. β. als eine Spielart des vorigen.

Barbaresque. BUFF. *hist.* 10. *p.* 126. *tab.* 27.

Dies Eichhorn kommt dem vorigen ziemlich nahe. Der Kopf aber ist über der Stirne und Schnauze gewölbter, die Ohren etwas grösser, der Schwanz dichter und mit längern Haaren versehen. Die Augen schwarz. Die Farbe oben und an den Seiten röthlich und grau gemischt; dunkler auf dem Kopfe, Halse und Rücken; blässer an den Seiten des Kopfes, Halses und Körpers und an den äussern Theilen der Füsse. Auf dem Rücken vier etwas von einander abstehende gelbliche Bänder, davon die zwey obern der Länge nach, neben dem Rückgrade, vom Halse gegen den Schwanz zu; die zwey äussern aber parallel mit den vorigen von den Vorder- zu den Hinterschenkeln hinlaufen. Die untere Fläche des Kopfes, Halses, die Brust, der Unterleib, die innern Seiten der Schenkel weiß. Der Schwanz erhält dadurch, daß jedes Haar desselben in mehrern Ringen von heller und dunkler Farbe abwechselt, ein etwas gestreiftes Ansehen [a]). Die Vorderpfoten haben vier Zeehen, nebst einer kleinen Daumenwarze ohne Klaue, die Hinterpfoten fünfe. Die Klauen schwarz. Länge des Thierchens von der Schnauze bis an den Schwanz 5 Zoll [b]).

Es hält sich in Afrika auf den westlichen Küsten der Barbarey auf, ob auf Bäumen, wie die mehresten andern, oder mehr auf der Erde, wie das Erdeichhörnchen? darüber ist Edwards [c]) zweifelhaft; er vermuthet eher aus dem Betragen des Seinigen das leztere. Denn dies bezeigte, wenn es freygelassen wurde, kein Verlangen zu klettern, sondern sich vielmehr in Tuch oder etwas dergleichen zu verbergen. Seine Nahrung und übrigen Sitten, soll es mit dem vorhergehenden gemein haben [d]).

Herr Pennant hält dieses Eichhorn für eine Spielart des vorigen, worinn ich ihm aber nicht beypflichten kan. Er fügt noch eine dritte Spielart, unter dem Namen Plantane Squirrel, in der *History of quadrupeds p.* 416. *n.* γ. hinzu, die dem gemeinen Eichhorn stark gleichen, aber lichter, und mit einem gelben Streif, der an jeder Seite von dem vordern nach dem hintern Schenkel gehet, gezeichnet seyn soll. Man findet, nach seinem Bericht, dies Thier auf Java und der Prinzeninsel; die Malayen nennen es Ba-djing; es lebt auf dem Pisang und den Tamarinden, und ist sehr scheu. Sollte dies vielleicht zu dem Eichhorn aus Dschinschi S. 788. N. 17. gehören?

a) Edwards a. a. O.
b) Daubenton.
c) a. a. O.
d) Büffon.

22.

Das Band-Eichhorn.

Sciurus mexicanus; Sc. cinereo-fuscus, striis 5-7 albidis longitudinalibus. ERXL. *mamm. p.* 428. *n.* 12. Zimmerm. G. G. 2. S. 346. N. 251.

Sciurus novæ Hispaniæ; Sc. obscure cinereus, tæniis in dorso albicantibus. BRISS. *qu. p.* 154. *n.* 8.

Sciurus rarissimus ex nova Hispania, tæniis albis. SEB. *thes.* I. *p.* 76. *t.* 47. *fig.* 2.

Mexican Squirrel. PENN. *syn. p.* 286. *n.* 214. *hist. p.* 414. *n.* 278.

Tlamototl. FERN. *an. p.* 9. Der mexicanische Name.

Die Ohren sind am Rande kahl. Der Leib mausefarbig. Am Männchen laufen sieben, am Weibchen fünf weisse Streife über den Rücken auf den Schwanz hin. Den Schwanz zeichnet Seba viertheilig, welches wohl nur ein Fehler des Stückes, das er besaß, war, und wahrscheinlich aus Verlezungen der Haut herrührte. Die Länge des Körpers beträgt sechstehalb Zoll; der Schwanz ist um etwas länger.

Es bewohnt Neuspanien.

Fliegende Eichhörner.

23.

Tab. CCXXII.

Das virginische fliegende Eichhorn.

Sciurus Volucella. PALL. *glir. p.* 353-359. Zimmerm. G. G. 2. S. 348. N. 256.

Sciurus minimus, hypochondriis prolixis volans, ventre albido. BROWN. *Jam.* *p.* 438.

Mus volans; M. cauda elongata villosa, palmis tetradactylis, hypochondriis extensis volitans. LINN. *mus. Ad. Fr.* 2. *p.* 10. *syst. p.* 75. *n.* 21.

Sciurus americanus volans. RAI. *quadr. p.* 215.

Flying Squirrel. CATESB. *Carol.* 2. *p.* 76. *t.* 76. 77. LAWSON's *Carol. p.* 124. BRICKELL's *North-Carol. p.* 129. EDW. *av.* 4. *t.* 191. PENN. *hist. p.* 418. *n.* 283.

Ecureuil volant. DU PRATZ *Louis.* 2. *p.* 98. *fig.*

Le Polatouche. BVFF. *hist.* 10. *tab.* 21. eine richtige, schöne Figur des virgin. Eichhorns.

Quimichpatlan, in Neuspanien. FERNAND. *nov. Hisp.* 8.

Assäpanik; Sahouesquanta; wildische Namen in Virginien und Canada.

Der Kopf ist etwas dick, die Augen sehr groß, hervorragend und schwarz. Die Zähne gleichbreit, keilförmig, weiß, doch auf der vordern Fläche pomeranzenfärbig. Die Ohren rundlich, dünne, durchscheinend, wenig behaart, von bräunlichaschgrauer Farbe, und weiter von einander abstehend, als am gemeinen Eichhorn. Die schwarzen Bartborsten länger als der Kopf. Der Hals kurz. An den Vorderpfoten vier Zeehen mit einer Daumenwarze, an den Hinterpfoten fünf Zeehen. Der Schwanz ist kürzer, als der Leib, etwas platt, und hat zwar längere Haare als der übrige Körper, doch nicht so langes und dichtes Haar als am gemeinen Eichhorn. Das merkwürdigste in seinem Bau, ist die besondere Verlängerung der Haut an beyden Seiten des Körpers, zwischen den Vorder- und Hinterfüssen, mittelst deren das Thierchen seinen flugähnlichen Sprung macht. Sie befestigt sich vorwärts an den ganzen Vorderfüssen bis an die Pfoten, und an einen eignen Knochen, der einem Sporn gleicht und mit den Fußwurzelknöchelchen artikulirt ist. Hinterwärts umgibt sie den ganzen Hinterschenkel bis an die Fußwurzel herab. Wenn das Thier in

Ruhe ist oder läuft, so sieht die Haut nur einer Falte ähnlich, und wird erst im Sprunge ganz sichtbar. Das Haar dieses Thierchens ist von der größten Feine und Weiche. Die Farbe auf der ganzen obern Fläche des Kopfes und Leibes ist gelbbräunlich mit Grau untermengt; auf dem Schwanze aschgrau mit Bräunlichem überlaufen, und zwar lichter an der Basis, als weiter hinterwärts, heller auf dem Kopfe, noch heller an den Seiten des Halses; dunkler an den übrigen Theilen; auf den Füssen geht es herabwärts nach und nach ins Silberweisse über. Der Rand der Flughaut endigt sich erst in einen schwarzen und dann weißlichen Streif. Um die Augen geht ein schwärzlich grauer Ring herum. Die Spize der Nase und Oberlippe, die Kehle, die untere Fläche des Halses, Leibes und der Füsse ist weiß, der Flughaut und des Schwanzes, die Gegend hinter dem After mit eingeschlossen, blaß bräunlichgelb. Die Haare auf dem Rücken sind an der Wurzel aschgrau, an der Spize gelb. Die in der Mitte der untern Fläche des Körpers ganz weiß: die am Umfange derselben, und in der Mitte des Schwanzes längshin, in der Mitte grau. Länge 5 Zoll, des Schwanzes 4 Zoll.

Es kommt dieses Eichhorn anderwärts nicht, als in seinem eigentlichen Vaterlande, dem gemässigten und warmen nördlichen Amerika, vor; wenn daher der Herr Graf von Büffon sagt, daß der Polatousche in Polen und Rußland einheimisch sey, so geschicht dieß darum, weil er es mit dem russischen fliegenden Eichhorn für einerley hält, von welchem es aber der Herr Collegienrath Pallas, und neuerlich auch Herr Pennant, mit Recht unterscheiden.

Unser virginisches wohnet wie andere Eichhörner auf den Bäumen, wo es von einem Aste auf den andern klettert, und vermittelst seiner Flughaut, in ziemlicher Weite, von einem Baume auf den andern springt. Seine Sprünge gehen oft 25 bis 30 Fuß weit, und noch weiter, und sehen um deswillen einem Fluge gleich, daher sie auch diesen Nahmen erhalten haben. Wenn es sich in die Luft schwingen will, so streckt es seine Vorder- und Hinterfüsse aus und spannt also seine Flughaut; welche Spannung noch zum Theil durch den oberwehnten Knochen an den vordern Fußwurzeln verstärkt wird, so daß die Haut daselbst im Fluge einen hervor-

hervorstehenden Lappen oder Ohr bildet [a]). Durch den grössern Widerstand, welchen seine auf solche Weise erweiterte Oberfläche, bey unveränderter Schwere des Körpers, im Falle, der Luft darbietet, wird also das Thier einigermaaßen in der Luft getragen, und sein allzuschneller Fall verhütet. Dabey schwinget es öfters den Schwanz, und befördert auch damit seinen Sprung [b]). Es fliegt allemal gerade aus; Wendungen im Fluge zu machen, wie die Vögel, ist ihm unmöglich, gleichwie es auch seine Flughaut im Flug oder Sprunge nicht so bewegt, wie die Vögel ihre Flügel. Auch kan es sich im Fluge nicht sonderlich heben; daher es gern von einem höhern Orte auf niedrigere herunter springt. Im Laufe ist seine Flughaut an den Körper angezogen. Auch selbst im Schwimmen breitet es solche nicht aus, und kann, wenn es aus dem Wasser kömmt, eben so gut springen, oder nach seiner Art fliegen, als zuvor [c]).

Es lebt immer mit mehrern seiner Art zusammen in Gesellschaft [d]), und nährt sich von Früchten, Nüssen, Körnern, Keimen von Fichten und Buchen u. d. gl. Darnach geht es aber erst Abends, wenn es dunkel wird, aus, und fast die ganze Nacht seinen Geschäften nach; den Tag über liegt es ruhig in seinem Lager und schläft [e]). Sein Nest bereitet es in hohlen Bäumen aus Blättern. In diesen werden oft 7, 12 und mehrere beysammen gefunden. Darinn bringen sie auch beym gemeinschaftlichen Wintervorrathe den ganzen Winter in Gesellschaft hin [f]). Dies Eichhorn lebt von eben derselben Nahrung, deren sich die grauen amerikanischen Eichhörner bedienen. Es ist leicht zahm zu machen, und wird es mehr, als die andern Eichhörner, so daß es beständig bey seinem Besizer bleibt, und sich von ihm in der Tasche herum tragen läßt. Es scheint überhaupt die Wärme zu lieben; es verkriecht sich in die

a) Büffon a. a. O. Tab. 22. und 23.

b) Edwards. Daubenton.

c) Daubenton.

d) KALM *Resa til norra America II. p.* 418.

e) Kalm a. a. O. und *Suppl.* T. 3. *p.* 153. Dagegen versichert Catesby a. a. O. daß sie untertags, wie Blätter vom Winde bewegt, zu 10 bis 12 von Baume zu Baume fliegen.

f) BRIKELL *nat. hist. of North-Carol. p.* 129.

Wolle, die man ihm gibt, um darauf zu liegen g), läßt sich auch gern mit zu Bette nehmen.

Es sind schon öfters solche fliegende Eichhörner nach Europa gebracht, und zum Theil geraume Zeit unterhalten worden. Sonderlich hat der amerikanische Krieg Gelegenheit gegeben, daß mehrere nach Teutschland gekommen sind. Dasjenige, welches die 222te Kupfertafel sehr genau vorstellt, ward von dem Herrn Hauptmann von Sichart im May 1778 in Philadelphia ganz jung, nebst noch einigen eben so kleinen, und der Mutter, gekauft und mitgebracht, und im August des gedachten Jahres hatte ich das Vergnügen, es bey demselben zu sehen, und die Abbildung zu besorgen. Es war damals sehr zahm, und ließ sich auch von unbekannten Personen nehmen, ohne zu beissen; nach einigem Aufenthalt aber suchte es doch zu entkommen, zwickte, wenn man es aufhielt, und sprang, so bald es losgelassen wurde, so weit, als es die Länge eines ziemlich langen Zimmers erlaubte, um zu Personen, an die es gewöhnt war, zu kommen. Seitdem wurde es in einem sehr geraumigen Behältniß unterhalten, mit Nüssen, Mandeln, Eicheln, und Wasser, genähret, und überhaupt ordentlich verpflegt. Bey Tage bewegte es sich nicht, in der Nacht hingegen war es in beständiger Unruhe. In dem itztlaufenden 1785ten Jahre erhielt ich von obenbelobtem Herrn Hauptmann die Nachricht, daß das Thierchen am letzten Jänner unvermuthet todt gefunden worden sey, und zugleich den ausgestopften Balg zu einem sehr angenehmen Geschenke. Da es immer eine gute Wartung gehabt hatte, so hat es fast das Ansehen, daß sich die gewöhnliche Lebenszeit dieser Thiere ohngefähr auf sieben Jahre erstrecken möge.

Es wirft 3 bis 4 Junge.

24.

Das hudsonische fliegende Eichhorn.

Greater flying Squirrel. FORSTER. *Phil. Tr. vol. 62. p. 379.*

g) Vosmaer. Büffon *Suppl. III. p. 153. 154.*

Sciurus volans major. PALL. *glir.* *p.* 354.

Das grössere fliegende Eichhorn. **Forster** Beytr. zur Völker- und Länderkunde 3 Th. S. 193.

Severn River Squirrel. PENN. *hist.* *p.* 418. *n.* 282.

Es ist eben so groß, wo nicht grösser, als das gemeine Eichhorn; hat ziemlich lange Haare, die unten von einer dunkeln (dunkelgrauen P.) Farbe, und an den Spizen röthlich braun sind, und so liegen, daß der Rücken bloß von dieser leztern Farbe zu seyn scheint. Der Schwanz ist sehr buschig, etwas platt, aber die Haare stehen nicht zweyzeilig, wie an dem gemeinen Eichhorn; oben ist er bräunlich, an der Spize dunkler; unten gelblich weiß. Die ganze untere Fläche des Thieres hat eben dieselbe weißliche Farbe. Die Flughaut geht von den Vorder- bis zu den Hinterfüssen [a]).

Es wird um die Jamesbay *), und zwar sonderlich in der Gegend des Severnflusses, in einer Breite von 51°, häufig angetroffen [a]), und ist von dem vorigen sowohl als dem europäischen Eichhorn verschieden [b]).

25.

Das europäisch-asiatische fliegende Eichhorn.

Tab. CCXXIII.

Sciurus volans; Sc. hypochondriis prolixis volitans, cauda rotundata **). LINN. *syst.* *p.* 88. *n.* 10. MÜLL. *dan. prodr.* *p.* 5. *n.* 33. ERXL. *mamm.* *p.* 435. *n.* 17.

a) **Forster** a. a. O.

*) Der südliche Theil der Hudsonsbay.

b) **Pallas** a. a. O. also nicht Sciurus Volucella PALL.

**) A Sciuro Volucella differt *magnitudine* plus tota tertia parte excedente; *colore* non in flavum inclinante, sed *supra* candide leucophæo, *subtus* candidissimo, caudaque supra vix fusco inumbrata; *forma capitis* breviore et globosiore; *cauda*

Sciurus . . hypochondriis prolixis volitans. LINN. *syst.* 2. *p.* 46. 6. *p.* 9. 10. *p.* 64. *Mus. Ad. Frid.* 1. *p.* 8. *Faun. suec.* 2. *p.* 13. *n.* 38. KRAM. *austr. p.* 315.

Sciurus volans; Sc. obscure cinereus aut rufescens *), cute ab anticis cruribus ad postica membranæ in modum extensa, volans. BRISS. *quadr. p.* 157. *n.* 12.

Sciurus sibiricus volans; Sc. dilute cinereus, cute ab anticis cruribus ad postica . . . extensa, volans. BRISS. *ibid. p.* 159. *n.* 13.

Sciurus volans. RZACZ. *auct. p.* 316. KLEIN *Phil. transact. vol.* 38. *p.* 32. *fig. Transact. philosophiques* 1733. *p.* 35. *t.* 1. SEB. *thes.* 1. *p.* 67. *t.* 41. *f.* 3. PALL. *glir. p.* 355. Zimmerm. G. G. 2. S. 348. N. 255.

Sciurus petaurista volans. KLEIN. *quadr. p.* 54.

Mus ponticus aut scythicus, Sciurusve quem volantem cognominant, licebit et Sciurum latum nominare. GESN. *quadr. p.* 743. mit einer Figur des Balges.

Quadrupes volatile Russiæ. DUVERN. *Comm. Petrop.* 5. *p.* 218.

Polatouche. BUFF. *hist.* 10. *p.* 95.

Flying Squirrel. PENN. *syn. p.* 293. *n.* 221.

European Flying Squirrel. PENN. *hist. p.* 420. *n.* 285.

Das europäische fliegende Eichhorn. Wagner Beschr. des Bayreuth.

breviore, paucioribus vertebris composita, vix dimidiam corporis longitudinem excedente, dum in Volucella ad $\frac{3}{4}$ accedit; *oculis* naso propioribus circulo magis atro cinctis; *artubus* anticis brevioribus, at posticis tibiis — longioribus. PALL. *glir. p.* 359.

*) Diese zwey Worte passen nur auf das virginische fliegende Eichhorn, welches Herr Brisson von dem europäischen nicht unterscheidet.

Naturaliencab. S. 14. Tab. 4. **Fischers** Naturg. von Liv-land S. 62. mit e. schl. Fig.

Ljetaga; Russisch.

Wjewjorka lätajacza; Popyelycza lätayacza; Polnisch. (Auch vielleicht Poletucha.)

Saar-tien-kanat (Sciurus alatus pallens); Tatarisch.

Abarghán; bey den gebirgischen Samojeden. Babarchàn; bey den Tatarn am Jenisei.

Iluchön (inflatus); Jakutisch.

Tochlyng-langi, Imit-lanki, Iwe-lanki, Pailan-langi; Ostja-kisch, bey den verschiedenen Stämmen. Toulm-leyn, Tau-ling-Lengen, Wogulisch; Tirta-Tarek, Samojedisch. (Sciurus volans vel alatus.)

Poëse, bey den Ostjaken am Narym. Bobontóll, bey den Wer-choturischen Wogulen. Puloh, Wotjakisch. Küsnür, Permä-kisch. Pall, Sirjänisch. Olbo, Mongolisch. Uldjugi, Tun-gusisch. Bschamabschi, Tangutisch.

Die Nase ist breit, tief gefurcht, und kurz behaart; die Schnauze kurz, und daher der ganze Kopf rundlich und stumpf. Die Vorderzähne sind vorn ziemlich platt, pomeranzenfärbig. Die schwarzen Bartborsten länger als der Kopf und in fünf Reihen geordnet. Am obern Augenliede zwo Borsten; auf den Backen und an der Kehle keine. Die Augen groß, hervorragend, schwarz. Die Ohren kurz, rundlich, dünne, und nur hin und wieder dünne mit kurzen Häärchen besezt. Der Hals kurz, und an beyden Seiten mit einer schlaffen Hautfalte, die gegen die Vor-derfüsse etwas breiter wird, versehen. Die Flughaut ist auf dieselbe Wei-se, wie beym virginischen fliegenden Eichhorn, befestiget, nämlich: vorn an den ganzen Vorderfüssen, bis an die Pfoten, wo sie sich in ein läppchen oder Flügelchen verlängert, welches auch von einem mit der Fußwurzel artikulirten Knöchelchen, in der Spannung, bewegt wird; von da geht alsdann die Flughaut am ganzen Körper hin bis zu den Hinterschenkeln, woran sie ihre hintere Bevestigung hat. Auch zwischen diesen Hinterschenkeln und dem Schwanze ist die Haut etwas schlaff und faltig. Die Füsse sind ziemlich lang. Eine Warze steht unten am Arm gegen die Handwurzel hin, und ist mit zehn tief eingewurzelten Haaren besezt. Der vordern Zeehen sind vier, der hintern fünf, und alle unten behaart; die hintern stärker als die vordern. Die Daumenwarze ist groß, inwendig schwielig. Die Klauen weißlich. Der Schwanz kürzer als der Körper, breit, lang behaart, von länglichem Umfange. Das sehr dichte und weiche Fell ist auf dem Rücken in seiner Oberfläche weißlich grau, tiefer hinab gegen die Wurzel der Haare braun. Unten ganz weiß, nur gegen die Haut hinab bräunlich; der Hals zur Seite, die Vorderfüsse der Länge nach, und die Flughaut vom Läppchen bis zu den Hinterschenkeln haben eine graubraune Einfassung. Die Vorderfüsse weißlich, der Schwanz blaßgrau, an den Haarspizen schwärzlich. Länge von der Nase bis an den Schwanz 6 Zoll 4 Linien. Schwere $5\frac{1}{2}$ Unze [a]).

Diese Eichhörner sind vorzüglich in allen grössern und kleinern Birkenwäldern Sibiriens, ohne, oder mit Fichten und andern Bäumen vermengt, auch dergleichen kleinern Gehölzen, von dem uralischen Scheidegebirge an, zu Hause, und gewöhnlich in grosser Menge zu finden. Um den Baikalsee sind sie jedoch selten [b]). In andern Gegenden Europens sieht man sie sehr selten; sie werden aber doch in den Birkenwäldern von Pohlen, Litthauen, in Liefland, auch bisweilen in Lappland angetroffen [c]). In Amerika sind sie allem Ansehen nach gar nicht einheimisch.

Ihr Nest bereiten sie sich aus zartem Mooß, in hole Bäume, und so weit es nur seyn kann, über die Erde erhaben.

a) Pallas a. a. O.

b) Ebenderselbe und R. II. Th. S. 439. Georgi R. I. Th. S. 163.

c) Sie gehen nicht über den 50sten Grad der Breite hinaus. Zimmermanns G. G. I. Th. S. 289.

Die Knospen, Sprößlinge und Kätzchen (amenta) der Birken, sind ihre vorzügliche Nahrung, und nebst diesen auch die Sprößlinge und Knospen der Fichte. Von dieser Nahrung nimmt sowohl der im Darmkanal enthaltene Speisesaft, als die dem Mäusekoth ähnliche Losung, eine gelbgrüne Farbe und so harzige Eigenschaft an, daß letztere trocken am Feuer mit einem Harzgeruch, in heller Flamme brennet. Die Losung gibt zugleich den Jägern ein Zeichen ihres Aufenthalts ab, denn man findet sie gewöhnlich an den Wurzeln eines Baumes, worauf diese Thierchen ihr Nest haben, so häufig und so beysammen, daß man siehet, daß sie, um sich auszuleeren, vom Baume herunter kommen. Sie leben, nur die Zeit der Begattung ausgenommen, einzeln, und kommen am Tage nicht, sondern erst in der Abenddämmerung zum Vorschein. Um diese Zeit aber sind sie, weil sie mit den Rinden der Birken, auf welchen sie sich aufhalten, beynahe gleiche Farbe haben, schwer zu erkennen. So weislich hat die Natur auch diese Thiere gegen die Nachstellungen der nächtlichen Raubvögel und Feinde gesichert! Sie laufen und sizen mit gebogenem Körper, und umgebogenem oder an den Rücken angedrücktem Schwanze. Im Laufe auf dem Boden sind sie sehr ungeschickt, aber desto fertiger im Klettern; daher sie auch nur selten, und, wie es scheint, bloß um sich auszuleeren, auf die Erde herabkommen. Mit ihrem Fluge hat es ganz dieselbe Bewandniß, wie beym virginischen Eichhorn. Sie werfen sich mit ausgestreckten Füssen in die Luft; dadurch und durch die oben angeführten Knöchelchen an den Vorderfüssen wird ihre Flughaut gespannt, und so schweben sie gleichsam von dem Gipfel des einen Baumes auf die Mitte oder den Stamm eines andern herab, indem sie sich mit dem Schwanze die beliebige Richtung geben. Auf diese Weise können sie, wie der Herr Collegienrath Pallas versichert, Höhen von 20 und mehr Klaftern kühnlich herabspringen. Ihre Nahrung verzehren sie auf den Hinterfüssen sizend, wie andere Eichhörner, und waschen sich auch eben so mit denselben. Ob sie gleich jene Drüsen am Halse und unter den Achseln mit andern Thieren, an denen man den Winterschlaf beobachtet, gemein haben; so verschlafen sie doch den Winter nicht ganz, sondern gehen bey gelinder Witterung nach frischer Nahrung aus. Dies beweisen die verdauten Speisen, die man auch mitten im Winter in ihrem Darmkanal findet, und der Umstand, daß sie sich durch Lockspeisen in die Falle ziehen lassen. Ihte Stimme ist pfeifend oder brummend, die sie jedoch nur selten, jene im Schmerze, diese im Zorn hören lassen. Uebrigens sind sie beissig, und sehr empfindlich, deswegen sie in der Gefangenschaft schwer zu erhalten sind.

Sie werfen im May zwey, drey, selten vier Junge, welche 6 Tage nackt, und, welches sehr merkwürdig ist, wohl 14 Tage blind bleiben. Die Mütter sizen am Tage über den Jungen, und hüllen sie in ihre Flughaut ein, des Nachts aber decken sie sie fleißig mit Mooß zu, wenn sie selbst nach ihrer Nahrung ausgehen [d]).

Die Bälge dieses Thierchens haben eine sehr dünne Haut und zu weiche Haare, und geben also ein schlechtes Pelzwerk, das in Rußland nur an die Chineser um die Hälfte des Preises, als jenes vom gemeinen Eichhorn, verkauft wird. Von betrügerischen Jägern wird auch zuweilen lezteres mit dem erstern verfälscht.

26.

Das javanische fliegende Eichhorn.

Sciurus Sagitta; Sc. hypochondriis prolixis volitans, cauda plano-pinnata lanceolata. LINN. *syst.* *p.* 88. *n.* 11. ERXL. *mamm.* *p.* 439. *n.* 19. Zimmerm. G. G. 2. S. 349. N. 257.

Der Kopf ist länglich rund. Die Ohren oval, stumpf, behaart. Die Bartborsten so lang als der Kopf. Eine Borste auf dem Backen. Die Oberlippe gespaltet. Die Zähne stumpf, von brauner Farbe. Vorn vier, hinten fünf Zeehen. Der Sporn an den Vorderfüssen so lang als der Vorderarm. Die Haut schon vom Kopfe an ausdehnbar. Die Flughaut mit Fransen eingefaßt. Die Schenkel hinten desgleichen. Der Schwanz so lang als der Körper, sehr platt, und (mit Inbegrif der Haare)

d) Pallas a. a. O. und Reisen 2 Th. S. 440.

Haare) von lanzettenförmigem Umriß, an der Spize abgerundet. Die Farbe fällt oben aus dem pomeranzenfärbigen ins dunkelbraune, (ferrugineo-fuscus,) unten blässer pomeranzenfärbig; an den Füssen weißgrau. Die Größe des gemeinen Eichhorns [a]).

Vaterland: Java.

27.

Das indianische fliegende Eichhorn, oder der Taguan.

Tab. CCXXIV. A. B.

Sciurus Petaurista. PALL. *miscellan. p.* 54. *tab.* 6. *glir. p.* 353. Zimmerm. G. G. S. 349. N. 258.

Sciurus maximus volans, feu felis volans; Sc. castanei coloris, in parte corporis superiore, in inferiore vero eximie flavescentis; cute ab anticis cruribus ad postica membranæ in modum extensa volans. BRISS. *quadr. ed. Lugd. Bat. p.* 112. *n.* 15.

Ecureuil volant. VOSMAER *descr.* (Amst. 1767.) *tab.* 1.

Taguan ou grand écureuil volant. BUFF. *suppl.* 3. *p.* 150. *tab.* 21. *a. b.*

Sailling Squirrel. PENN. *syn. p.* 292. *n.* 270. *tab.* 27. *hist. p.* 417. *n.* 281. *tab.* 44.

Taquan; Taguan. Auf den Philippinen.

Der Kopf verhältnißmäßig kleiner, als jener der vorigen fliegenden Eichhörner; die Schnauze spiziger; die Bartborsten daran schwarz, steif, und mäßig lang: zwo braune Borsten über den Augen, und eine Warze mit Borsten auf den Backen. Die Ohren klein, spizig, und an der äussern Seite mit sehr kurzen feinen Haaren bewachsen. Hinter den Oh=

a) LINN. *syst. nat.*

ren haben die schwarzen einen Busch langer Haare; von den braunen finde ich dies nicht angemerkt. Der Flughaut verhält sich eben so, wie an den vorhergehenden Arten bemerkt worden ist. Sie hat gleiche Bevestigung, und macht an den Vorderfüssen einen ähnlichen spizigen Lappen. In ihrer Mitte ist sie sehr dünne, und wird gegen die Füsse hin polstriger; rings herum ist sie mit Haaren wie mit Fransen eingefaßt. Die Schenkel machen hinten eine Falte nach dem Schwanze hin, wie eine Art eines Randes. Von den vier Zeehen der Vorderfüsse sind die zwo mittelsten die längsten, und von den fünfen der Hinterfüsse ist die innere die kleinste. Die Kläuen daran krumm, spizig, schwarz; die an der innern Zeehe der Hinterfüsse grösser, als die übrigen. Der Schwanz wenigstens von der Länge des Körpers, gemeiniglich aber länger, dicht mit langen Haaren besezt, aber so, daß er nicht, wie bey den mehresten Eichhörnern, breit, sondern rund erscheint. Das Haar auf dem Rücken ist rauh und besteht aus lauter Stammhaaren; das auf der untern Fläche und am Schwanze wolligter und weniger anliegend.

Die Farbe dieser Thiere ist verschieden. Zwey, die der Herr Collegienrath Pallas beschrieb [a]), weiblichen Geschlechtes, waren oben schön auf roth stossend kastanienbraun, das hin und wieder ins schwärzliche fiel, unten hell rothbraun, der Schwanz in der Mitte rothbraun, am Anfange und an der Spize schwarz. Damit kommt auch die Farbe dessen, das Herr Pennant [b]) beschrieben hat, überein. (S. Tab. **CCXXIV. A.**) Zwey andere Thiere hingegen, und zwar Männchen, welche die Herren Pallas und Vosmaer beschreiben [c]), hatten hellbraune Ohren; auf dem Kopfe, Rücken und am Anfange des Schwanzes waren die Haare theils ganz schwarz, theils an der Spize weißgrau, welches den Thieren ein buntes Ansehen gab; die Seiten des Kopfes fielen aus dem kastanienbraunen ins rothe, gleichwie die vom Nacken nach den Vorderfüssen hinunter gehenden Haare; die Flughaut war schwarz, am Rande mit rauhem kastanienbraunem Haar eingefaßt. Die untere Seite der Thiere schmuzig weißgrau, in der Mitte des Leibes weisser. Die Füsse fielen aus dem kastanienbraunen ins ro-

a) *Misc. p.* 56.

b) *Hist.* a. a. O.

c) a. a. O. und BUFF. *Supplem.* 3. *p.* 156.

the; die Zeehen waren schwarz. Der Schwanz schwarz, nahe am Leibe stark mit weißgrau überlaufen [d]). Damit kommt die Beschreibung, die der Herr Graf von Büffon von einem in dem Cabinet des Prinzen von Condé befindlichen Balge gegeben hat [e]), überein; wiewohl er nicht hat angeben können, ob das Thier ein männliches gewesen sey, oder nicht? Das Gesicht ist vorn schwarz; die Seiten des Kopfes und die Backen schwärzlich und weiß melirt; auf der Nase und um die Augen, ist es schwarz, roth und weiß melirt. Die Bartborsten schwarz. Die Haarbüsche hinter den Ohren dunkelbraun (brun musc oder minime); der Kopf und Rücken bis an den Schwanz, schwarz und weiß gesprenkelt, denn die Haare sind unten schwarz, und nur gegen die Spize hin allenfalls weißlich. Die untere Seite des Leibes ist schmuzig weißgrau; die Flughaut oben dunkelbraun, unten aschgrau und gelblich; die Zeehen schwarz, die Füsse röthlich schwarz, welches sich auf den Schwanz hinziehet, dort aber hinterwärts immer schwärzer wird, so daß der Schwanz gegen die Spize hin ganz schwarz siehet. (S. Tab. CCXXIV. B.) Sollte aber diese Abweichung in der Farbe, wirklich nur bloß Verschiedenheit des Sexus, und nicht vielmehr zwo Spielarten, oder vielleicht zwo wahre von einander abgesonderte Arten anzeigen?

Länge des Körpers 23 Zoll, des Schwanzes 21 Zoll Pariser [f]), 1 Schuh 5 Zoll Rheinisch Maaß [g]).

Die Philippinischen Inseln, Java, Gilolo, Ternate, und mehrere Gegenden Indiens, auch die Halbinsel disseit des Ganges, sind das Vaterland dieses merkwürdigen Eichhorns [h]). Aufenthalt und Nahrung hat es ohne Zweifel mit seinen verwandten Arten ohngefähr gemein. Eben so wie diese, bedient es sich zum Springen von einem Baume auf den an-

d) PALL. *misc.* p. 57. Vosmaer a. a. O.

e) *Suppl.* 3. p. 151.

f) Büffon.

g) Vosmaer

h) VALENTYN *Oud en Nieuw Ost-ind. Vol. III.* p. 269. A. H. d. R. B. 10. S. 410. Büffon a. a. O.

dern seiner ausgespannten Flughaut, welche in der Ruhe an dem Körper angezogen und darum wenig bemerkt wird [i]).

Es ist schüchtern, wild und weiß seine scharfen Zähne so wohl zu gebrauchen, daß es nur eine Nacht nöthig hat, um ein hölzernes Haus, das man ihm eingiebt, mit leichter Mühe zu zerstücken [k]).

Es ist das größte von allen bisher bekannten Eichhörnern, eine Seltenheit in den Naturaliensammlungen, und nur von wenig Reisenden beobachtet. Darum ist die Naturgeschichte dieses Thieres noch nicht so erweitert, als es wohl verdiente.

28.

Das Kappen-Eichhorn.

Sciurus cute a capite ad caudam relaxata volans. LINN. *syst.* 2. *p.* 46.

Sciurus Petaurista; Sc. membrana a capite ad caudam per pedes expansa volans. ERXL. *mamm. p.* 438. *n.* 18.

Sciurus virginianus volans; Sc. cute a capite ad anum membranæ in modum lateraliter extensa volans. BRISS. *quadr. p.* 159. *n.* 14.

Sciurus virginianus volans. SEB. *Thes.* 1. *p.* 72. *tab.* 44. *f.* 3. PALL, *glir. p.* 354. Zimmerm. G. G. 2. S. 350.

Sciurus virginianus petaurista. KLEIN. *quadr. p.* 53.

Hooded flying Squirrel. PENN. *syn. p.* 294. *n.* 221. β. *hist. p.* 419. *n.* 284.

Man kennt dieses Thier nur aus der Beschreibung und Figur des Seba, der drey Exemplare aus der Vincentischen Naturaliensammlung er=

i) Büffon a. a. O. *k)* Valentyn a. a. O.

hielt. Wenn sie nicht durch die Kunst aus bekannten Thieren, wie aus Rochen u. d. gl. Drachen zubereitet werden, gemacht, sondern ächte Thiere waren, so dürfte doch noch die Frage seyn: ob sie zu den Eichhörnern, oder zu einem andern Geschlecht gehörten? Denn die Lippe ist nicht wie bey den Eichhörnern gespalten, die Zähne sind auch nicht eichhornmäßig; die Ohren ebenfalls zu groß, und an den vordern, wie an den hintern Pfoten, fünf Zeehen. Die Flughaut fängt schon an den Ohren an, bildet eine Art Kappe, und geht bis zu den Hinterbeinen, wie an dem fliegenden Maki, nicht aber von da weiter und an dem Schwanze hin, wie an eben demselben. Die Farbe wird oben rothgelb, unten aus dem hellgrauen gelblich, angegeben. Der Schwanz hat in der Figur lange Haare. — Es ist der Mühe werth, nachzuforschen, was für ein Thier dieses angebliche Eichhorn sey? Mit dem **Mus volans L.** welcher obgedachter maaßen der **Sciurus Volucella P.** oder das virginische fliegende Eichhorn ist, darf es nicht verwechselt, also auch gedachter Linneische Name nicht hiehergezogen werden, wie von Herrn Erxleben geschehen ist.

Sein Vaterland soll ebenfalls Virginien seyn.

Neun und zwanzigstes Geschlecht.

Der Schläfer.

MYOXVS.

DORMOUSE.

PENN. *hist.* *p.* 422.

Vorderzähne: oben und unten zween, die obern keilförmig abgeschärft, die untern schmäler und spitziger.

Backenzähne: oben und unten viere auf jeder Seite.

Zeehen: an den Vorderfüssen viere, nebst der Spur eines Daumens; an den Hinterfüssen fünfe.

Die Ohren eyförmig, kürzer als der Kopf.

Der **Schwanz** fast so lang als der Körper, stark behaart, platt, doch das Haar nicht so deutlich zweyreihig, als wie am Eichhorn.

Die **Schlüsselbeine** vollständig.

Der Kopf ist konischer, spitziger als an den Eichhörnern; daher die Physiognomie mauseartiger; der Leib weniger gestreckt und dicker, als im Eichhorngeschlecht.

Sie wohnen unter der Erde und auf Bäumen, klettern also fertig, und nähren sich von Baumfrüchten. Verrichten ihre Geschäfte meistens in der Nacht.

Im Winter sind sie starr.

1.

Der Billich.

Tab. CCXXV.

Myoxus Glis; Myoxus cauda longa villosissima, corporeque cano subtus albo, oculis annulo fusco cinctis.

Mus Glis; Mus cauda longa villosissima, corpore cano subtus albo. PALL. *glir. p.* 88. *n.* 33. Zimmerm. G. G. 2. *p.* 351. *n.* 259. (unter Myoxus.)

Sciurus Glis; Sc. canus subtus albidus. LINN. *syst. p.* 87. *n.* 8. ERXL. *mamm. p.* 429. *n.* 13.

Sciurus epilepticus cinereus prussicus. KLEIN. *quadr. p.* 56.

Glis. GESN. *quadr. p.* 619. mit einer Fig. ALDROV. *dig. p.* 407. mit einer Fig. *p.* 409. IONST. *quadr. p.* 164. *t.* 67. CHARLET. *exerc. p.* 25.

Glis Gesneri et aliorum. RAI. *quadr. p.* 229.

Glis vulgaris Aldrov. KLEIN. *quadr. p.* 56.

Glis supra obscure cinereus, infra ex albo cinerascente. BRISS. *quadr. p.* 160. *n.* 1.

Loir. PERR. *an.* 3. *p.* 31. *t.* 3. BUFF. *hist.* 8. *p.* 158. *tab.* 24.

Pouch. RZACZYNSKI *auct. p.* 329. BUFF. *hist.* 15. *p.* 143. als ein zweifelhaftes Thier.

Fat Squirrel. PENN. *syn. p.* 289. *n.* 217.

Fat Dormouse. PENN. *hist. p.* 423. *n.* 287.

'Ελειός, ARISTOT. *hist. an.* 8. *c.* 22. Μύοξος, OPPIAN. *cyn.* 2. *v.* 574.

Glis; der alten Römer. Ghiro, Gliero; Italiänisch. Liron; Spanisch, alt Französisch. Loir; Französisch.

Arganáz; Portugiesisch.

Dormouse; Rellmouse; Englisch.

Billich; Bilch; Rellmaus; Rell; Greul; Haselmaus; Siebenschläfer; Schlafratze; in der Schweiz und in Teutschland.

Puh; Illyrisch. Pouch; Pohlnisch.

Semljana bjelka; um Samara, Russisch.

Der Kopf ist gestreckt, hinten gewölbt, oben flach, und läuft ziemlich spizig zu. Die Nase ist klein und kahl. Die Vorderzähne vorn gelb. Die großen schwarzen stark hervorragenden Augen stehen in der Mitte zwischen der Nasenspize und dem Anfange der Ohren. Die Bartborsten sind ziemlich fein, und länger als der Kopf. Ueber jedem Auge und auf jedem Backen zwo Borsten. Die Ohren kurz abgerundet, dünne behaart. Der Hals kurz und dick. Der Leib dick. Die Beine kurz, mit kurzen scharfen weissen Klauen. Der Schwanz kürzer als der Körper, rings herum stark behaart, flach gewölbt. Die Farbe ist auf dem Rücken ein ins bräunliche fallendes schwarz überlaufenes Grau. Glänzende Haare von lichtgrauer und bräunlicher Farbe sind nehmlich unter einander gemischt, und die lichtgrauen fallen schon etwas ins bräunliche; die Spizen der längsten Haare sehen zum Theil schwarzbraun. Dazwischen sticht die aschgraue Farbe des untern Theils der Haare hervor. Vorn auf der Schnauze ist das Haar grau oder bräunlich. Die Bartborsten schwärzlich, und die Oberlippe zwischen denselben graubraun. Die Augen umgibt ein länglicher, schwärzlicher linien breiter Ring. Die Ohren sind auswendig braun, ziemlich dunkel, und fast ins grauliche fallend, leud, mit einzelnen weissen Haaren nach dem Rande hinaus. Die Farbe des Rückens gehet äusserlich auf den Beinen bis an die Fußblätter herab, fällt aber auf den Hinterbeinen mehr grau, als auf den vordern. Die Vorderfüsse sind oben auf weiß, die Hinterfüsse bräunlich grau. Die Schwanzhaare sind ebenfalls bräunlich grau; auf der untern Seite des Schwanzes, vom Anfang desselben an auswärts, bildet sich in der Mitte ein weißgrauer sich nach und nach verlierender Streif. Die Oberlippen, die Backen, Kehle bis unter die Ohren hin, der Hals unten, der Bauch und die innere Fläche der Beine, sind nicht ganz rein milchweiß; wo diese Farbe an die Rückenfarbe, von der sie übrigens ziemlich scharf abgeschnitten ist, anstößt, verwandelt sie sich in ein melonenfarbiges Bräunlich. Dis Thier ist kleiner als das Eichhorn; seine Länge beträgt zwischen 5 und 6 Zoll; des Schwanzes gegen 5 Zoll.

Die Farbe ist nicht immer die nemliche. Ich habe Billiche gehabt, an denen sehr wenig Grau unter das Braun gemengt war, und Herr Daubenton gibt die Farbe des Individuums, das er zur Beschreibung wählte, blos grau mit schwarz gemischt und silberglänzend, an. Dagegen findet man auch Thiere dieser Art, die überaus viel Lichtbraun haben, so daß der Rücken fast mehr in diese Farbe, als in das beygemengte Graue fällt [a]). Alle haben indessen, so viel ich merken können, den

a) Von dieser Farbe bekam ich vor ein paar Jahren ein noch junges Paar aus der Gegend bei Streitberg, welches aber in der Gestalt, und in der Vertheilung der Farben, gleichwie in den Sitten, völlig mit den grauen Billichen übereinkam, ob sie schon etwas kleiner waren, als die Billiche sonst zu seyn pflegen. Ich unterhielt sie lange, um zu sehen, ob sich nicht eine Veränderung der Farbe würde merken lassen; sie kamen mir aber weg, ohne sich merklich verfärbt zu haben. Der braune Ring um die Augen war bey ihnen besonders deutlich zu sehen. Im Schlaf gewogen, hatte das eine $7^1/_2$, das andere $9^1/_2$ Loth nürnb. Gewicht.

Die Verschiedenheit der Farbe dieser Thiere bemerkt auch der Herr Regierungsrath von Taube in der Beschreibung von Slavonien und Syrmien Th. 1. S. 21. „Die Billiche, sagt er, sind in Slavonien eben so häufig, als in Steyermark, Kärnthen, Krain und Italien; haben aber eine andere Farbe, als dort, nehmlich eine dunkele eisengraue — (das Fell der Billiche hat in Steyermark und den an-

oben bemerkten schwärzlichen Ring um die Augen [b]); dieser möchte also wohl, als ein unterscheidendes Merkmal dieser Art, mit in die Definition derselben zu bringen sein.

Man findet den Billich in Teutschland, doch mehr in dem südlichen als nordlichen Theile. In Sachsen wohnt er nicht eben häufig; doch ist er mir im Leipziger Kreise einigemal vorgekommen. Um Erlangen, und sonst im Bayreutischen, gehört er gar nicht unter die Seltenheiten; der Landmann kennt ihn unter dem Namen der Haselmaus. In größerer Menge wird er in Oesterreich, Ungarn, Slavonien [c]), ferner in Italien, der Schweiz, Frankreich, Spanien angetroffen [d]). In England findet man ihn eben so wenig, als in Sibirien; in dem mittlern Asien aber scheint er einen Strich, der von Preußen, Polen und dem südlichen Rußland anfängt und sich in China endigt, zu bewohnen, da ihn Pallas unter chinesischen Thierfiguren erkannt hat [e]).

Der Aufenthalt dieser Thiere ist in Waldungen und daran stossenden Obstgärten, an trocknen Orten, am liebsten in Gegenden, wo klüftige Felsklippen nicht selten sind, also in Gebirgen, doch nicht hohen, noch weniger Schneegebirgen. Am Tage verbergen sie sich in Felsklüften und holen Bäumen, worinn sie sich Nester von Moos machen, und schlafen, Abends aber, in der Nacht, und Morgens gehen sie heraus, um ihre Nahrung zu suchen; man siehet sie aber doch sehr selten, weil sie sich, so viel möglich, auf den Bäumen aufhalten. Ihr Futter ist Obst, am liebsten süsses und saftiges, aber auch Nüsse, Eicheln, Buchecken [f]),

gränzenden Ländern eine braune Farbe, die ins grünliche [soll wohl gräuliche heissen] fällt; der Bauch ist weiß) — sind auch etwas größer, als diejenigen in Steyermark."

b) Welcher aber in der Büffonischen sowohl als auch in meiner Figur nicht gehörig ausgedrückt ist.

c) v. Taube Beschr. v. Slavonien Th. 1. S. 21.

d) Zimmerm. 2 Th. S. 20.

e) Ebendas. und PALL. *glir, p.* 89.

f) Plinius erwähnet derselben schon als einer Speise der Billiche, wovon sie fett werden. Matthioli sagt: Glires hoc pabulo maxime delectantur ac pingue-

Kastanien u. s. w. Sie nehmen es, auf den Hinterfüssen sizend, wie die Eichhörner, so leise, daß man sie kaum kan fressen hören, wenn man auch ganz nahe dabey ist. Sie sollen sich auch junge Vögel, zu deren Nestern sie gelangen können, wohl schmecken lassen. Wasser mögen sie wohl wenig oder nicht zu sich nehmen, wenigstens so lange sie saftreiche Speisen haben. Sie werden davon leicht fett, sonderlich im Herbst; ich sahe einst an einem, das im Winter starb, das Fett bis 6 Linien dick.

Ihr Laut ist ein röchelndes Schnarchen, das mit dem Ein- und Ausathmen wechselweise schwächer und stärker wird, aber lange fortdauren kann, ohne unterbrochen zu werden. Wenn sie schläfrig sind, so lassen sie es nur stoßweise hören. Einst verrieth sich ein aus seinem Behältniß entflohener durch einen scharfen langgedehnten Pfiff wie ihn manche kleine Vögel hören lassen; dessen Veranlassung mir aber unbekannt blieb.

Sie klettern sehr leicht, und können sich auch an ziemlich glatten Flächen gut anhalten; springen aber auch von den Bäumen herab, und, wie man sagt, von einem Baume auf den andern.

Furchtsam sind sie eben nicht; sondern sezen sich gegen einen auch viel größern Feind standhaft zur Wehre, den sie mit ihrem Schnarchen, mit den obgleich schwachen Krallen der Vorderfüsse, und, wenn es nöthig ist, mit dem Gebiß zu entfernen suchen. Die Zähne sind zwar nicht gar groß; sie beissen aber nachdrücklich genug, doch heilt die Wunde bald und ohne Folgen. Ihre schädlichsten Feinde sind die Wiesel, Iltisse und Marder.

Sie leben paarweise, und begatten sich im Frühjahr; worauf sie in einer schicklichen Höle von weichem Moos ein Nest machen, und dar-

scunt. Quamobrem cum ejus advenit maturitas, innumeri capiuntur glires in Carniolæ, Styriæ et Carinthiæ silvis, quippe iis in locis incolas mane conspexeris, qui saccos gliribus plenos ferunt, una tantum nocte captis. *Comm. in Diosc. Ven.* 1565. *p.* 205.

inn vier bis fünf ganz nackte Junge werfen. Sie wachsen geschwind, und sollen nicht über 6 Jahr alt werden [g]).

Im Herbst verbergen sie sich in große hole Bäume und in tiefe Löcher der Felsen und Mauern, und legen sich auf eingetragenes weiches Moos kugelrund zusammen. Es scheint, daß ihrer gern mehrere zusammenkriechen, um sich desto besser an einander zu erwärmen. Wenn aber das Wetter kalt wird, so erkalten und erstarren sie, so daß sie wie völlig todt aussehen, auch sich ganz kalt anfühlen lassen, und ich oft lange weder Merkmaale des Othemholens noch der Bewegung des Bluts an ihnen habe wahrnehmen können. Der Grad des Thermometers, bey welchem sie erstarren, und den der Herr Graf von Büffon auf 10 — 11 über dem Gefrierpunkt nach der Reaumürischen Scale sezt, scheint nicht immer der nehmliche zu sein. In einer kühlen, gegen Norden liegenden Stube sind mir welche [h]) schon im August so erstarrt, daß sie oft in etlichen Tagen nicht zum Vorschein kamen. Das Leben äussert sich aber bald wieder, wenn man die erstarrten Thierchen eine Zeitlang in der Hand hält, oder ihnen in der warmen Stube zu bleiben gestattet. Das erste Zeichen des Wiederauflebens, das man an ihnen wahrnimmt, besteht in einigen schwachen Bewegungen der Füsse, wobey gemeiniglich ein Tröpfchen ganz helles goldgelbes Harns zum Vorschein kommt. Bei gelindem Wetter findet man sie nicht immer erstarrt, aber doch sehr schläfrig. Dabey fressen sie aber doch etwas, und tragen also, um nicht darben zu dürfen, Wintervorräthe ein. In einer beständig geheizten Stube erstarren sie gar nicht. Sie befinden sich dabey auch wohl. Langwierige Winter in welchen sie lange erstarrt liegen müssen, ohne munter zu werden, sollen ihnen tödtlich seyn.

Man kan diese Thiere in der Stube lange Zeit unterhalten. Sie fressen, außer ihrem natürlichen Futter, auch allerley mehliges Gesäme, Backwerk, besonders süsses, aber ausser Möhren, die sie zu lieben scheinen, wenig anderes Wurzelwerk, auch keine grünen Blätter; erfordern

g) Büffon. *h*) Die oben Not. *a*) erwähnten.

aber größere Portionen zu ihrer Sättigung, als die Eichhörner. Wenn sie alt gefangen worden sind, so bleiben sie immer wild und beißig. Jünger gefangene[i]) waren zahmer, und liessen sich zur Noth in die Hand nehmen, ohne sogleich zu beissen, thaten aber doch immer schüchtern; daher ich glaube, daß ein solches Thierchen, wenn es aus dem Neste genommen und aufgezogen würde, das Beissen ganz verlernen möchte. Artig aber und spielend möchte wohl schwerlich jemals eins werden können, zumal da sie Nachtthiere sind.

Die Römer aßen Billiche, und mästeten sie in den sogenannten Glirarien[k]). In Italien werden sie, nach der Erzählung des Herrn Grafen von Büffon noch izt gegessen; um sie zu fangen, bereitet man ihnen bedeckte Winterlager von Moos mit einer Körnung von Buchecken, in welche sie sich im Herbst verkriechen, erstarren und dann herausgenommen werden. Das Wildpret soll schmackhaft seyn, bedarf indessen doch wohl der Kunst eines Apicius, um es für jedermann zu werden. Die Felle sind zu zart und dünne, um dauerhaft zu seyn; sonst würde die Feine und Farbe der Bälge ihnen einen Plaz unter dem brauchbaren Rauchwerk verschaffen. In Slavonien, wo man sie nicht speiset, werden sie wirklich des Balges wegen gefangen[l]).

2.

Der Eich-Schläfer.

Tab. CCXXV. B.

Myoxus Dryas; Myoxus cauda longa villosissima, corpore fulvo subtus albicante, fascia oculari longitudinali atra.

Die Gestalt des Kopfes, Leibes, Schwanzes und der Füsse gleicht der vom Billich. An den Vorderfüssen sind die beyden mittelsten Finger

i) Eben dieselben.

k) Glirarium VARRO *de re rust. lib. III. c.* 15.

l) v. Taube a. a. O. S. 22.

fast von gleicher Länge; der innere etwas, und der äusserste noch ein wenig kürzer. An den Hinterfüssen der innerste kaum halb so lang als der folgende, dieser um etwas weniger kürzer als der dritte und vierte; der äusserste fällt, was seine Länge betrift, zwischen diesen und den innersten ins Mittel. Der Schwanz ist fast so lang als der Leib, und beynahe eben so stark behaart; wie denn auch das Haar ebenfalls zu beyden Seiten hinaussteheт, und dem Schwanze eine Aehnlichkeit mit einem Eichhornschwanze gibt. Der Kopf hat vorn bis in die Gegend zwischen die Augen, eine hellgraue Farbe, die kaum in das gelbliche spielt. Diese Farbe zieht sich auch über den Augen bis gegen die Ohren hin *). Auf dem Scheitel verwandelt sie sich in ein angenehmes Lichtbraun, (fast die Farbe unserer erwachsenen Eichhörner,) worein sich kaum bemerkbar das Schwarz der längern Haare mischt; dis ist die Farbe des Rückens, welche sich, aber ohne Beymischung von Schwarz, an den äussern Seiten der Beine bis an die Füsse herunter ziehet, an den Seiten des Halses und Körpers aber etwas blässer fällt, und ins Graue spielet. — Die Ohren sind sehr dünne behaart, auswendig bräunlich. Ueber den Augen und auf den Backen stehen ein paar feine Borsten; eine der erstern ragt bis an das Ende der Ohren hinaus. Die Bartborsten länger als der Kopf, schwarz mit grauen Spizen; einige ganz grau. Da wo die Bartborsten hinterwärts fast aufhören, fängt ein schwarzer (oder vielmehr recht dunkel schwarzbrauner) linienbreiter Streif an, der sich vorn etwas aufwärts krümmt, gerade nach den Ohren hinläuft, um die Augen erweitert, in einiger Entfernung hinter denselben wieder seine vorige Breite annimmt, und sich an dem vordern Rande des Ohres abschneidet. Unter diesem sind die Backen, gleichwie die Kehle, die Brust und der Bauch, gelblich weiß; die innere Seite der Füsse hat eben die Farbe, scheint aber weißer zu seyn. Die Füsse sind weiß. Der Schwanz hat auf der obern Fläche an seinem Anfange die Farbe des Rückens; weiterhin wird er immer mehr dunkelgrau, da die längern Haare diese Farbe haben; doch ist sie mit Braun, der Farbe der kürzern, vermengt. Auf der untern ist er aus Weißgelblich, Dunkel- und Hellgrau gemischt; lezteres hat an der Spize die Oberhand. Die obern Zähne sehen blaß gelbbräunlich;

*) Nicht in allen unsern illuminirten Blättern ist sie gehörig angegeben.

die untern noch blässer. Die Krallen sind klein, spizig, weißlich, von hervorstehenden gekrümmten weißen Haaren fast verdeckt. — Das Thierchen ist merklich kleiner als der Billich; es hat ohngefähr die Größe der folgenden Art.

Ich erhielt ein gut ausgestopftes Fell dieses Thierchens aus einer Gegend in Rußland an der untern Wolga von einem Freunde. Es ist, wo ich nicht irre, in einem Eichengehölz gefangen worden. Der sel. Herr Akademikus v. Güldenstedt hat es aber auch in Georgien entdeckt und eine in den Farben sehr genaue Abbildung davon nehmen lassen, welche der Herr Collegienrath Pallas mir mitzutheilen die Gütigkeit hatte. Wir haben also wohl in der Reisebeschreibung des Herrn von Güldenstedt mehrere Nachrichten von diesem Thier zu erwarten.

Die Länge des ausgestopften Balges bis an den Schwanz beträgt 4 Zoll, des Schwanzes mit Inbegrif der über die Spize hinaus gehenden Haare 2 Zoll 6 Linien. In dem Gemählde hat der Leib nach gerader Linie gemessen auch 4 Zoll, ist aber nach der beygefügten Anmerkung etwas zu groß gerathen; der Schwanz hingegen 3 Zoll 2 Linien, welches wohl die richtige Länge sein mag; und so viel, oder noch etwas mehr, kann denn auch für die Länge des Körpers gerechnet werden.

3.

Der Garten=Schläfer.

Tab. CCXXVI.

Myoxus Nitela; Myoxus cauda longa subfloccosa, corpore rufescente subtus albo, fascia oculari auricularique nigris confluentibus.

Mus Nitedula; Mus cauda longa subfloccosa, corpore rufescente subtus albo, area oculorum nigra. PALL. *glir. p.* 88.

Mus avelanarum, Sorex Plinii. GESN. *quadr. p.* 833. *fig. bon.*

Mus quercinus; M. cauda elongata pilosa, macula nigra sub oculis. LINN. *syst. p.* 84. *n.* 15.

Mus avellanarum major. ALDROV. *dig. p.* 439. *fig.* JONST. *quadr. p.* 168. *t.* 66. RAJ. *quadr. p.* 219. KLEIN. *quadr. p.* 56.

Mus avellanarius. CHARLET. *exerc., p.* 25.

Glis supra obscure cinereus, infra ex albo cinerascens, macula ad oculos nigra. BRISS. *quadr. p.* 161. *n.* 2.

Sciurus quercinus: Sc. canus subtus albidus, macula nigra sub oculis. ERXL. *mamm. p.* 432.

Loir. *Mém. de l'Acad. de Paris* 3. *P.* 3. *p.* 40.

Lérot. BVFF. *hist.* 8. *p.* 181. *tab.* 25.

Garden Squirell. PENN. *syn. p.* 290. *n.* 218.

Garden Dormouse. PENN. *hist. p.* 424. *n.* 288.

Sorex; bey den alten Römern.

Lérot: Französisch, auch uneigentlich Loir, auch wohl Rat blanc.

Voisieu; Vonsieu; in Bourgogne.

Greater Dormouse or Sleeper; Englisch.

Haselmaus; Schlafratte; an einigen Orten Teutschlandes.

Mysc orzechowa; Koszalka; Polnisch. RZACZ.

Im Ansehen unterscheidet sich dieses Thierchen von dem Billich in etwas. Der Kopf ist spiziger; die Ohren länger; der Schwanz weniger behaart, sonderlich nach dem Leibe zu; gegen die Spize hin werden die Haare daran zu beyden Seiten länger: daher ist er bis über die Mitte hinaus schmal, und schließt sich mit einem lanzettenförmigen Umriß.

Von der Oberlippe an, wo die Bartborsten angewachsen sind, gehet ein schwarzer Streif, der einen unregelmäßigen Anfang hat, über das

Auge, wo er sich erweitert, hin bis nach dem vordern Rande des Ohres. Hinter dem Ohr, nach der Schulter zu, fängt ein anderer länglicher Fleck von der nämlichen Farbe, an, geht unter dem Ohr weg, spitzt sich zu und fließt unter dem vordern Rande des Ohres mit dem Augenfleck zusammen. Die Ohren sind äusserlich graulich gelb, am vordersten Rande unten weiß. Die Schnauze und Stirne sind gelbroth. Der Scheitel, Halz und Rücken gelbroth, mit grau und schwärzlich gemengt. An den Seiten des Körpers und auf den Beinen verwandelt sich diese Farbe in Grau. Kehle, Brust, bis fast an die Schultern, Bauch und Füße sind weißer als am Billich; fallen aber doch hier und da ins Gelbliche und Graue. Die Füsse gelblich grau. Der Schwanz ist gegen die Spize hin schwärzlich mit einer weißgrauen Einfassung; sonst dem Rücken gleichfarbig. Länge des Körpers: 4½ Zoll. Des Schwanzes 4 Zoll.

Er wohnet in ganz Europa, Großbritannien und die nordlichsten Länder ausgenommen [a]), vorzüglich in den Gärten. Seine Nahrung ist saftiges Obst, seine Lieblingsspeise Pfirschen und Abrikosen; er frißt auch Nüße und allerley Gesäme. Seine Wohnung bereitet er sich in Mauern, in hohlen Bäumen, und in der Erde, wo er sich ein Lager von Moos, von dürren Gras= und andern Blättern macht. Er trägt im Herbst Nüsse und andere Saamen ein; erstarret aber, wenn es kalt wird, in welchem Zustande man oft mehrere beysammen antrifft.

Sie paaren sich im Frühjahr, und werfen im Sommer 5 bis 6 Junge, die schnell wachsen, sich aber erst das Jahr darauf vermehren. Sie werden nicht so fett als die Billiche, und das Fleisch ist nicht eßbar.

4.

Der Hasel=Schläfer.

Tab. CCXXVII.

Myoxus Muscardinus; Myoxus cauda longa, subfloccosa, corpore fulvo, gula alba, pollicibus plantaribus muticis.

a) Zimmerm. G. G. 2 Th. S. 21.

Mus avellanarius; M. cauda longa subfloccosa, corpore fulvo, gula alba. PALL. *glir. p.* 89.

Mus avellanarius; M. cauda elongata pilosa, corpore rufo, gula albicante. LINN. *Faun. Suec. p.* 12. *n.* 35. *Syst. p.* 83. *n.* 14. KRAM. *Austr. p.* 316.

Mus avellanarum minor. ALDROV. *dig. p.* 439. *fig. p.* 440. JONST. *quadr. p.* 168. RAI. *quadr. p.* 220.

Glis supra rufus, infra albicans. BRISS. *quadr. p.* 162. *n.* 3.

Sciurus avellanarius; Sc. corpore rufo, gula albicante, pollicibus posticis muticis. ERXL. *mamm. p.* 433. *n.* 16.

Muscardin. BUFF. *hist.* 8. *p.* 193. *tab.* 26.

Dormouse. EDW. *glean.* 2. *tab.* 266. PENN. *syn. p.* 291. *n.* 210.

Lesser Dormouse. PENN. *brit. zool.* 1. *p.* 95. *fig.*

Common Dormouse. PENN. *hist. p.* 425. *n.* 289.

Muscardino; Italiänisch. Muscardin; Rat dort; Rat d'or; Croque-noix; Französisch.

Dormouse; Sleeper; Englisch.

Pathew; Cambrisch.

Haselmaus; Kleine Haselmaus; Teutsch. Hazelmuis; Holländisch.

Skogsmus; Schwedisch.

Der Kopf ist breit, das Gesicht platt und vorn zugespizt. Der Körper eyförmig, die Füße verhältnißmässig kurz, der Schwanz fast so lang als der Körper und meistens mit Haaren von unbeträchtlicher Länge bedeckt, die jedoch gegen die Spize hin länger werden. Die Vorderzähne sind klein und vorn gelblich. Von den vier Backenzähnen auf jeder Seite ist der vorderste kleiner als die übrigen [a]). Die Augen sind groß und hervorstehend und geben dem Thierchen ein munteres Ansehen; die rundlichen behaarten Ohren trägt es an den Kopf angedrückt. An den Vorderfüßen ist kaum die Spur eines Daumen zu sehen. An den Hinterfüßen hat die innere Zehe kaum die halbe Länge der folgenden, und keine Kralle; die äußerste ist etwas kürzer als die vorletzte. Die Krallen sind klein, weiß und scharf zugespizt, und werden von den hervorragenden Haaren der Zehenspizen fast verborgen.

Das ganze Thierchen hat eine angenehme gelbbräunliche Farbe, die auf dem Kopf und Rücken etwas dunkler fällt, weil sich dort Haare mit schwarzen Spizen in ziemlicher Menge untermischen. An den Ohren, den Seiten des Kopfes und Leibes, auch äusserlich an den Beinen bis auf die Füße herab ist sie heller und angenehmer. Der Schwanz hat die bräunliche Farbe des Rückens; gegen die Spize hin mengen sich schwarze Haare darunter; unten ist er blässer. Der Bauch und die innere Seite der Hinterfüße, noch blässer oder melonenfarbig. Die Kehle und Brust bis zwischen die Vorderfüße, weiß. Die Fußzehen sind weiß; die an den vordern Füßen spielen ein wenig ins Gelbbräunliche; doch sticht die Rosenfarbe der Haut, wenn das Thierchen lebt, stark hervor. Die Bartborsten, welche länger als der Kopf sind, sehen schwarz und an der Spize weißlich. Die Länge des Körpers beträgt 3 Zoll: der Schwanz hat etliche Linien weniger.

Man findet eine Spielart, die viel dunkler und mehr braun als gelblich ist. Diese stellen die Büffonischen illuminirten Kupfer vor Augen.

Dieses Thierchen ist zwar vorzüglich in den gemässigten und wärmern Ländern unseres Welttheiles, in Teutschland, Frankreich, Italien ꝛc. einheimisch; wird aber doch auch von dem sel. Linné, als ein Bewohner Schwedens, in seinem Verzeichnisse der schwedischen Thiere mit angeführt. Es scheint überall nur in geringer Menge zu seyn; und vielleicht ist diese

a) Pallas.

Seltenheit die Ursache, daß man es in manchen Ländern, z. B. in Dänemark, noch nicht entdeckt hat. Es wohnt in Vorhölzern, wo es Haselstauden giebt, einsam einzeln, oder paarweise, und verirrt sich nur sehr selten in benachbarte Gärten.

Es lebt von Nüßen und andern trockenen Früchten, die es auch für die Bedürfnisse des Winters einträgt. Es scheint nicht zu trinken. Sein Nest macht es auf irgend eine Hasel- oder andere Staude, nicht gar hoch über der Erde, aus zähen Stängeln, Gras und Blättern, inwendig etwa sechs Zoll weit, läßt oben eine Oefnung zum Eingange, und füttert es inwendig mit weichem Moos aus. Darinn bringt es drey bis vier Junge [b]). Seine Vorräthe sammlet es unter den Stämmen alter Bäume, oder in den Höhlungen derselben, wo es auch schläft und sein Winterlager hat Es schläft, wie alle Schläfer, am Tage, und geht seinen Verrichtungen in der Nacht nach. Es scheint leichter und eher zu erstarren, als die übrigen Schläfer, und ist im Winter fast so fett als der Billich.

Es ist ein unschuldiges furchtsames Thierchen, dessen harmlose Mine [c]) gleich beym ersten Anblick ankündigt, wie weit es von aller Neigung zu beleidigen, und sogar sich zu wehren, entfernt sey. Es beißt auch wirklich, selbst wenn es nur erst gefangen worden, niemanden, man kan es sogleich ohne Bedenken in die Hände nehmen. Doch scheint es nie seine Furchtsamkeit ganz abzulegen und zutraulich gegen den Menschen zu werden. Ich zweifle daher, daß es wegen einer andern empfehlenden Eigenschaft, als des ungemein zarten niedlichen Baues seiner Gliedmaassen und seiner guten Physiognomie, in den Stuben gehalten zu werden verdiene, zumal da es schläft oder doch schläferig ist, wenn man sich mit ihm zu unterhalten wünscht. In England wird es jedoch nicht nur hän-

b) Büffon.

c) Sie ist in der Zeichnung des Herrn DE SEVE, die das Werk des Herrn Grafen von Büffon ziert, ungemein gut getroffen. Der Leib zeigt sich aber darinn etwas gestreckter, als ich ihn gewöhnlich gesehen habe.

sig gehalten, sondern pflegt auch, damit man es leichter haben könne, auf den Märkten feil zu seyn [d]). Ich habe einmal eines über ein Jahr lebendig gehabt. Ich erhielt es im Zustande der Erstarrung, in welchem es gefangen worden und wohl 14 Tage geblieben war, ehe es mir gebracht wurde. Es munterte sich in der geheizten Stube auf, und nahm jede Nacht ein wenig Speise, war aber doch immer schläfrig. Im Frühling und Sommer war es mehr in Bewegung; im Herbste darauf zehrte es sich ab, und ward einstmals todt gefunden, als man glaubte es schliefe. Es bekam große und kleine Nüsse, Obstkerne, Aepfel, Birnen und weißes Brod; Wasser und Milch aber wollte es nicht zu sich nehmen. Seine Mahlzeiten waren sehr unbedeutend. Wie das ganze Thierchen, so war auch sein Auswurf völlig ohne Geruch; der Harn roch bloß, aber ungemein schwach und kaum merklich, nach Nüssen. Es lief sehr geschwind, und konnte auch an den glättesten Flächen haften; saß aber, so lange man wollte, doch nicht ohne alle Anzeigen einer heimlichen Furcht, auf der Hand stille und ließ sich streichen; doch wollte es auf derselben keine Speise nehmen. Nach und nach gewöhnte es sich, zusehen zu lassen, wenn es des Morgens früh noch etwas — auf den zarten Hinterfüßen mit gebogenem Rücken sitzend — zu sich nahm.

In Italien hat man unter dem Namen Moscardino, noch eine andere Art, die nach Bisam riechen soll, und den Zoologen bekannter zu werden verdient, als sie es aus der höchst unbedeutenden Anzeige des Aldrovand [e]) ist. Sollte es nicht eine — vielleicht dem Haselschläfer weiter nicht als in der Größe und Farbe ähnliche — Art Spizmäuse seyn?

d) Pallas a. a. O.

e) *Hist. quadrup. digit. p. 440.*

Dreyssigstes Geschlecht.

Der Springer.

DIPVS.

JACVLVS.

ERXL. *mammal. p. 404. gen.* 38.

JERBOA.

PENN. *hist. of quadr. p.* 427. *gen.* 32.

Vorderzähne: zween oben und unten[a]). In den obern eine bald flächere bald tiefere Furche längs auf der äussern Fläche hin.

Backenzähne: drey auf jeder Seite oben und unten; vor den obern auf jeder Seite ein ganz kleiner Zahn, der einigen Arten mangelt.

a) Wie mag es zugehen, daß der Herr Prof. Gmelin der jüngere der ersten Art dieser Thiere vier untere Vorderzähne, wovon die mittlern nicht aneinander stehen, zuschreibt? „Es hat in „einer jedweden Kinnlade zwey Schneid„zähne. Die in der obern sind kurz, ab„gestumpft, und nahe bey einander; die „in der untern sind länger, spitzig, und „abgesondert. Außer diesen ist noch auf „beyden Seiten ein anderer viel kleinerer „befindlich. Reise durch Rußland 1. Th. S. 27. Dieser Angabe widerspricht doch der Augenschein geradezu!

Die Vorderfüsse kurz, vierzeehig, mit kurzen Daumen.

Die Hinterfüsse sehr lang, so daß die Thiere oft allein auf denselben, wie Vögel hüpfen [b]); **drey- oder fünfzeehig.**

Der Schwanz lang, behaart, bey einigen Arten gegen die Spize hin mit längern Haaren versehen.

Die Schlüsselbeine völlig und stark.

Sie wohnen unter der Erde, klettern nicht, laufen aber, springen und graben desto hurtiger; nähren sich von Gewächsen, verschmähen aber thierische Speisen nicht ganz.

Von einigen Arten weiß man, daß sie im Winter starr sind; daher sie der Herr Collegienrath Pallas unter die Mures lethargicos, und zwar oben an, stellet.

Daß der **Filander** [c]), **Känguru** [d]) und der **Podje** oder **Tarsier** [e]), der ähnlichen langen Beine ohnerachtet, nicht zu diesem Geschlecht gerechnet werden können, zeigt der Bau der Zähne und übrigen Theile des Körpers.

Dies Geschlecht scheint den Uebergang von den vorhergehenden zu den Hasen zu machen [f]). Die langen Ohren der ersten Art, und die gefurchten Vorderzähne, auch zum Theil die Verhältnisse des Körpers, zeigen eine auffallende Aehnlichkeit zwischen beyden Geschlechtern an.

b) Alle Knochen des Hinterfußes sind vorzüglich lang. Das Femur das kürzeste. Die Tibia und Fibula, welche unterwärts zusammen gewachsen sind, länger als das Femur. Der Metatarsus besteht aus einem einzigen Knochen, der fast so lang als die Tibia ist.

c) S. oben S. 551.

d) S. 552.

e) S. 554.

f) HERMANN *affinit. anim. p.* 87.

1.

Der Alakdaga.

Tab. CCXVIII.

Dipus Jaculus; Dipus cauda longissima apice pennata nigro-l-a ba, pedibus posticis maximis pentadactylis. PALL. *glir.* *p.* 87. *n.* 27. (unter Mus.) Zimmerm. G. G. 2 Th. S. 355.

Mus Jaculus. PALL. *glir.* *p.* 275. *tab.* 20.

Cuniculus seu lepus indicus utias dictus. ALDROV. *dig.* *p.* 395.

Cuniculus pumilio faliens, cauda longissima. I. G. GMELIN *nov. comm. petrop.* 5. *p.* 351. *tab.* 11. *f.* 1.

Cuniculus cauda longissima. BRISS. *epit.* *p.* 103. *n.* 9.

Alagtaga. BVFF. *hist.* 13. *p.* 141.

Sibirian Jerboa. PENN. *syn.* *p.* 295. *n.* 222. *hist.* *p.* 429. *n.* 292. *tab.* 45.

Der fliegende Haase. Strahlenb. N. u. Östl. Th. von Eur. u. Asien. S. 361.

Der Erdhaase. S. G. Gmelins Reise 1 Th. S. 26. *tab.* 2.

Alak-daagha. (d. i. buntes Füllen); Mongolisch.

Jalman: Kalmückisch.

Morin-Jalma (d. i. Pferd=Springer); die große Spielart;

Choïn-Jalma (d. i. Schaaf=Springer;) die kleine Spielart, bey den Kalmücken.

Jalman; Dschjalman-Koirok; bey den Baschkiren.

Akkik; Malin; Tya Jelmann (d. i. Kameelhaase); Tatarisch.

Tasch

Tasch Arap Tskan (d. i. zweifüßige Maus;) bey den Kirgisen. Falk.

Semljanoi-saëz (d. i. Erdhaase;) Russisch.)

Tuschkantschik (d. i. Häschen): — am Jaik. Jemurantschik; die mittlere Spielart, Russisch.

Theáo-tu; Chinesisch. PEREIRA. PALL. *l. c. p.* 280.

Abalák; Indisch (in welcher indischen Sprache?) Messerschmid bey Pallas S. 282.

Der Kopf ist länglicht. Die Schnauze dick und abgestumpft. Die Nase etwas abgestumpft. Die Oberlippe gespalten. Die Unterlippe kurz, so daß die Zähne nur wenig bedeckt sind. Von den langen dünnen und weißen Vorderzähnen sind die obern stumpfer, die untern schärfer. Der Backenzähne sind in der größern Spielart oben vier, davon der vordere kleiner ist, unten drey in der kleinern Spielart, überall drey, davon jedesmahl der hintere kleiner ist. Die langen schwarzen Bartborsten stehen in acht Reihen; die hinter dem Mundwinkel erreichen beynahe die Hälfte des Körpers. Die Augen- und Backenborsten sind kürzer. Die Augen groß und hervorstehend. Der vordere Augenwinkel ist etwas aufwärts gerichtet. Die Ohren sind länger als der Kopf, länglich halbcylindrisch, gerollt, sehr dünne und fast nackt. Der Hals kurz. Der Vorderleib enge. Der Hinterleib bauchicht. Der Rücken gewölbt mit hervorstehendem Steiße. Vier Paar Säugwarzen. Die Vorderfüße überaus kurz mit fünf Zehen. Der sehr kurze Daumen hat eine dicke stumpfe Klaue. Die hintern Füße sind so lang als der ganze Körper samt dem Kopfe; die Oberschenkel fleischicht, die Unterschenkel und Fußwurzel aber lang, und nur dünn behaart. Von den fünf Zeehen ist die mittlere länger, und die beiden Seitenzeehen gehen nur bis zum ersten Gelenke der vorigen. Der Schwanz länger als der ganze Körper und mit kurzen anliegenden Häärchen dünne behaart. Am Ende eine lanzettenförmige Quaste, deren längere Haare nach beyden Seiten hinausstehen. Das kurze weiche Fell ist gelblich und grau überlaufen; bläßer an den Seiten und Oberschenkeln.

der Wirbel ist graulicht. Unterhalb sind der Körper und die Füße ganz weiß, auch gehen zween weisse länglichte Flecke von den Oberschenkeln zum Schwanze; dieser ist von der Grundfarbe, seine Quaste aber ein paar Zolle lang schwarz, und an der Spize weiß. Von der Brust zum Steisse hat es eine Haarnath, und von lezterem zu den Oberschenkeln zwey andere dergleichen. Die Größe ist nach den Spielarten verschieden.

Pallas [a]), dem wir überhaupt die genauere Auseinandersezung auch dieses Thieres verdanken, hat dreyerley besondere Spielarten beobachtet: eine grössere, wie ein Eichhorn, eine mittlere, wie eine Hausratte, eine kleinere von der Größe einer Feldmaus. Die mittlere unterscheidet sich von den übrigen ausser der Größe, durch die minder hervorstehende Schnauze, durch Bartborsten, Ohren, Zeehen der vordern Füße, welche Theile sämtlich, so wie auch der Schwanz, kürzer sind. Lezterer ist auch dicker, und am stärker behaarten Ende mehr wollicht als gefiedert. Auch die hintern Füße sind etwas kürzer, jedoch die Zeehen länger. Das Fell ist dichter, sonst aber von der oben erwähnten Farbe.

Länge des Leibes von der kleinern Spielart 4 Zoll 3 Lin. des Schwanzes 5 Zoll 1 Lin.

Länge des Leibes der grössern Spielart 6 Zoll 9 Lin. des Schwanzes 10 Zoll 1 Lin. Schwere deßelben 7 Unzen 6½ Drachme [b]).

Die mittlere Spielart, die weniger Aehnlichkeit mit den übrigen Spielarten zeigt, als diese unter sich haben, kommt jedoch am häufigsten vor, und zwar allein jenseits des Baikal und durch die ganze mongolische Steppe, ausserdem aber auch in der östlichen Tartarey und den Wüsten Sibiriens. Die grössere Spielart findet sich in graßreichen Anhöhen, am Don, der Wolga, dem Jaik und Irtisch; die kleinere aber theils zugleich mit dieser, theils mit der mittlern gegen das Caspische Meer zu in den untern Gegenden der Wolga und des Jaiks, und zwar ziemlich häufig. Die äussersten Gegenden, welches dieses Thier be-

a) *Nov. spec. glir. p.* 275. b) Pallas a. a. O.

wohnt, sind gegen Abend die krymische Steppe, oder diejenige, welche sich bis an Taurien hinzieht [c]); gegen Morgen, die Steppen zwischen dem Argum und Onon, und wahrscheinlich China selbst; im Norden kommen sie nicht leicht über den 53sten Grad, in Süden aber findet man sie bis gegen Indien und in den Ebenen von Gilan, oder Hyrkanien [d]), auch in Syrien [dd]). Ob sie auch in Afrika [e]) zu finden sind, bedarf noch Bestätigung [f]).

Sie machen ihre Baue in jedem festen Boden, auf trockenen Anhöhen sowohl, als an niedrigen salzhaltigen Orten; doch suchen sie mehr die höhern Orte, und vermeiden Sand, der keine Festigkeit hat; wogegen sie die ganze leimigt sandige Steppe der Tatarey bewohnen, und in den sandigen aber zugleich felsigen, festen, kalten Gegenden über den Baikal häufiger als irgendwo sind.

Seiner langen hintern Füße ohnerachtet weiß sich das Thier seine Röhren geschwind, und doch kaum weiter als es sein Körper erfordert, zu graben. Hiebey bohrt es in weichern Boden mit dem Kopfe, und wirft zugleich auf; im festern aber nimmt es die Zeehen zu Hülfe, den Sand oder die Erde los zu machen, die es denn mit den Hinterfüßen hinter sich zurück schleudert und vor der Oefnung anhäuft. Je weniger ihm der Boden behagt, um so viel seichter gräbt es. Die Röhren selbst laufen schief und gekrümmt mehrere Ellen weit in der Erde bis zum geräumigen und mit weichen und saubern Kräutern ausgefütterten Neste fort. Gewöhnlich ist eine solche Röhre einfach, bisweilen theilt sie sich in zween

c) Müller Samml. Ruß. Gesch. B. IX. S. 43.

d) Gmelin Reise Th. III. S. 40.

dd) Daher aus der Gegend Halep — erhielt Haym solche Thiere. *Tesoro Brit. Vol. 2. p. 124.* Ses pieds de derrière sont presque de la même longueur que le corps, & chacun garni de 4 ongles & de 2 éperons. — SHAW. *Voy, Tom. 2. p. 321.* Da ist denn doch wenigstens eine Kralle zu viel angesezt!

e) Niebuhr Beschreib. von Arabien. S. 167.

f) PALLAS *nov. sp. glir. p* 283. Zimmermann Geogr. Gesch. 2 Th. S. 18.

Aeste; sie verräth sich durch den Ausgang, vor welchem die herausgeworfene Erde liegt; pflegt aber am Tage inwendig immer mit Erde verstopft zu seyn, welches denn ein fast untrügliches Zeichen ist, daß das Thier zu Hause sey; so wie der offne Zugang eine verlaßne Wohnung andeutet. Vielfältig hat das Thierchen einen andern, nach einer ganz verschiedenen Gegend führenden noch nicht geöfneten, sondern unter der unverlezten Erdoberfläche sich endigenden Gang in Bereitschaft, den es bey vorhandener Gefahr durchbricht und dadurch seinem Feinde unter der Hand entwischt g). Das Nest pflegt einen Fuß tief, oder auch tiefer, zu liegen, Nebenkammern zu haben, und dient einem bis drey Paaren zum Aufenthalte h).

Ob sie gleich von der Kälte erstarren, so ist es doch besonders, daß sie die Tageshize nicht vertragen können, sondern des Tages in ihren Hölen schlummern, jedoch so, daß sie durch das Geräusch des Nachgrabens leicht zur Flucht erweckt werden; wogegen sie in den östlichen Gegenden in den oft sehr kalten Nächten munter umher schweifen. Sie kommen also in den Steppen nach Sonnenuntergange aus ihren Wohnungen hervor, nachdem sie solche zuvor gereiniget haben; und bleiben bis an den Morgen, wenn sich der Thau verliert, haussen. Wenn sie Gefahr merken, so fliehen sie nicht gerade zu, sondern hüpfen in oft veränderter Richtung so lange hin und her, bis sie ihre Verfolger ermüden, und ihre eigene oder die nächste fremde Höle erreichen. Dies geschieht so schnell, daß sie kaum die Erde zu berühren scheinen, und die größern schwerlich von einem Pferde eingeholt werden können. Diese Sprünge zu machen, dient ihnen besonders die Länge und Stärke ihrer hintern Füße, aber auch die Beyhülfe des Schwanzes. Immer wenn sie auf zween Füßen stehen oder gehen, stüzen sie sich auf den Schwanz, wie in der Abbildung, und geben sich im Springen einen größern Schwung und die beliebige Richtung damit. Auch halten sie sich damit im Gleichgewichte; wenn sie von einer Höhe herunter geworfen werden, so fallen sie denn immer auf die Hinterfüße, oder richten sich wenigstens alsobald wie-

g) Ein Umstand, worauf sich eine Stelle des Arabers DAMIR bey BOCHART *Hierozoic. L. III. c.* 33. bezieht.

h) Falks Beyträge zur topographischen Kenntniß des russischen Reichs 3. B. S. 340.

der auf selbige auf. Wo sie nichts zu befürchten haben, laufen sie bald auf vier-Füßen, fast wie die Haasen, wobey sie sich oft auf die Hinterfüße aufrichten, und sich lauschend und mit gespizten Ohren umsehen; bald tanzen sie mit an den Leib gezogenen Vorderfüßen auf den hintern Füßen herum. Ihre Nahrung nehmen sie mit den Vorderfüßen auf, und verzehren sie in aufrechter Stellung.

Auch die man im Zimmer nährt, liegen am Tage immer schlummernd in einem dunkeln Orte oder Neste; mit zwischen die Hinterfüße gezogenen Kopf und Vorderfüßen, zusammengerollten Körper, und zurückgeschlagenen Ohren, auf dem Gesäße, auf der Seite, oder wohl auch auf dem Rücken. Wenn sie beunruhiget werden, sezen sie sich einigermaaßen auf die Hinterfüße zur Wehre. Doch sind sie, wenn man sie mit Gewalt an das Licht bringt, nicht so leicht zu ermuntern, als im Freyen, vielmehr ganz betäubt und stumm, lange nicht recht auf die Beine zu bringen, und kaum zum hüpfen zu bewegen. Dagegen sind sie die ganze Nacht munter, und durchnagen, wenn sie eingesperrt sind, in einer Nacht wohl zolldicke Breter; in der Freyheit aber laufen sie mit Lebhaftigkeit und gestreckten Ohren herum. Gereizt lassen sie eine Stimme wie junge Kazen, und im Zorn ein besonderes Grunzen hören, falls sie nicht schon zahm sind. — Auch die ältern Thiere lassen sich bald zahm machen. Sie lassen sich sehr gerne in den Busen stecken, und gehen überhaupt der Wärme nach. Im Busen können die erkalteten leicht wieder ermuntert werden; denn im Frühjahre und Herbste erstarren sie gern, wenn kalte Nächte einfallen, so daß man sie für todt halten könnte. Sie haben auch Vorempfindung von der Veränderung der Witterung. Bey bevorstehender Kälte oder Regen suchen sie sich einzuhüllen, und im Freyen verschliessen sie denn ihre Hölen sorgfältiger; bey trüben aber doch trockenem Wetter sind sie dagegen auch bey Tage wach und ausser ihren Hölen. Man darf sie in einem engen Behältniß nicht ohne Erde lassen, sonst werden sie matt und schmuzig; hingegen sogleich aufgeräumter und beweglicher, so bald sie Erde oder Sand bekommen; dann pflegen sie sich auch das Maul mit den Vorderfüßen oft zu puzen, mit dem einen Vorderpfötchen das Aermchen gar artig zu krazen, und die Haare von vorhandenem Schmuze zu reinigen.

Ihre Nahrung sind saftige Pflanzen, daher sie keines Getränkes bedürfen, ob sie gleich täglich einige Unzen Harn lassen, den sie öfters wieder lecken. Mit Kohl, Möhren, Brod sind sie daher leicht zu erhalten. Aus den Wassermelonen wissen sie des Nachts hindurch alles Fleisch durch eine einzige Oefnung gar geschickt heraus zu holen; Schaalen und Kerne lassen sie zurück. Und so pflegen sie es auch in den Gärten zu machen. In den westlichen Steppen leben sie von Tulpenzwiebeln, besonders aber von den dortigen Arten von Gänsefuß, Melden, Salzkraut, Glasschmalz [i]), über dem Baikalsee aber am meisten von den Zwiebeln des sibirischen türkischen Bundes [k]). Auch benagen sie den sibirischen Erbsenbaum [l]). Auch rohes Fleisch lassen sie sich gefallen, und ziehen die Eingeweide der Vögel selbst den Kräutern vor. Sie greifen einander selbst an, wenn in einem Behältnisse mehrere zusammen eingesperrt werden, und an den Getödteten findet man die Augen und durch die Augenhöhlen das Gehirn aufgefressen. Sie halten sich gern bei den Schaafherden auf, die sie oft des Nachts durch ihre Springe erschrecken. Bey den Mogolen und Buräten ist eine, aber ungegründete Sage, daß sie kämen, um die Euter der Schaafe auszusaugen.

Für den Winter tragen sie nichts ein, weil sie ihn ganz und ohne alle Nahrung verschlafen. In den Astrachanischen Wüsten kommen jedoch schon in der Mitte des Februars an wärmern Tagen die von der größern und kleinern Spielart zum Vorschein, verkriechen sich aber bey eintretender Kälte wieder.

Sie scheinen den Sommer hindurch mehrere mahle zu werfen. Ueber dem Baikal, wo der Frühling sonst erst im May anfängt, erhielt Pallas zu Anfang des Junius noch blinde Junge. In der Steppe an der kaspischen See werfen sie schon zu Anfang des May, und um den Jaik wurden ihm noch in der Mitte des Septembers Weibchen von der kleinern Spielart gebracht, die allem Anschein nach noch nicht lange ge-

i) Chenopodium, Atriplex, Salsola, Salicornia.

k) Lilium Pomponium L.

l) Robinia Caragana L. Auch von dem Cytisus hirsutus nagen sie gern die Rinde ab. Falks Beytr. a. a. O.

worfen hatten. Nach ihren acht Zizen zu schliessen, mag wohl die Anzahl ihrer Jungen nicht geringe seyn.

Diese Thiere dienen übrigens dem kleinern Raubwilde sowohl als dem Menschen zur Speise. Die Kalmücken, Tataren und Mongolen lieben sie sehr. Auf ihren Fang verstehen sich die Mongolischen Knaben am besten, welche sehr geschickt die bewohnten und verlassenen Hölen zu unterscheiden, und sich ihrer Beute durch Nachgraben, eingegossenes Wasser und Umzäunen so gut zu versichern wissen, daß sie ihnen nicht leicht entgehet.

Das sehr dünne Fell ist zum Pelzwerk untauglich [m]).

Getrocknete und gepülverte Thiere dieser Art halten die Kirgisen und Barabinzen für eine bey schweren Geburten und Steinschmerzen nüzliche Arzney [n]).

2.

Die Jerboa.

Tab. CCXXIX.

Dipus Sagitta; Dipus cauda longissima apice subpennata nigro-alba, pedibus posticis longissimis tridactylis. PALL. *glir. p.* 87. *n.* 28. (unter Mus.) Zimmerm. G. G. 2. Th. S. 355. N. 264.

Mus Sagittta. PALL. Reise Th. 2. S. 706. n. 12. *nov. spec. glir. p.* 306. *tab.* 21.

Jaculus orientalis; J. palmis tetradactylis cum unguiculo pollicari, plantis tridactylis ERXL. *mammal. p.* 404. (versteht zugleich den Alakdaga darunter.) Falk Beytr. 3 Th. S. 210.

m) PALL. *n. sp. glir.* a. a. O.

n) Falks Beytr. a. a. O.

Mus Jaculus; M. cauda elongata floccosa, palmis subpentadactylis, plantis tridactylis, femoribus longissimis, brachiis brevissimis. LINN. *mus. Ad. Frid.* 2. *p.* 9. *Syst. nat. p.* 85. *n.* 20. (wo die Worte: plantis tridactylis, fehlen, weil die vorige Art mit unter dieser begriffen ist.)

Mus Jaculus. FORSSK. *Faun. p. IV.*

Mus ægypticus; M. pedibus posticis longissimis, cauda corpore longiore, extremo villosa. HASSELQV. *in act. upsal.* 1750. *p.* 17. *it. palaest. p.* 277.

Mures ægyptii alii. GESN. *quadr. p.* 837.

Gerbo. BRUYN. *voy. au Levant p.* 406. mit einer Figur des todten Thieres *tab.* 209.

Gerbua. EDW. *glean.* 1. *t.* 219. Hasselqu. Stockh. Abh. Th. 11. S. 129. *tab.* 4. *fig.* 1.

Gerbo ou Gerboise. BUFF. *hist. nat.* 13. *p.* 141. Allamands Ausgabe Th. 15. S. 62. *Tab.* 7. *Suppl.* 6. *p.* 259. *t.* 39. 40.

Ägyptian Jerboa. PENN. *syn. p.* 295. *n.* 222. *tab.* 25. *f.* 3. *hist. of quadr. p.* 427. *n.* 291.

Μῦς δίπυς; bey den alten Griechen.

Jerboa; Arabisch. Djarbua; in Aegypten.

Tarbagantschik; bey den Kosaken am Irtisch.

Dies mit dem vorhergehenden sonst immer verwechselte Thierchen unterscheidet sich jedoch in deutlichen Merkmahlen von ihm. Der Kopf ist nicht so dick, die Nase kleiner und zierlicher. Die vordern Zähne sind gelb, die obern dunkler, stärker und mehr abwärts als vorwärts gebogen. Backenzähne sind allenthalben drey, und davon die hintern kleiner als die vordern. Ein vierter sehr kleiner steht in der obern Kinnlade vor jenen, auf

auf jeder Seite. Die Lippe ist gespalten. Auf der etwas wulstigen Schnauze stehen die Bartborsten in sieben Reihen. Die längsten davon hinter dem Mundwinkel erreichen jedoch nicht die Hälfte des Körpers. Zwey Borsten hat es noch über jedem Auge, und eine an dem Backen. Die Augen sind groß, und die vordern Augenwinkel auch etwas aufwärts gerichtet; die Ohren viel kleiner, eyförmig, kürzer als der Kopf, und an der Wurzel und dem vordern Rande stärker behaart. Der Körper weniger bauchig und der Steiß weniger hervorstehend. Die vordern Füsse klein, doch verhältnißmässig etwas größer, als an dem vorher beschriebenen Thiere. Der Daum hat einen starken und sehr stumpfen Nagel. Vorn gegen die Handwurzel hin, stehet eine Borste. Die hintern Füsse sind länger als das Thier selbst und dreyzeehigt; die drey Zeehen*) einander ziemlich gleich und nach unten bärtig; die Fußwurzel walzenförmig und gegen die Zeehen hin allmählig behaart. Der Schwanz dick, mit einer nicht so zierlich gefiederten Haarquaste; bey den jüngern Thieren verhältnißmässig länger als an ältern. Die Farbe und Beschaffenheit des Felles ist ganz die oben beschriebene, auch bis auf den von den Schenkeln zum Schwanze sich erstreckenden weissen Querfleck. Länge des Körpers 5 Zoll 11 Lin., des Schwanzes 6 Zoll. 5 Lin. Schwere 3 Unzen 6½ Drachm. [a]).

Die Jerboa ist in ganz Mauritanien und den nördlichen sandigen Gegenden von Afrika [b]), in den trocknen Wüsten von Egypten [c]), Arabien und Syrien [d]) zu finden. Pallas [e]) beobachtete sie in den sandigen Gegenden zwischen dem Don und der Wolga, jedoch nicht so häufig als die kleinern Thiere der vorhergehenden Art; am Jaik aber gar nicht, eben so wenig im östlichen Sibirien, über dem Baikalsee, wo leztere Thierart häufig vorkommt. Dagegen wo er von dieser die mittlere und kleinere Spielart

*) Shaw gibt den Vorderfüssen drey Zeehen. Das ist wohl nur ein Schreibfehler. *Voyage tom. 1. p. 321.*

[a]) PALLAS *Nov. sp. Glir. p. 306.*

[b]) Shaws Reis. franz. Uebers. B. I.

[c]) Um Alexandrien häufig. Sonnini de Manoncourt in einer Abh. über dieses Thier in dem *Journ. de Physique 1787.* Nov. Nro: 2.

[d]) Hasselquist Schwed. Abhand. Th. XIV. teutsch Uebers. S. 129. Reise nach Palästina, teutsch. Uebers. S. 277. RUSSEL *nat. hist. of. Aleppo p. 61.*

[e]) a. a. O.

niemals, die größere nur einigemal mit unter angetroffen hat, auf den Sandhügeln am südlichen Irtisch, ist gerade die Jerboa am häufigsten, soll auch bis an die Vorgebirge der altaischen Alpen beobachtet worden seyn. Auch scheinen sie in Größe, Gestalt und Farbe beständiger zu seyn.

Sie halten sich am liebsten im weichen Sande auf, den jene nicht lieben. Ihre Wohnungen aber verhalten sich den vorhin beschriebenen ganz ähnlich.

Auch sie leben von Tulpenzwiebeln, Wurzeln und andern unschmackhaften Kräutern [f]). Brod nehmen sie gern, gleichwie auch den Sesamsaamen und andere ölige Gesääme [g]).

Wenn sie gleich etwas kürzere Füße haben, machen sie doch eben so große Sprünge als die ersten, und ausser dem daß sie etwas beissiger sind, und wenn sie beunruhiget werden, einen andern, nämlich kläglichen und schwachen Ton hören lassen, haben sie übrigens dieselbe Lebensart und Naturtriebe [h]).

Die von dem Hrn Prof. Allamand [i]), beschriebene Jerboa, welche aus Tunis nach Holland war gebracht worden, kommt in der Hauptsache mit dem, was der Herr Collegienrath Pallas von diesem Thiere sagt, überein; nur daß sie etwas größer war (Länge 6 Zoll 7 Lin. des Schwanzes 8 Zoll) und keinen dunkeln (auch nach der beygefügten Zeichnung keinen weissen) Streif über die Hinterschenkel hatte. Sie war unterweges in einer mit Blech überzogenen Kiste, von welchem sie einige Tafeln mit den Zähnen losgemacht und das Holz benagt hatte. Sie war nicht gern eingesperrt, doch aber nicht wild, und ließ sich von Jedermann angreifen, ohne zu beissen. Wenn sie auf etwas hinaufsteigen wollte, so half sie sich mit allen vier Füßen; beym Hinuntersteigen aber bediente sie sich blos der vordern, und schleppte die hintern nach. Ihr Gang war nur auf den Hinterfüßen,

[f]) Pallas.

[g]) Hasselquist.

[h]) Pallas a. a. O.

[i]) Amsterdam. Ausg. des Büffonischen W. Th. XV. S. 62.

und zwar auf den Zeehen. — Sie fraß unterwegs, und in Amsterdam, anderthalb Jahr lang, nur Schifszwieback und andere trockne Speisen, und verschmähte nicht allein alle Flüssigkeiten an sich, sondern auch das darein getauchte Brod, eingeweichte Körner und grüne Erbsen.

Eine andere Art Jerboa, die von derjenigen, die eben beschrieben worden, verschieden seyn soll, verdient hier noch Erwähnung. Sie ist dünner im Leibe, hat längere Ohren, durchaus von gleicher Breite und zugerundet; kürzere Nägel an den vier Füßen; eine lichtere Farbe; den Streif auf den Hinterschenkeln weniger deutlich; das Ende der Schnauze viel platter. Der Herr Ritter Bruce fand sie in der Wüste Barca, und machte sie dem Herrn Grafen von Büffon bekannt, welchem wir obiges zu verdanken haben [k]). Der Herr Graf hält sie nur für eine Spielart der Jerboa. Da von der Anzahl der Hinterfußzeehen in der Nachricht des Herrn Ritters nichts gesagt wird: so läßt sich hierüber nichts bestimmen. Fast sollte man aber, in Betrachtung der Beschaffenheit der Ohren und Schnauze, auf die Gedanken kommen, es sey vielmehr von einer Spielart des Alakdaga, als der Jerboa, die Rede.

Die Alten hatten schon Kenntniß von beyden Arten, sonderlich der Jerboa. Herodotus und Aristoteles erwähnen ihrer unter dem Namen der zweybeinigen Mäuse (Μύες δίποδες), eine Benennung, die sehr paßlich ist, weil nicht allein diese, sondern auch die vorhergehende und folgende Art die an sich kurzen Vorderfüße öfters so dicht an den Leib halten, daß man sie nicht gewahr wird, sondern nur die langen Hinterfüße sehen kan [l]). Aelian [m]) gibt aus einem verlornen Buche des Theophrast eine genaue Nachricht von der Jerboa. Plinius copirte das, was seine Vorgänger

k) *Suppl. tom. 6. p. 259.*

l) Man sehe die Abbildung im XV. Th. der Büffon. *Hist. nat.* der Amst. Ausg. wo diese Stellung gut ausgedrückt ist.

m) AELIANI *hist. Libr. XV. c. 26. p. 495. edit.* SCHNEID. Man vergleiche das 41ste Cap. des VI. B. S. 201. wo von Wanderungen dieser Thiere geredet wird.

in Beziehung auf diese Thiere gesagt hatten, nicht genau [n]). Auch in den Ueberbleibseln des Alterthums kommen sie vor [o]), wovon sonderlich die goldne Münze aus dem Haym [p]) merkwürdig ist, welche Herr Pennant in seiner Geschichte der vierfüssigen Thiere [q]) hat nachstechen lassen, und die ganz deutlich eine unter einem Stängel vom Silphium sitzende Jerboa darstellt.

3.

Der kapische Springer.

Tab. CCXXX. *)

Dipus cafer; Dipus cauda longissima apice floccosa nigra, pedibus posticis longissimis tetradactylis. PALL. *glir. p. 87. n. 29.* (unter Mus.) Zimmerm. G. G. 2 Th. S. 356. N. 265.

Yerbua capensis; Y. palmis pentadactylis, plantis subtetradactylis. I. R. FORSTER in *K. Svenska Vet. Acad. Handl. 1778. p. 108. tab. 3.*

Grand Gerbo. ALLAMAND *hist. nat. du Gnou, du grand Gerbo & de l'Hippopotame, Amst. 1776.* (gehört noch mit zum 15. Th. der amsterd. Ausg. des Büffonischen Werkes) S. 117. *tab. 15.*

Grande Gerboise ou lièvre sauteur. BVFF. *suppl. 6. p. 260. t. 15. — p. 268.*

Cape Gerbo. PENN. *hist. p. 432. n. 293.*

Berghaase; am Vorgebirge der guten Hofnung.

Aardmannetje; Springende Haas; bey den dortigen Holländern.

n) *Hist. nat. l. X. c. 65. l. VIII. c. 37.*

o) BVFF. *Suppl. tom. 6. p. 261.*

p) HAYM *tesoro brit. 2. p. 124.* lat. Uebers. *p. 149. t. 17.*

q) PENNANT *hist. of. quadr. tab. 45.*

*) Das in Farben schön gemahlte Original zu dieser Figur habe ich der Güte des berühmten Herrn Geheimen Raths Forster zu verdanken.

Der Kopf ist klein, zusammengedrückt, spizig. Die Gegend von der Nase rückwärts, kahl. Die Augen groß, hervorstehend. Die Ohren offen, oval-lanzettförmig, spizig, kleiner als der Kopf. Die Bartborsten nicht länger als derselbe, in mehrere Reihen vertheilt. Die Vorderzähne keilförmig. Backenzähne vier auf jeder Seite. Der Hals dick. Der Leib wird je weiter hinterwärts desto dicker. Säugwarzen 2 Paar auf der Brust. Die Vorderfüße klein, dünne, fünfzeehig mit langen krummen Nägeln. Die Hinterfüße lang, stark und muskulös: das Fußblat kürzer als das Schienbein, in vier Zeehen getheilt, wovon die äusserste die kürzeste, die mittelste der übrigen die längste ist; die Nägel daran sind stark, aber verhältnißmässiig kurz. Der Schwanz ist länger als der Köper; das Haar wird nach der Spize zu immer länger, und bildet am Ende eine Art Qvaste. Das Haar des Thieres ist weich, oben röthlich braun, unten gelblich. Die Spize des Schwanzes schwarz. Länge des Körpers 16, des Schwanzes 17 Zoll englisches Maaßes [a]). [Das von dem Herrn Prof. Allamand beschriebene Thier war ohne den Schwanz 1 Schuh 2 Zoll, der Schwanz 1 Fuß 2 Zoll 9 Linien pariser Maaß lang [b]).]

Dies Thier wohnt am Vorgebirge der guten Hofnung, wo es seine Wohnung in der Erde hat. Es nährt sich von Gras und Getreide, in der Gefangenschaft läßt es sich mit Kohl, Salat, Weizenkörnern und Brod unterhalten. Am Tage schläft es, in der Nacht aber gehet es seinem Futter nach. Es bedient sich der Vorderfüße nur beym Fressen und um sich zu puzen; auf den Hinterfüßen aber geht es, und macht ganz kleine Schritte, erschreckt aber, große Sprünge. In den Hinterfüßen hat es eine ungemeine Stärke. — Es richtet sich bisweilen auf den Hinterfüßen auf und horcht; sonst ist es unruhig und sizt selten stille. Seine Lippen sind öfters in Bewegung. Sein Laut ist eine Art Grunzen oder Meckern. In der kalten Jahreszeit liegt es erstarrt in seinem Bau. Das Weibchen bringt 3—4 Junge. — Diese Thiere werden so zahm, daß sie nur im

a) Forster a. a. O.

b) Allamand a. a. O. S. 219.

äussersten Nothfall beissen. Einige Leute am Kap finden das Fleisch eßbar und schmackhaft [c]).

Wenn das Thier frißt, so nimmt es die Stellung eines Eichhorns an. Es gräbt so geschwind, daß es sich in wenig Minuten ganz einzugraben vermag. Es soll Sprünge von 20—30 Fuß machen. Im Schlaf sizt es auf den ausgestreckten Knieen, nimmt den Kopf zwischen die Hinterfüße, und hält mit den Vorderfüßen die Ohren vorwärts über die Augen [d]).

4.

Der dünnschwänzige Springer.

Tab. CCXXXI.

Dipus longipes; Dipus cauda longa vestita rufa, corpore fulvescente, pedibus posticis majusculis, pentadactylis. PALL. *glir. p. 88. n. 50.* (unter Mus.) Zimmerm. G. G. 2. Th. S. 357. N. 266.

Mus longipes. PALL. *glir. p. 314. Tab. XVIII. B.*

Mus longipes; M. cauda longa vestita, pedibus posticis longitudine corporis flavi. LINN. *mus. Ad. Frid. p. 9.*

Mus longipes, M. c. l. v. palmis tetradactylis, plantis pentadactylis, femoribus longissimis. LINN. *syst. p. 84. n. 19.*

Mus meridianus. Pallas Reise 2 Th. S. 702.

Jaculus torridarum; J. palmis tetradactylis, plantis pentadactylis. ERXL. *mammal. p. 409. n. 3.*

Serpentum pabulum. SEB. *thes. 2. tab. 29. f. 2.*

Torrid Jerboa, PENN. *syn. p. 297. n. 224. hist. p. 433. n. 294.*

c) Forster S. 115.

d) Allamand S. 219.

Am länglichten Kopfe ist die gestreckte Schnauze stumpf und fleischigt. Die Nase gebogen und ganz behaart, nur die Scheidewand und der Rand sind nackt. Die Bartborsten in sechs oder sieben Reihen; die der drey obern Reihen sind die längsten und schwärzlicht, die untern weißlicht. Die Lippen fleischigt und die obern gespalten, jedoch nicht sonderlich tief. Die Vorderzähne gelb, die obern tief gefurcht, am Ende gekerbt; die untern länger; der Backenzähne allenthalben drey. Die Augen groß, die Augenlieder mit einem schwarzen Rande eingefaßt. Die Ohren ansehnlich, oval, ihr Rand gegen die Wurzel zu dick. Auch der Körper wird hinterwärts dicker. Die vordern Füße größer als in den vorhergehenden Arten, vierzeehig, mit einem sehr kurzen Daumen, der einen ganz schwachen Nagel hat. Die hintern Füße in den Oberschenkeln stark und fleischigt, übrigens aber kleiner als an den vorherbeschriebenen Arten, jedoch noch immer größer als in den Mäusen, und fünfzeehig. Die drey mittlern Zeehen sind einander ziemlich gleich, die Seitenzeehen aber um die Hälfte kürzer. Der dicke, walzenförmige, stark behaarte Schwanz läuft gegen das Ende mit verminderter Dicke aus. Zwischen seinen Haaren scheinen, jedoch undeutlich, ohngefähr ein paar Hundert Ringe hindurch. Der Steiß unter dem Schwanze mit dem wulstigen Hodensacke hervorstehend. Die Farbe ist ein röthliches Graugelb; unten weiß, wie auch um das Maul und die Enden der Füße; an der Kehle und unter der Brust gelblich, mit einem braunrothen länglichten Streifen von der Brust über den Unterleib hinweg. Der Schwanz ist rothgelb. Länge des Körpers 4 Zoll 9 Lin. Schwere ohngefähr 2 Unzen [e]).

Dies Thier scheint ein Bewohner warmer Gegenden zu seyn. Der Herr Collegienrath Pallas erhielt es aus der Gegend des caspischen Meeres, wo es ohnweit der Sandwüste Naryn, ohngefähr unter dem 46½ Grade nördlicher Breite war gefangen worden. In den nördlichen Steppen des russischen Reichs kommt es nicht vor. Nach seiner Vermuthung möchte wohl der Tsitsjan des Schober [f]), Jird des

[e]) a. a. O.

[f]) Müllers Sammlung Russ. Gesch. Th. 7. S. 124. Nicht der Tsitsjan des le Bruyn, von welchem Herr C. R.

Shaw [g]) zu der nämlichen Art gehören, mithin dieselbe bis in die große Afrikanische Wüste Sahara verbreitet seyn.

Gegenwärtige Art ward von dem Herrn Collegienrath Pallas, auf der Reise, ehe er eine genauere Vergleichung anstellen konnte, Mus meridianus genannt. Nachher überzeugte er sich aus seinen Anzeichnungen, daß der Mus longipes Linn., wovon Seba unter dem oben angezeigten sonderbaren Namen eine Abbildung gegeben, nicht verschieden sey; erhielt auch die Abbildung eines Stückes desselben, so ehedem in dem Sebaischen Kabinet gewesen war. Die Größe ist ohngefähr die eines mittelmässigen Mus sylvaticus; der Kopf und die Hinterschenkel sind im Verhältniß groß; die Farbe des weitläuftig stehenden Haares ist überhaupt schön gelbbräunlich (luteo-ferrugineus), auf dem Rücken dunkler, an den Seiten herab blässer, unten und an den Extremitäten weiß. Der Schwanz war weniger behaart, als er sich an den beyden oben beschriebenen Stücken, die man am kaspischen Meere fing, zeigte [h]).

Diese spielten in einem sehr trockenen Orte an der Mittagssonne miteinander, und wurden, als sie (beyde Männchen) zur Rettung nach ihren Höhlen eilten, gefangen. Die Höhlen hatten einen dreyfachen schiefen Gang, ohngefähr eine Elle tief, und waren in einem mit Thon befestigten und mit dem Thiere beynahe gleichfärbigen Sande gegraben. Innerhalb der Kammern war weder etwas von einem Neste, noch von Nahrung zu bemerken. Leztere ist also noch unbekannt.

Sonderbar ist es, daß man sie, ihrer langen Füsse unerachtet, auf ihrer Flucht nicht hüpfen, wie die vorigen Arten, sondern wie die Mäuse laufen sahe. Sie machen also eine Abstufung von den Springern zu den Mäu-

Pallas zu behaupten, daß er der Mus longipes sey, weit entfernt ist, da er *(Nov. spec. glir. p. 121.)* ausdrücklich sagt, le Bruyn habe unter diesem Namen den Arctomys Citillus abgebildet.

g) Reisen französ. Uebersez. Th. I. p. 321.

h) PALL. *glir. p. 315.*

Mäusen, und können vielleicht füglich in das Geschlecht der leztern gerechnet werden; wie denn Herr Pennant wirklich die beyden folgenden Arten unter die Mäuse bringt, in welchem Geschlecht er die erste Abtheilung, wegen der langen Füsse, Jerboid Rats nennet.

5.

Der ringelschwänzige Springer.

CCXXXII.

Dipus tamaricinus; Dipus cauda longissima vestita vusco-subannulata, corpore griseo-cinerascente subtus albo. PALL. *glir. p. 88. n. 31.* (unter Mus.) Zimmerm. G. G. 2 Th. S. 357. N. 267.

Mus tamaricinus. PALLAS *glir. p. 322. tab. 19.* Reise 2 Th. S. 702. N. 3.

Tamarisk Rat. PENN. *hist. p. 437. n. 296.*

Der Kopf ist länglicht. Die Nase dünn behaart, stumpf, gewölbt. Die langen schwarzen Bartborsten stehen in fünf Reihen, sind an der Spize graulich, die vordern weißlicht. Die Oberlippe gespalten, jedoch nicht bis zur Nase; die Unterlippe dick. Die vordern Zähne gelb. Die Augen groß, braun. Die Ohren ansehnlich, oval, und halbnackt, jedoch etwas am Rande braun behaart. Der Hals kurz. Die Füsse stark, und die hintern länger als die vordern. Die Vorderpfoten vierzeehig mit einer stumpfen Daumenwarze. Die hintern fünfzeehig, und daran der Daum kürzer als die äusserste Zeehe. Der walzenförmige und ganz behaarte Schwanz nimmt etwas in der Dicke ab. An der Spize ist er stärker behaart. Der Farbe nach ist das Thier oberwärts gelblichgrau, an den Seiten blässer, nach hinten allmählich bräunlich. Der Umfang der Nase, des Maules, der Augen, ein Fleck über den Augen und hinter den Ohren weißlicht. Die Seiten des Kopfes und Halses graulich weiß. Die ganze untere Fläche des Körpers und des Schwanzes weiß; lezterer oben auf graulicht mit braunen Ringen und brauner Spize. Das Fell weicher, als an der Ratte, stärker als am Eichhorn, die Haare auf dem Rücken über 8 Linien lang. Länge des Körpers 6 Zoll 6 Lin. des Schwanzes 5 Zoll 1 Lin. Schwere ohngefähr 4 Unzen [i]).

Man hat diese Thiere in den ganz mittäglichen Wüsten am caspischen Meere beobachtet, von wo aus sie sich wohl weiter in das wärmere Asien ziehen möchten. Zwar nur einzeln, aber häufig bewohnen sie die niedrigen salzigen Gegenden am untern Jaik, und besonders um den Saratschikofka Fluß her, wo es viel Tamarisken [k]) gibt [l]). An den knotigten Wurzeln dieser Staude haben sie ihre Hölen, zu welchen zwey schiefe und ziemlich enge Gänge führen. Vor den Oefnungen findet man bald sehr wenig von ausgeworfener Erde, bald ansehnliche Häufchen; lezteres vielleicht bey ältern und oft gereinigten Hölen. Diese sind übrigens sehr tief, und, nach des Herrn Colleg. Raths Versicherung, kaum 8 oder 10 Eimer Wasser hinreichend, sie anzufüllen, daher das Thier nicht leicht auf diese Weise, sondern in vor den Ausgang der Hölen gesezten Fallen gefangen werden muß. Sonderbar ist es, daß dann auf diese Weise immer nur Männchen, und zwar im Hineinkriechen, gefangen wurden.

Ob sie gleich um die Tamariskenwurzel her nisten: so ist doch zu zweifeln, daß ihnen diese zur Nahrung diene, weil sie in diesen Gegenden keinen Mangel an allerley saftigen Pflanzen, als Glasschmalz, Salzkraut, Melden, Salpeterstrauch [m]) u. dergl. haben.

Von ihren Sitten ist nichts weiter bekannt, als daß sie auch des Nachts umherschweifen. Nach der Aehnlichkeit zu urtheilen, bringen sie den Winter erstarrt hin. Ihre Begattungszeit scheint der Frühling zu seyn. Um diese Zeit ist auch ihr Haar am schönsten [n]).

[i]) PALLAS *Glir. p.* 322.

[k]) Tamarix gallica L.

[l]) Pallas a. a. O.

[m]) Salicornia, Salsola, Atriplex, Nitraria etc. S. mehrere oben bey Alakdaga.

[n]) Pallas a. a. O.

6.

Der labradorische Springer.

Dipus hudsonius. Zimmerm. G. G. 2 Th. S. 358. N. 268.

Labrador Rat. PENNANT. *hist. p. 435. n. 295.*

Die Nase ist stumpf. Die Oberlippe gespalten. Die Vorderbeine sind kurz; an den Vorderfüssen vier Zeehen mit einer Daumenwarze. Die Hinterbeine lang, und bloß; der Daumen kurz, die Zeehen lang, dünne und getrennt; die äusserste kürzer als die übrigen. Die Farbe oben dunkelbraun, unten weiß; ein gelber Strich macht an jeder Seite die Scheidung beyder Farben. Länge des Leibes 3¼ Zoll, des Schwanzes 4¾ Zoll engl. Maaß.

Das Vaterland dieses Thierchens ist die Hudsonsbay und die Küste von Labrador. Man ist seine erste Kenntniß Herrn Graham schuldig[a]).

Herr Pennant vereinigt es mit dem Mus longipes PALL. wovon er den Mus longipes LINN. trennt, und diesen unter die Springer, jenen unter die Mäuse rechnet.

[a]) Pennant a. a. O.

Ein und dreyssigstes Geschlecht.

Der Hase.

LEPUS.

LINN. *syst. p. 77. gen. 22.*

BRISS. *quadr. p. 137. gen. 22.*

ERXL. *mamm. p. 325. gen. 32.*

HARE.

PENN. *hist. p. 368. gen. 26.*

Vorderzähne: oben zween vordere, und zween hintere. Die vordern gleichbreit, der Länge nach mit einer tiefen Furche, die etwas ausser der Mitte, gegen den benachbarten Zahn zu, angebracht ist, gleichsam in zween Zähne getheilt, keilförmig zugeschärft, mit einem Kerb an der Schärfe. Die hintern, welche unmittelbar hinter jenen liegen und mit ihrer vordern Fläche an sie anstossen, kleiner, mit einer seichten Furche auf der hintern Fläche. Unten zween, die etwas schmäler, mit einer sehr schmalen Furche nahe am innern Rande versehen und zugeschärft sind.

Backenzähne: in der obern Kinnlade auf jeder Seite sechse, wovon der hinterste sehr klein ist. Sie sind kurz und breit, und die meisten haben zwo enge Vertiefungen auf der Oberfläche ihrer Krone, gleichwie eine zarte Furche an jeder Seite. In der untern Kinnlade stehen auf jeder Seite fünfe, und unter denselben ist der vordere der größte. Die Backenzähne der obern Kinnlade, den vordersten ausgenommen, ragen an der äussern Seite kaum aus dem Zahnfleische hervor.

Zeehen: an den Hinterfüssen fünfe, wovon die innere ein kürzerer Daumen ist, an den Vorderfüssen viere. Die Fußsolen behaart.

Die Ohren sind entweder lanzettenförmig, und haben dann eine beträchtliche Länge; oder sie fallen mehr ins ovale, und pflegen dabey kurz zu seyn. Sie stehen gewöhnlich nahe an einander.

Der Schwanz ist kurz und zurückgebogen, oder fehlt gar. Nur einer noch nicht vollkommen beschriebenen Hasenart gibt man einen langen Schwanz.

Die Schlüsselbeine bey einigen vollkommener, bey andern unvollkommener.

Der Kopf ist flach gewölbt, der Leib dick, hinterwärts stärker. Die hintern Füsse beträchtlich länger, als die vordern.

An beyden Geschlechtern der geschwänzten Hasen befindet sich zu beyden Seiten der Geschlechtstheile eine eyförmige Drüse in der Mitte einer halbmondförmigen kahlen Vertiefung[a]); weiter ausserhalb ist an jeder Seite

[a]) Büff. 6. *tab. 34. fig. 1.* G. H. *fig. 2.* D. D. *tab. 35. fig. 1.* F. G. *fig. 2.* ohne Zeichen.

ein großer rundlicher haarloser Fleck[b]). Die ungeschwänzten haben dergleichen nicht. Der Säugwarzen sind an jenen zehn; viere auf der Brust, und die übrigen auf dem Bauche. An diesen scheint die Anzahl nicht so groß zu seyn.

Die Hasen wohnen theils auf, theils in der Erde; jene scharren nur wenig, diese graben tief in die Erde, auch in die Spalten der Steinfelsen; sie klettern nicht; leben von Gewächsen, deren Blätter, Stängel und Blumen sie fressen; und gehen theils bey Tage, theils in der Nacht, ihrer Nahrung nach.

In der Struktur der Hasen findet man manche besondere und merkwürdige Abweichung von dem Bau der übrigen Thiere dieser Abtheilung nicht nur, wie schon Herr Daubenton richtig bemerkt hat[c]), sondern auch vieler anderer Säugthiere. Besonders auffallend scheinen mir diejenigen zu seyn, die sich an den Knochen des Kopfes und Körpers der Hasen zeigen; die ich, da mein Plan mir nicht gestattet, über den innern Bau der Thiere mich zu verbreiten, ungern übergehe. Herr Daubenton ist[d]) der Meinung, der Hase habe in der Struktur der Knochen des Kopfes mehr Aehnlichkeit mit den Thieren der folgenden, und einigen der sechsten Abtheilung, als mit denen von der gegenwärtigen vierten. Denenjenigen, welche die nächstfolgende ausmachen, nähert er sich auch einigermaaßen in dem merkwürdigen Umstande, daß der Magen, durch eine Querfalte, gleichsam in zween Theile getheilt, und also schon auf gewisse Art eine Spur von derjenigen Absonderung der Mägen, wodurch sich die zu derselben gehörigen Thiere so sehr auszeichnen, daran zu sehen ist. Ob aber aus dieser Einrichtung des Magens folge, daß der Hase, gleich den Thieren der folgenden Abtheilung, wiederkaue? wie Peyer[e]) wahrscheinlich zu machen sucht; ist eine andere Frage, die am besten beantwortet werden könnte, wenn man gewiß wüßte, was es mit dem Wiederkauen der Hasen für eine Bewandniß habe. Peyer beruft

[b]) Ebendaselbst tab. 34. f. 2. E. F. in den übrigen Figuren ohne Zeichen.

[c]) a. a. O. S. 94.

[d]) S. 105.

[e]) *Merycol. p. 150.* wo der Magen des gemeinen Hasen fig. XI. abgebildet ist.

sich zwar [f]) auf Conr. Gesners und anderer Erfahrungen; sie sind aber theils nicht umständlich genug vorgetragen, theils scheinen sie das, was sie beweisen sollen, nicht zu beweisen. Eine Art des Wiederkauens, beym Genuß trockner und harter Nahrungsmittel, gebe ich gerne zu; weiche und saftige Blätter und Stängel aber scheinen von den Hasen ohne Wiederkauen verdauet werden zu können. In den Beschreibungen der Arten von Hasen, deren erste, oder doch genauere Kenntniß wir den Bemühungen des Herrn Coll. R. und Ritters Pallas verdanken, findet sich keine Spur eines beobachteten Wiederkauens. Doch ist auch nicht zu läugnen, daß es äusserst schwer sey, zuverlässige Beobachtungen hierüber anzustellen. Der Herr Graf von Büffon, welcher das Wiederkauen der Hasen für unwahrscheinlich hält, sucht es aus der Einrichtung der Gedärme zu widerlegen [g]).

Auffallender ist die Aehnlichkeit, welche der gemeine Hase, aber nur in einigen höchstseltenen Individuen, mit einigen Thieren der folgenden Abtheilung hat. Ich meine die Hasen mit Geweihen; von welchen weiterhin ein mehreres.

A.

Geschwänzte und meistentheils lang geöhrte Hasen.

1.

Der gemeine Hase.

Tab. CCXXXIII. A.

Lepus europæus; Lepus apice aurium capite longiorum, caudaque supra atra. PALL. *glir. p. 30.*

Lepus timidus; Lepus cauda abbreviata, auriculis apice nigris. LINN. *syst. p. 77. n. 1. Faun. Suec. p. 9. n. 25.* *). MÜLL. *dan. p. 4. n. 25.*

f) *p. 59.*

g) S. 90.

*) Linné und mehrere der hier angeführten Schriftsteller wollen unter ihren Benennungen den veränderlichen Hasen zugleich mit verstanden wissen.

Lepus timidus; Lepus cauda abbreviata, auriculis apice nigris capite longioribus. GMEL. *syst. nat. 1. p. 160.*

Lepus timidus; L. cauda abbreviata, pedibus posticis longitudine corporis dimidii, auriculis apice nigris. ERXL. *mamm. p. 325. n. 1.*

Lepus vulgaris; L. cauda abrupta, pupillis atris. LINN. *syst. 2. p. 46. 6. p. 9. n. 2. Mus. Ad. Frid. p. 9.* KRAM. *austr. p. 315.* HILL. *anim. p. 525. t. 25.*

Lepus caudatus ex cinereo rufus. BRISS. *quadr. p. 138. n. 1.*

Lepus vulgaris cinereus. KLEIN. *quadr. p. 51.*

Lepus. GESN. *quadr. p. 681. fig.* ALDROVAND. *dig. p. 347.* JONST. *quadr. p. 158. t. 65.* SCHWENKF. *sil. p. 103.* RAI. *quadr. p. 304.* WALDVNG. *Lagographia (Amberg. 1679. 4.)* PAVLLINI *Lagogr. (Vienn. 1691. 4.)*

Lièvre. BVFF. *hist. 6. p. 246. tab. 38.* Amst. Ausg. 6. *p. 87. tab. 30*

Hare PENN. *brit. zool. p. 41.*

Common Hare. PENN. *syn. p. 248. n. 184. hist. p. 368. n. 241.*

Hase. Riding. jagdb. Th. Th. 13. Meyers Thiere. 2. Th. 32.

Λαγώς. Bisweilen Πτώξ Griechisch.

Lepus; Lateinisch. Lepre; Lievora; Italiänisch. Liebre; Spanisch. Lebre; Portugiesisch. Lièvre; Französisch.

Hase, Häsin; Teutsch. Haas; Holländisch. Hare; Dänisch, Schwedisch, Englisch.

Saëz; Russisch. Záiac; Polnisch.

Ysgifarnog; Ceinach, Cambrisch.

Nyúl; Ungarisch.

Der

Der Kopf ist zusammengedrückt, vorn fast breiter als hinten; da die Lippen dick sind. Das Maul klein und dreyeckig. Die Nase breit und behaart. Die Nasenlöcher halbmondförmig. Er kann die Nasenspize aufziehen und herablassen. Die Stirne schmal. Die Augen stehen den Ohren näher als der Nase. Die Ohren dicht neben einander ohne merklichen Zwischenraum. Sie ragen über die Nasenspize hinaus, wenn man sie vorwärts legt, sind halb eyförmig (semiovatæ) und gefaltet, so daß die äussere Hälfte die innere nur halb bedeckt, wenn man sie an einander legt. Der Hals ist kurz. Der Leib vorwärts dick, hinten dünner. Die Beine zusammengedrückt und kurz; die hintern länger als die vordern. Die Fußsolen haarig. — Beyde Augenlieder sind mit kurzen Augenwimpern besezt; ihre Farbe ist schwarz. Die Bartborsten sind stark, die grössern länger als der Kopf, von der Wurzel an schwarz, der längere Theil aber weiß; von den kleinern sind einige ganz schwarz, einige ganz weiß. Ueber den Augen eine Reihe von sechs ungleichen feinen Borsten; die vordern schwarz, die hintern an der Spize gelblich. Auf dem Backen eine lange gelbliche, unten schwarze, bisweilen in dem schwarzen Theil weißlich geringelte Borste. Die Haare auf dem Kopfe sind kurz. Auf dem Rücken länger, aber stark. An den Seiten des Leibes, und besonders unten, lang und wollig. So auch am Schwanze.

Die Augen sehen gelblich; der Stern schwarz. Die Nase an der Spize und etwas aufwärts; gelbbräunlich. Die Oberlippe, soweit der Wuchs der Bartborsten reicht, gelbbräunlich. Das übrige der Nase und die Stirne, bis zwischen die Ohren, bräunlich gelb, aber mit dunkelbraun (der Farbe der Haarspizen) vermengt. Mitten auf der Stirne, im Dreyeck mit den Ohren, zeigt sich bisweilen ein sehr kleines längliches weisses Fleckchen. Von der Nasenspize nach dem vordern Augenwinkel gehet eine weißliche Binde. Ueber den Augen ist vorn eine bräunlich weisse Gegend, dann eine dunkler braune, die Augenborsten umgebende, dann wieder ein kleiner lichterbrauner Fleck, über dem ein weisser spizig anfängt, sich krumm hinterwärts zieht und vor dem Ohre endigt. Unter dem Auge, und etwas weiter vorwärts, auch hinterwärts bis hinter den Augenwinkel, geht ein rostbrauner Fleck hin, unter und hinter welchem eine weißlich gelbbräunliche, und dahinter eine weißliche Binde, der Unterkinnlade parallel, unterschieden von jener durch eine schwärzliche Gränze, folgt, und sowohl an den gelbbräunlichen Umfang der Oberlippe, als an die vordere weißliche Binde, (die von dem vordern Augenwinkel nach der Nase läuft,) angränzt. Die Augen sind mit einem weißlichen Ringe umgeben, der nicht überall gleiche Breite hat, und vor den Augenborsten am breitesten zu seyn pflegt Der vordere Theil der Ohren ist bräunlichgelb mit dunkelbraun vermengt; der hintere unten schön rein gelbbräunlich, hinten weiß, so sich oberwärts nach vorn zu ziehet und unter dem breiten schwarzen Fleck endigt, der die Spize des hintern Theils zieret; der oberste äusserste Rand des Vordertheils ist auch schwarz. Inwendig sind die Ohren an der Spize schwarz, weiter herunter hinten weißgelblich, dann schwarzbraun mit gelblich überlaufen, darunter gelbbräunlich, welche Farbe sich herab nach dem hintern Augenwinkel zu ziehet, und der Rand weiß. Das Kinn ist weiß. — Der Hals ist oben auf bis zwischen die Schultern rein hellbraun mit Weiß (der Farbe der Wollhaare) überlaufen; an den Seiten dunkler, unten wieder wie oben, doch ohne weisse Haarspizen. Eben dieselbe ist die Farbe des Oberarms, die sich theils an der äussern Seite der Vorderbeine herunter ziehet, aber dunkler wird; von welcher Farbe, aber mit Schwarzbraun vermengt, ein sehr schmaler, oft sich zu beyden Seiten verlierender, mithin kaum merklicher Streif vorn an dem Beine herunter gehet; auf der andern innern Seite sind die Beine viel heller, und fast weißlich. Unter der Daumenklaue ist ein weisser Fleck. Die Fußsohlen sind weißlich. Theils zieht sich jene Farbe, aber lichter, auf den Seiten des Leibes bis an und zwischen die Hinterbeine hin. Der Rücken ist vorn hellbraun, welches an manchen Stücken, je weiter nach hinten zu, desto blässer wird; öfters mengt sich zugleich immer mehr Schwarzbraun dazu. Die Gränze der Farbe des Rückens und der untern Fläche des Leibes macht ein blasses Hellbraun, welches in der Gegend der kurzen Rippen am blässesten zu seyn pflegt. Zu hinterst, und auf den Schenkeln, wird die Farbe des Rückens mit Weißgrau gemengt. Am Rande derselben geht sie in bräunlich grau, oder ein weniger schönes Braun, als an den Vorderfüssen, über, welches sich gegen das Weisse der untern Seite abschneidet. Der Fuß ist bräunlich; heller als vorn; zwischen den Zehen dunkler. Die Fußsohlen sind weißlich. Die untere Fläche des Körpers, von den Vorderfüssen an, schön weiß;

doch zieht sich an den Weichen das Hellbraun der Seite stärker, als anderwärts, gegen die Mitte zu, welche Farbe bis an den Schwanz fortgeht. Der Schwanz ist oben auf in der Mitte schwarz; unten weiß, welches zuweilen in ein sehr blasses Braungelblich spielt. — An einigen Individuen sind alle Farben viel dunkler, und das Hellbraun, welches überhaupt gern ins Röthliche schielt, pflegt dann eine sehr angenehme, etwas gesättigte Melonenfarbe, das Grau aber wenig merklich zu seyn. — Weisse, oder schwarze Individuen dieser Art, sind, meines Wissens, noch nicht vorgekommen [a]). Länge: 2 Fuß, des Schwanzes: 3 Zoll, ohngefähr [b]).

Der gemeine Hase ist, als ein Bewohner von Teutschland, und den mehresten übrigen Ländern Europens, sehr bekannt. Die Gränzen seiner Verbreitung sind aber gleichwohl noch nicht genugsam bestimmt. Gegen Nordwesten sind in Britannien der Anfang die schottischen Gebirge, auf dem festen Lande die Belte? und der Sund? gegen Nordosten und Osten die Gränzen von Lievland, und eine durch Pohlen bis an die östlichen Karpathen? zu ziehende Linie, deren Richtung ich anzugeben mir nicht getraue, diejenigen, die er nicht zu überschreiten scheint; gleichwie in dem westlichen, südlichen und südöstlichen Europa das Meer seiner Verbreitung Gränzen sezt. Ob der in den gemässigten und warmen Gegenden von Asien [c]), und der in Nordafrika [d]) einheimische Hase mit dem europäischen,

Ttttt 2

[a]) An einem vor mir habenden Stück, welches noch nicht von den allergrößten ist, beträgt die Länge von der Nasenspize an bis an die Schwanzwurzel 2 F. 2 Z., des Schwanzes 3 Zoll 2—3 Lin. Die Schwere desselben ist 7 Pfund 16 Loth Nürnb. Gewichts. Herr Pennant sezt die Schwere eines großen Hasen auf acht und ein halbes Pfund Engl. Gew., und sagt, es sollen auf der Insel Man Hasen zu zwölf Pfund angetroffen werden. *Hist.* 2. *p.* 368.

[b]) Man vergl PALL. *Nov. spec. glir.*

[c]) Man weiß aus den Reisebeschreibungen, daß es Hasen in dem vordern Asien, in Syrien, Arabien, Persien, Indien, China, und selbst in Japan gibt. S. Zimmerm. G. G. 1. Th. S. 217. In dem südlichsten Rußland, den kumanischen, kirgisischen, soongarischen Steppen, Chiwa, der Bucharey ꝛc. sind die Hasen noch von der gemeinen Art. PALL. *glir. p.* 14. Falks Beytr. 3. S. 298.

[d]) Der Hasen im nördlichen Afrika erwähnen ALPIN. *Descr. Aeg.* 1. *p.* 232. SHAW, *Voy.* 1. *p.* 323. Höst, Nachr.

sonderlich in den Verhältnissen der Theile, so genau überein kommen, daß man mit Ueberzeugung sagen kann, beyde machen mit ihm einerley Art aus? Dies ist noch zur Zeit eben so wenig zu bestimmen, als ob sich unter diesen Thieren nicht mehrere Arten unterscheiden lassen?

Der Hase ist ein Einwohner der Ebnen und niedrigern Anhöhen; auf hohen Gebirgen findet er sich nicht. Er hält sich theils im freyen Felde, theils in den Vorhölzern und Feldbüschen, theils tief in grossen Wäldern, auf; und vertauscht seinen Aufenhaltsort nicht; daher der Unterschied zwischen Feld- und Waldhasen; wovon die leztern oft stärker und dunkler sind, als die ersten. Die Feldhasen wählen die Getreidefelder zu ihrem Lieblingsaufenthalt; wenn das Getreide hoch wird, beissen sie sich schmale Pfade durch dasselbe, auf welchen sie bequem heraus und hinein kommen können; die der unwissende Aberglaube noch in manchen Gegenden Teutschlands auf Rechnung der Zauberey schreibt, und ich weiß nicht was für sogenannte Pilsen- oder Bilmenschnitter *) als die Verfertiger derselben angibt. Nach der Ernte sizen sie gern unter den Schwaden, in den Stoppeln und dem benachbarten Grase, im Herbst und Winter siehet man sie auf den Feldern, in den Gärten und Weinbergen und bey übler Witterung in Vertiefungen, Gebüschen, hinter Baumstöcken und in holen Bäumen, wo sie Schuz gegen Wind und Kälte finden. Die Hasen der Vorhölzer und kleinen Büsche zwischen den Feldern haben ihren Aufenthalt bey Tage in denselben; Abends gehen sie auf das Feld heraus ihrer Nahrung nach, und begeben sich gegen Morgen wieder zurück. Die Waldhasen aber gehen nie hervor. Der Hase gräbt nie tief in die Erde,

von Marokos S. 294. Poiret, Reise in die Barbarey 1 Th. S. 333. und in wärmern Ländern, Adanson, de Bry, des Marchais u. a. Zimmerm. a. a. O. Aber auch ohne Beschreibungen! Von den Senegalischen allein sagt Herr Adanson, sie kämen mit den französischen nicht ganz überein, sondern seyen kleiner und in Ansehung der Farbe ein Mittelding zwischen Hasen und Kaninchen, denen sie auch in der Weisse des Fleisches ähnlicher wären.

*) Man sehe die von unserm hochverdienten Herrn geh. Hofrath von Delius ehedem herausgegebenen Fränkischen Sammlungen, Th. 7. S. 336.

sondern scharrt sich nur eine Vertiefung in der Oberfläche, in welcher er ruhet; oder nuzt die von andern Ursachen entstandenen ähnlichen Aushölungen zu gleichem Zweck.

Die Nahrung der Hasen besteht in allerley Gewächsen. Die Feldhasen wählen vorzüglich Getreide, Gras, Kohl, Stängel und Blätter von Saudisteln [f]), und ähnlichen bitterlichen milchenden oder sonst saftigen Kräutern, Kleearten u. s. f, auch Wurzeln und Körner von allerley Arten zu ihrem Unterhalt [ff]). Petersilie sollen sie lieben [g]). Sie fressen aber auch die Blätter und jungen Zweige der Birken [h]) und anderer Bäume, und die jungen Bäume selbst, oder ihre Rinde, welche ein Leckerbissen für sie ist; diese härtere Speisen machen sonderlich einen Theil der Nahrung der Waldhasen aus [i]). Die Hasen thun also an den jungen Schlägen und Baumschulen zuweilen nicht wenig Schaden. — Beym Genusse ihrer Speise sizen die Hasen nie auf den Hinterfüssen, wie es die meisten andern Thiere dieser Abtheilung thun. — Daß unser Hase die genossenen Nahrungsmittel, wenigstens die weichern, nicht wiederkauet, habe ich bey anderer Gelegenheit schon bemerkt. Hier kann ich aber noch hinzusezen, daß der wegen seiner Kenntnisse und Neigung für die Naturgeschichte gleich verehrungswürdige Herr Kammerherr Graf v. Mellin zu Damizow, dessen Zeugniß um so viel wichtiger ist, je mehr er sich den Ruhm eines sorgfältigen Beobachters eigen gemacht hat, bey der genauesten Beobachtung kein Wiederkauen an diesen Thieren bemerken können. Wenn, fügt der Herr Graf hinzu, man auch zuweilen in freyer Luft eine Bewegung an dem Munde der Hasen bemerkt, so geschieht doch diese nicht zum Wiederkauen, sondern weil er windet, das heißt, unter dem Winde durch den Geruch vernehmen will, ob er etwas zu befürchten habe.

Ttttt 3

f) Sonchus arvensis, oleraceus L. u. dgl.

ff) Es ist zu bedauren, daß wir noch kein Verzeichniß der Gewächse haben, die der Hase liebt oder verschmähet.

g) Apium Petroselinum. L. Pennant.

h) Pennant.

i) Die Linden und Erlen schmecken ihnen nicht. Büffon.

Der Hase geht seiner Nahrung und andern Geschäften in der Nacht nach; dann spielen sie auch mit einander, und jagen einander herum. Bey Tage ruhet er in seinem Lager, so, daß er mit dem Hintertheile des Leibes in dem Tiefsten desselben sizt, und die beyden Vorderfüsse gestreckt dicht an den Kopf legt. Er schläft viel, und zwar auch am Tage, und mit offenen Augen; hat aber einen sehr leisen Schlaf, und wird, als ein furchtsames Thier leicht aufgejagt, doch die Weibchen eher als die Männchen; da er denn die Flucht, wegen der Kürze seiner Vorderfüsse, am liebsten Bergan nimmt. Er entfernt sich aber gemeiniglich nicht weit von seinem Lager, am wenigsten ein Weibchen, sondern kehret bald wieder um. Er kommt zu seinem Lager gern auf eben der Fehrte zurück, auf welcher er von demselben weggelaufen ist, wobey er auch zulezt einen Absprung nach selbigen zu machen pflegt.

Ihr Lauf ist hüpfend und schnell genug, doch daß ein Hase von einem guten Pferde kan eingeholet werden.

Das Gesicht des Hasen scheint nicht vorzüglich zu seyn; desto feiner ist seyn Gehör, so daß ihn ein rauschendes Blatt aufmerksam machen, und der leiseste Pfiff im Laufe aufhalten, und sich auf die Hinterfüsse zu sezen und zu horchen bewegen kan.

Gutmüthig und wehrlos fliehet der Hase blos vor seinem Feinde, ohne den geringsten Versuch, sich zu vertheidigen; machen zu wollen; vielweniger ist er jemals angreifender Theil. Bey der Flucht aber macht er zuweilen Wendungen, die seine Rettung befördern; er bedient sich bisweilen dazu sogar unschuldiger List, wovon du Fouillox, und aus ihm der Graf von Büffon, Beyspiele anführen [k]). Man hat Hasen gesehen, die den Hunden, ihren Verfolgern, zu entgehen, sich unter Viehheerden gemengt haben. Manche Hasen gehen sogar in und durch das Wasser.

Man hört keinen Laut von dem Hasen; nur schnaubt er, wenn er in Angst ist, und schreyt blos dann, wenn man ihn quält, und zwar ziemlich stark.

[k]) DU FOUILLOUX *Venerie fol. 64. 65.* BUFF.

Die Hasen begatten sich schon im ersten Jahre. Ihre Begattungszeit fängt vom Februar oder März an, und dauert bis in den August. Vor der Begattung jagen sie einander herum, so daß zuweilen die Haare umher fliegen. Das Männchen läuft dem Weibchen nach, wie ein Hund der Hündin, und man hat Beyspiele, daß bey dieser Gelegenheit Hasen, gegen ihre sonstige Gewohnheit, sich weit von ihrem Geburtsorte verlaufen. Das Weibchen geht 30 bis 31 Tage trächtig, und bringt das erstemal 1 bis 2, hernach jedesmal 3, 4, ja 5 bis 6 Junge. Diese werden mit offenen Augen geboren, und 20 Tage gesäugt, gewöhnen sich aber schon nach einigen Tagen zum Genuß zarter Theile von Gewächsen, und nachdem sie aufgehört haben zu saugen, zerstreuen sie sich, jedoch ohne sich sehr von einander zu entfernen. Bald nach der Geburt läßt das Weibchen das Männchen wieder zu; ein Beweis der Geilheit beyder Geschlechter, von welcher eine Wirkung zu seyn scheint, das lezteres die Jungen bisweilen frißt. Die Sagen, daß die Hasen zum Theil Zwitter wären, und daß sich die Männchen zuweilen in Weibchen verwandelten, welche sich aus dem Alterthum bis auf unsere Zeiten fortgepflanzt haben, sind blosse Fabeln, zu welcher die besondere Bildung der Geschlechtstheile einige Veranlassung gegeben hat; wie der Herr Graf Büffon sehr wohl erinnert. — Das Alter der Hasen erstreckt sich auf sieben bis acht Jahre[1]).

Die Hasen haben an den Hunden, Füchsen und andern Raubthieren und Raubvögeln furchtbare Feinde, durch welche ihre Anzahl in jedem Alter nicht wenig gemindert wird; zu geschweigen, daß viele Junge im Frühlinge durch die Witterung aufgerieben werden. Die starke Vermehrung dieser Thiere macht aber, daß demohngeachtet viele zur Jagd übrig bleiben. Diese geschieht auf vielerley Arten, die den Liebhaber, insonderheit den unbeschäftigten Landbewohner, deren manche kein anderes Geschäft als die Hasenjagd kennen, theils mehr, theils weniger ergözen, aber auch der Menschlichkeit theils mehr, theils weniger, oder gar keine Ehre machen. Denn die Absicht der Hasenjagd kann nicht seyn, sich an der Angst oder gar den Qualen eines harmlosen Thieres zu ergözen; sondern nur diese

[1]) Ebendas.

Thiere zum Genuß ihres Wildprets und Gebrauch der Bälge zweckmässig zu tödten, und dadurch zugleich zu verhindern, daß sie bey ihrer starken Vermehrung nicht zu zahlreich, und dem Landwirth lästig werden. Das Wildpret ist so wenig von gleicher Güte, als es die Bälge sind. In Absicht des erstern ziehet man die Feldhasen vor; die ausgenommen, die sich in Binsigten und an feuchten Orten aufhalten. Die Weibchen haben immer das schmackhafteste Wildpret [m]) In Ansehung der Bälge verhält es sich umgekehrt; da behaupten die Waldhasen den Vorzug. Die Bälge werden bekanntlich von den Hutmachern stark verarbeitet.

Die Hasen werden zahm, wenn sie von ihrer ersten Jugend an aufgezogen werden, doch so, daß sie immer um Menschen sind; sonst bleiben sie gleichwohl scheu. Doch gewöhnen sie sich nie so sehr an die Menschen, als andere auf ähnliche Art erzogene Thiere, z. B. die Eichhörner, ob man sie schon gezwungen hat, einige Künste zu lernen. Das Fleisch zahmer oder auch nur eine Zeit lang im Hause gefütterter Hasen hat eine weisse Farbe, und bey weitem nicht die Annehmlichkeit des Hasenwildprets; sie werden dann auch leicht zu feist [n]).

Eine

[m]) Daß man schon in dem Alterthum das Hasenwildpret sehr schmackhaft gefunden und deswegen geschätzt habe, ist bekannt. Inter quadrupedes gloria prima lepus, sagt Martial in einem schon oft angeführten Verse; und Horaz, der auch wie ihn Herr Pennant sehr passend nennt, ein bon vivant war, behauptet, daß ein Mann von Geschmack Foecundi leporis sapiens sectabitur armos. — Dabey ist es merkwürdig, daß dies Fleisch von so manchen Völkern für uneßbar, oder gar schädlich, angesehen wurde. Den Juden war es verboten; auch, nach Herrn Pennants Anmerkung, den alten Britanniern. Die Türken, Tartarn und Armenier, auch viele gemeine Russen, essen keine Hasen. Galen hielt es für ungesund, so auch die Araber, die Perser. PALLAS *(Nov. sp. Glir. p. 5. f.)* Auch die Zeylaner sind dieser Meinung, in Ansehung der Hasen ihres Landes. Wolfs Reise nach Zeilan 1. Th. S. 121. Die Araber um Halep aber essen sie, zwischen heissen Steinen gebraten, mit Salz, nach RUSSEL'S *Nat. Hist. of Aleppo p. 55.*

[n]) Man vergleiche hierbey Büffon, Pennant, Döbels, Flemming u. a. ähnliche Werke.

Eine sehr auffallende und merkwürdige Erscheinung sind die gehörnten oder vielmehr mit Geweihen versehenen Hasen.[n]) Es ist nicht wohl möglich, zu zweifeln, daß es dergleichen wirklich gegeben habe und vielleicht da und dort noch gebe; da wir durch so manche nicht verwerfliche Zeugnisse davon versichert werden. Abbildungen solcher Hasen, oder ihrer Geweihe, kommen vor in Gesners *Hist. quadrup. p. 634.* in dem *Museum Beslerianum p. 58. t. 10.* in den *Miscellaneis Acad. Nat. Curios. dec. 2 ann. 6. 1687. p. 568. obs. 185.* de Lepore cornuto, deren Verfasser Gabr. Clauder ist, in Olig. Jacobäus *Museum Reg. Dan. t. 4. f. 48.* und in Kleins *dispos. quadrup. p. 52. tab 5.*; Beschreibungen in Worms *Museum p. 321.* und in GREW'S *Museum.* Ganz neue Beyspiele sind ein in Bayern geschossener Hase, der auf dem Kopfe zwey kleine feste Hörner zeigte, welchen der Herr von Heppe gesehen [o]); und ein anderer bey Astrachan gefangener, osseis cranii excrescentiis difformiter cornutus, wie ihn der Herr Collegienrath Pallas [p]) beschreibt. Die Geweihe sind, wie die Abbildungen ausweisen, im Verhältniß des Kopfes groß und stark; sie haben Aehnlichkeit mit den Rehgeweihen, aber einen weniger regelmässigen Bau. Ob sie, wie es nach der Analogie ihres Baues gänzlich zu vermuthen ist, abfallen und wieder wachsen, darüber geben uns die Berichte, welche wir von ihnen haben, keine sichere Auskunft.

Auf der Kupfertafel CCLXXXIII. B. theile ich die Abbildung eines Gehörnes mit, welches von dem obbelobten berühmten Kenner der Thiergeschichte und Jagdwissenschaft, dem Herrn Kammerherrn Grafen von Mellin, für ein Hasengehörne erkannt worden ist. Meine Leser verdanken sie mit mir der Meisterhand und gnädigen Mittheilung dieses meines verehrungswürdigsten Gönners, der sich dadurch sowohl als durch andere zahlreiche Beyträge ein immerwährendes Denkmal in diesem Werke gestiftet hat. Das Schreiben des Herrn Grafen, mit welchem ich dies schäzbare Gemählde erhielt, ist zu lehrreich, und verbreitet zu viel Licht über einen sonst so dunkeln Gegenstand, als daß ich mich enthalten könnte, einen Auszug

n) Lepus cornutus ERXL. *mamm. p. 330.*

o) v. Heppe wohlredender Jäger S. 158.

p) *Nov. sp. Glir. p. 14.*

aus demselben hier einzurücken. „Ich übersende Ihnen," schreibt der Herr Graf, „hierbey auch noch eine Abbildung, die Ihnen Vergnügen machen wird. Die von einem recht starken Hasengehörne. Als Sie dieser merkwürdigen Auswüchse in Ihrem Briefe erwähnten, fielen mir diese Gehörne bey, die ich mich dunkel erinnerte in einer kleinen Naturaliensammlung des ehemaligen Marggräfl. Leibarzts und Hofrath Behrends in Schwedt gesehen zu haben. Ich schickte gleich hin und ließ ihn darum ersuchen, und er war auch so höflich sie mir gleich heraus zu schicken, da ich sie denn für Sie nach der ganzen Gestalt in natürlicher Grösse vorgestellet habe. Ich habe verschiedene derselben gesehen, aber keines, das mit so viel Enden gezieret und so stark an Stangen war. Spieße von Hasen habe ich in andern Cabinetten gesehn. Dieses sind die ersten Gehörne, die er trägt, und da ein solcher Hase mit Spießen schon merkwürdig genug ist, so wird ihm selten in bewohnten Gegenden so viel Zeit gelassen, daß er abwerfen und andere Stangen auffezen kan. Ich weiß nicht, wo der Hofrath Behrends dieses rare Gehörne her hat: vermuthlich aber aus einer wüsten und unbewohnten Gegend, wo ihm sein prächtiger Schmuck nicht eine zu frühzeitige Verfolgung zuzog. Vermuthlich sind es nur die Waldhasen, die dergleichen Gehörne bisweilen auffezen; das heißt, Hasen, die sich immer im Walde aufhalten, nie auf die Saat rücken, und sich fürnehmlich von Holzrinde, jungen Sprößlingen, Heidekraut und dergleichen nähren, dabey viele Ruhe, vielleicht keine Häsinnen haben, und also durchs Rammeln keinen Ausweg der Natur übrig lassen, den Ueberfluß nahrhafter Bestandtheile zu verwenden. Die Aesung von Holz und Früchten ist gewiß ungleich nahrhafter, als von Gras und Kräutern, und also verwendet die Natur das, was sie nicht zur Ausbildung des Körpers bedarf, zur Hervorbringung einer neuen Production, wie bey den Hirschen und Rehen, nehmlich zu einem Gehörne, welches ganz gewiß erst mit Spießen, dann hernach mit Gabeln, und dann mit immer mehr Enden und stärkern Stangen erscheinet. Denn ganz gewiß wirft ein solcher bewafneter Hase jährlich ab, sezt erst Kolben auf, und wenn ein verrecktes Gehöre daraus geworden ist, so feget er den Bast am niedrigen Gesträuche ab. Vielleicht wäre es möglich, an einem eingesperrten Hasen, den man mit blosser Baumrinde nährte, und ihm eine recht überflüssige holzartige Aesung täglich gebe, dabey nie Gelegenheit zu rammlen verschafte; vielleicht wäre es möglich, sage ich, bey einem solchen Hasen ein Gehörne zu entwickeln und in jährlichen Wachsthum zu sezen, das er in seinem natürlichen Zustande nicht hätte. Diese Vermuthung giebt mir ein, selbst dies Jahr mit dem ersten jungen Rammler, den ich lebendig fangen werde, diesen Versuch zu machen. Ich glaube deswegen einen jungen Rammler wählen zu müssen, weil ein alter die enge Gefangenschaft nicht so wohl etragen würde, auch durch das viele Rammlen schon seine Kräfte sehr verschwendet haben könnte, und die Natur vielleicht auf deren Ersaz mehr verwenden müßte, als auf dem noch etwa nicht ganz erreichten Wachsthum des jungen Hasen. Vielleicht ist es auch nöthig, sie von Jugend auf an eine blos holzartige Aesung zu gewöhnen, die vielleicht alten Feldhasen nicht ohne Abwechselung mehr zuträglich wäre. Das Hasengehörne hat indessen doch einige eigenthümliche Kennzeichen, die es vom Rehgehörne, dem es sonst am ähnlichsten kommt, unterscheiden. Statt einer aus Perlen bestehenden Rose, wie bey dem Hirsch und Rehbock, hat es über dem Rosenstock einen Wulst von übereinander liegenden ausgeschnittenen Flächen; statt der Perlen und Furchen, hat es eine Menge Spizen auf jeder Stange, die vier bis fünf Linien lang, und drey bis vier Linien breit auf der Basis sind. Diese unzählige Spizen bilden auch die Enden, wenn sie einen halben oder ganzen Zoll, und oft mehr, lang werden. Diese Enden neigen sich mehr aufwärts nach der Stange, wenigstens bey dem Exemplar, das ich in Händen hatte, und stehen, wenn ich es mit den Aesten der Bäume vergleichen soll, wie die Aeste an der Lombardischen Pappel, Populus italica, da hingegen die Enden am Rehbock mit der Spize weiter von der Stange entfernt sind, wie die Aeste einer Weißbüche gegen obige Pappel. Die Farbe des ganzen Gehörnes ist auch mehr braun, da es beym Rehbock schwärzlicher ist.[*]" — In einem spätern Schreiben fügt der Herr Graf noch folgendes hinzu: „Der geringe Umfang der Hirnschale beweiset schon, daß dieß Gehörne nicht von einem Rehbock seyn kan, sondern einem Hasen zugehören müsse. — Ich halte dafür, daß keine weitere Verbindung mit dem Gehörne eines Hasen, und seinem Cranio, statt findet, als die man bey einem Hirsch wahrnimmt;

*) Damitzow, den 10. März 1782.

denn die Basis des Gehörnes ist ein wahrer Rosenstock, wie bey dem Hirsch, d. i. ein Fortsaz oder eine Erhebung der Hirnschale auf beyden Seiten. Daß der Hase jährlich sein Gehörne abgeworfen, auch zuerst Spieße getragen, und die Stangen alle Jahr an Endenzahl und Stärke zugenommen haben, dessen bin ich aus der Analogie und aus der ganzen Beschaffenheit derselben völlig überzeugt. Ich war von meinem Vorhaben, einen Hasen blos mit Holzrinden aufziehen zu lassen, bisher abgekommen, werde aber doch diesen Versuch, wo möglich, noch anstellen.*)" Er hat viele Schwierigkeiten, und ist daher vielleicht noch nicht gemacht worden; doch wünsche ich, daß er noch von Jemandem mit der Genauigkeit möge angestellt werden, welche unter den Befehlen und den Augen des Herrn Grafen gewiß würde beobachtet worden seyn.

Eine auch selten, aber doch häufiger als die Geweihe, an den Hasen vorkommende abweichende Bildung ist die ungewöhnliche Verlängerung der obern sowohl als untern Vorderzähne, welche wie an dem gemeinen Eichhorn, zuweilen so lang werden, daß ihr Gebrauch nicht mehr Statt hat.

2.

Der Tolai.

Tab. CCXXXIV.

Lepus Tolai; Lepus auribus apice nigro-marginatis, cauda supra atra. PALL. *glir. p. 30. p. 17. descr.* Zimmerm. G. G. 2. *p. 337. n. 235.*

Lepus dauricus; Lepus cauda elongata, gula nigra. ERXL. *mamm. p. 335.*

Lepus cauda in supina parte nigra, in prona alba. BRISS. *quadr.* edit. ALLAMAND. *p. 97.*

Cuniculus dauricus caudatus, Tolai Mongolis dictus. MESSERSCHM. *Xen. & Hodeg. Mst. — Cat. Mus. Petrop. I. p. 344.*

*) Damizow, den 9. Febr. 1783.

Cuniculus insigniter caudatus, coloris leporini. GMEL. in *Nov. Comm. Petrop. 5. p. 357. t. 11. f. 2.*

Tolai. BUFF. *hist. 15. p. 138.*

Baikal Hare. PENN. *syn. p. 253. hist. 2. p. 374. n. 245.*

Tolaï; Mongolisch.

Rangwò; Tangutisch.

Der Tolai kommt im äussern Ansehen sowohl, als in der Grösse dem gemeinen und dem veränderlichen Hasen am nächsten, welche er auch wohl in lezterer Rücksicht übertrift. Der Kopf ist länger und schmäler, die Schnauze aber etwas dicker. Die Oberlippe nur bis an die Zahnwurzel gespalten. mit einem nackten faltigen und weichen Zwischenläppchen. Die Nase breit, gewölbt und weiß. Die obern Vorderzähne haben eine Rinne; die untern sind flach und glatt. Die Bartborsten stark, schwarz mit einem weißlichten Ende, stehen in sechs Reihen, sind viel häufiger und grösser als am veränderlichen Hasen, und einige der hintern länger als der Kopf. Die Backenwarze und die doppelte Augenwarze zweyborstig. Die Augen haben gleiches Verhältniß, sind aber blässer gelb und strahlicht. Die Augenlieder am Rande gelblicht, die obern hinterwärts, die untern vorwärts mit schwarzen Wimpern besezt. Die weniger ofnen und steifern Ohren haben die mittlere Länge zwischen denen des veränderlichen und des gemeinen Hasen, sind kürzer als der Kopf, und also nicht so lang, als die des gemeinen Hasen, aber nicht so kurz als die Ohren des veränderlichen; doch fallen sie am Männchen ein wenig grösser als am Weibchen, und haben, wie sich unten zeigen wird, eine andere Zeichnung. Die Vorderfüsse kürzer als am gemeinen Hasen, und schwerlich länger als am veränderlichen. Die hintern wohl noch kürzer, als an diesem, alle aber dünner, auf den Fußsohlen weniger behaart. Der Schwanz ist zwar länger als am veränderlichen Hasen, aber verhältnißmäsig kürzer, als am gemeinen, und hat ein Wirbelbein weniger. Der Zitzen sind sechs, davon vier an der Brust und zwo am Unterleibe. Kopf und Rücken sind blaßgrau mit braun gemischt; die Wollhaare unten weiß, dann bräunlicht, und am Ende blaßgrau; die längern Haare sind theils an den Spitzen schwarz, theils schwarz mit weissen Spizen, leztere häufig am Rücken, sehr selten an den Spizen. Der Umfang der Schnauze und der Augen ist weißlicht, dagegen nicht die ganzen Ohrenspizen, sondern nur der oberste Rand derselben schwarz. Ausserdem sind die Ohren, so wie der Nacken gelblichtweiß. Die Kehle weiß [a]), der Hals unterwärts gelblicht, und eben so die Füsse. Der Unterleib und der Schwanz weiß, lezterer oben auf mit einem länglichten schwarzen Flecke. Das Winterfell hat ganz ähnliche nur blässere Farben, und ist übrigens dichter, schöner, und glatt, mit untermengten langen weissen Haaren an dem After, den Seiten und den Schenkeln. Schwere eines Tolai im Winter: 7 Russische Pfund, einer trächtigen Häsin 8½ Pfund [b]).

Der Tolai ist ein Einwohner der freyen Gebirge und gebirgischen Ebenen um der Selenga, und überhaupt in ganz Davurien und der Mogoley. Dem Baikal gegen Norden findet man ihn nicht mehr, dagegen scheint er weiter gegen Süden herab, und vielleicht nach Indien zu gehen; wenigstens wird er in der grossen Wüste Gobee angetroffen. Wie weit er sich gegen Westen verbreitet habe, ist unbekannt; in den kaspischen Steppen trifft man ihn nicht an [c]).

Er hält sich gerne im Freyen unter niedrigem Gesträuche von Rabinien [d]) und Weiden auf, die ihm auch vorzüglich zur Nahrung dienen. Wo er mit dem veränderlichen Hasen vermengt vorkommt, da wissen ihn die Mongolen und Tungusen auch im Sommer, wo beyde der Farbe nach wenig verschieden sind, gar wohl von jenem zu unterscheiden, indem sie sich schon durch ihren verschiedenen Lauf verrathen. Denn der veränderliche

[a]) Nach andern schwarz. Zimmerm. Geogr. G. 2. S. 337.

[b]) Pallas a. a. O. und Reise 3. S. 229.

[c]) Ebenders. a. a. O.

[d]) Robinia Altagana, frutescens, pygmaea. PALL. *Fl. ross. 1. p. 68. sqq.*

Hase macht, so wie der gemeine, Umwege, und sucht keine Schlupfwinkel; der Tolai hingegen läuft gerade aus, und verbirgt sich in Felsenklüften und Murmelthierhölen. Doch thut er das nur, wenn er Gefahr fürchtet. Denn es ist gewiß, daß er sich freywillig keine Hölen gräbt, wie die Kaninchen [e]), welches auch schon seine schwachen Füsse nicht vermuthen lassen.

Die Begattungszeit scheint dieser Hase mit dem veränderlichen gemein zu haben; indem der Herr Collegien-Rath Pallas im April Weibchen von beyden Arten hatte, die in der Trächtigkeit gleich weit waren [f]).

Der Balg ist von geringem Werth, und nicht im Handel. Die Tanguter haben dies Thier unter die Flecke des Monds versezt.

3.

Der Wabus oder amerikanische Hase.

Tab. CCXXXIV. B.

Lepus nanus; Lepus auribus extrorsum nigro-marginatis, cauda supra nigricante.

Lepus hudsonius; Lepus apice aurium caudæque cinereo. PALL. *nov. spec. glir. p. 30. p. 45.* Zimmerm. G. G. 2. S. 336. N. 233.

Lepus americanus; Lepus cauda abbreviata, pedibus posticis corpore dimidio longioribus, auricularum caudæque apicibus griseis. ERXL *mamm. p. 330.*

[e]) Wie doch Gmelin in *Nov. Comment. Petrop. Vol. V. p. 357.* angibt.

[f]) a. a. O.

American Hare. FORSTER *Phil. tr. 72. p. 376.* PENN. *hist. 572. n. 245.*

Hare, Hedge Coney. LAWSON *Car. p. 122.* CATESB. *app. p. XXVIII.*

Harar — en art fom är midt emellan Hare och Canin. KALM. *Resa 2. p. 256. 3. p. 8. 285.*

Der amerikanische Hase. Forster v. den Thieren in Hudsonsbay, in Sprengels Beytr. z. Völker- und Länderkunde 3 St. S. 189.

Der nordamerikanische Hase. Schöpf im Naturforscher 20 St. S. 32.

Whabus [a]); (Algonquinisch.) JEFFERSON *Notes on the state of Virginis (Philadrlph. 1788.) p. 51. 57.*

Der Kopf hat nichts Unterscheidendes. Die Backen sind dickhaarig. Die Ohren dünne, auswendig dünnbehaart, inwendig kahl, und reichen, vorwärts gebogen, noch nicht bis an die Nasenspize; nach hinten gelegt, bis an die Schulterblätter. Ueber den grossen schwarzen Augen 4 — 5 Borsten. Die Bartborsten größtentheils schwarz; einige weiß; die längsten scheinen länger als der Kopf zu seyn.

Die Sommerfarbe ist folgende: Die Ohren bräunlich mit einer sehr schmalen schwarzen Einfassung am äussern Rande. die an der Spize eben die Breite behält, oder gegen die Spize hin gar verschwindet. Stirne, Backen, Nacken und Seiten, Aerme und Schenkel auswendig, lichtbraun mit Schwarz überlaufen. Der Umfang des Afters weiß. Die Füsse dicht und kurz behaart, von einem hellern Lichtbraun, ohne alles Schwarz

[a]) Wawpoos (oder Wapus) bey den Tschipiwäern, nach Carvers Reise S. 352.

Schwarz, an der innern Seite stärker in Grauweiß abfallend. Der Schwanz oben auf von der Farbe des Rückens, (vermuthlich stärker mit Schwarz überlaufen, denn Herr Pennant beschreibt ihn oben schwarz;) unten weiß. Die Kehle weiß, der untere Theil des Halses lichtbraun, mit Weiß überlaufen. Brust, Bauch, innere Aerme und Schenkel, und Weichen, weiß. — Die Winterfarbe, wo sie verschieden ist, weiß. — Backenzähne oben und unten auf jeder Seite fünfe. — Die Länge des Körpers höchstens anderthalb englische Fuß, des Schwanzes nicht viel über 2 Zoll. Das Gewicht $2\frac{1}{4}$ bis 3 Pfund [a]), nach Herrn Pennant 3 bis $4\frac{1}{2}$ Pfund.

Die unterscheidenden Merkmale dieser Art sind, nach den Herrn Forster, Pennant und Schöpf, 1) die Grösse; er kommt dem gemeinen und veränderlichen Hasen lange nicht bey, und ist kaum grösser als ein Kaninchen; daher er auch in Nordamerika nicht selten den Namen Rabebt oder Kaninchen bekommt. 2) Das Verhältniß der Füsse; die Vorderfüsse sind kürzer und die Hinterfüsse länger, verhältnißmäßig, als an allen dreyen. 3) Die Farbe der Ohren; sie haben eine schwarze Einfassung auswendig, aber keinen schwarzen Fleck an der Spize. Ihre geringere Länge unterscheidet sie von den Ohren des gemeinen Hasen. 4) Die Farbe des Schwanzes; diese ist oben auf nicht schwarz, oder doch nicht so sattschwarz, als am Hasen. 5) Die Farbe des Körpers. 6) Die Lebensart und Eigenschaften. — Er kan also unmöglich etwas anders als eine für sich bestehende Art seyn.

Sein Vaterland ist ganz Nordamerika, von Hudsonsbay an bis nach Florida hinab. Er schweift nicht herum, sondern schränkt sich auf kleine Räume ein [b]). In Hudsonsbay, Canada und Neu-England vertauscht er sein kurzes Sommerhaar im Herbste gegen ein langes seidenartiges und bis an die Wurzel silberweisses Haar, und nur der Rand der Ohren und der Schwanz behalten ihre Farbe [bb]). In den südlichen Theilen des Staats

[a]) Vorstehende Beschreibung ist ein Auszug aus der obbelobten Beschreibung dieses Thiers von dem Herrn Hofrath Schöpf im Naturforscher.

[b]) Pallas a. a. O. S. 16. Pennant a. a. O.

[bb]) Pennant a. a. O. Kalm R. Th. 3. S. 9.

New York hingegen, und den südlichen Ländern, bleibt die Farbe, auch in den härtesten Wintern, unverändert [c]). Daher könnte man diesen Hasen füglich den halbveränderlichen nennen.

Er gräbt niemals, sondern lebt über der Erde in dem Gesträuche und unter umgefallenen Bäumen, aber auch in holen Bäumen, Felsklüften, Löchern der Mauern ꝛc. welches im Fall der Noth seine Zufluchtsörter sind. Er ist bey weitem kein so guter Läufer als der europäische Hase, und verläßt sich mehr auf Schlupfwinkel als auf seine Geschwindigkeit [cc]). An solchen verborgenen Oertern hält er sich am Tage inne, und geht hauptsächlich in der Nacht seinen Geschäften nach; bleibt aber bey Schnee und unangenehmer Witterung oft ganze Tage zu Hause. Er frißt Kohl, Rüben und andere Gewächse, sonderlich aber gern die Rinde der Aepfelbäume, die er zuweilen rings herum abschälet, so weit er hinauf reichen kan. Im Winter ist er vorzüglich feist.

Er paaret sich und wirft des Jahrs nur ein oder zweymal, und zwar im Frühling in holen Bäumen, im Junius und Julius aber im Grase, jedesmal fünf bis sieben Junge [d]). Daher ist diese Art, obgleich an manchen Orten, wo ihnen Menschen und Raubthiere weniger nachstellen, ziemlich häufig, doch bey weitem nicht so zahlreich, als der gemeine Hase in Europa [e]).

Man ziehet in Amerika dieses Thier mit krummen Stöcken aus seinen Schlupfwinkeln; oder treibt es mit Rauch heraus, und fängt es in Dratschlingen. Es ist im Winter vornehmlich, doch aber auch im Sommer, eine gute Speise, und die Bälge sind, besonders im Winter, wenn sie eine weisse Farbe haben, nicht unbrauchbar [f]). Sie werden zuweilen durch eine Art Oestrus verderbt [g]); das Thier leidet auch oft von vielen Flöhen [h]).

c) Kalm. Schöpf.
cc) Schöpf a. a. O.
d) Graham bey Forster a. a. O.
e) Loskiel Missionsgesch. S. 111.
f) Graham. Kalm.
g) BRICKELL *Nat. Hist. of North. Carolina p. 126.*
h) Kalm 3 Th. S. 10.

Begert [i]) erwähnt einer Art von Künglein oder Kaninchen in Californien, die um die Hälfte kleiner, als die gemeinen Hasen, und Hasenfarb, wären, und den Feldfrüchten grossen Schaden thäten. Sind diese vielleicht einerley mit unserm Wapus?

4.

Der veränderliche Hase.

Tab. CCXXXV. A. B. C.

Lepus variabilis; Lepus apice aurium atro, cauda concolore alba. PALL. *glir.* *p.* 30. *p.* 1. *descr.* Zimmerm. G. G. 2. S. 335. N. 232.

Lepus timidus; cauda abbreviata, auribus apice nigris. LINN. *Faun. Suec.* *p.* 9. *n.* 25. *) FABRIC. *Faun. Groenl.* *p.* 25. *n* 15.

Lepus albus; L. caudatus plane candidus. BRISS. *quadrup.* *p.* 139. *n.* 2.

Lepores albi. ALDR. *dig.* *p.* 349.

Lepus albus. WAGN. *Helv.* *p.* 177.

Lepus hieme albus. FORST. *Phil. Tr.* 57. *p.* 343.

Alpine Hare. PENN. *syn.* *p.* 249. *n.* 185. *t.* 23. *f.* 1. *Hist.* *p.* 370. *n.* 242. *tab.* 40. *f.* 1. ebendieselbe Figur. *Brit. Zool.* *p.* 40. *t.* 47. FORSTER *Phil. tr.* 62. *p.* 375.

Der weisse Hase. Jetzt von den weissen Hasen in Liefland. Lübeck 1749. 8.

i) Nachrichten von Californien S. 62.

*) S. oben S. 865.

Hare; Dänisch, Schwedisch. Iase; in Norwegen.

Niaamel; Lappländisch.

Ukalek; Grönländisch.

Die schwarze Spielart.

Lepus niger; L. caudatus plane niger. BRISS. *quadr. p.* 139. *n.* 3.

Lepus plane niger. WORM. *muf. p.* 321.

Lepus niger. KLEIN *quadr. p.* 52.

Der veränderliche Hase ist allerdings dem gemeinen europäischen sehr ähnlich, aber um ein Merkliches (nach der Vergleichung eines von Pallas gemessenen veränderlichen mit den Daubentonschen Maaßen des gemeinen, um ein Viertel) länger [a]). Auch der Kopf ist länger, und hat, bey einem kleinern Umfange des Schädels, doch eine etwas dickere Schnauze, fast wie an dem Tolai. Die Ohren sind kürzer als der Kopf, mithin kleiner als am gemeinen Hasen. Die Augen liegen etwas näher an der Nase. Die Vorder- und Hinterfüße sind ein wenig kürzer, und daran wiederum verhältnißmäßig das Schienbein kürzer als der Ellbogen, hingegen die hintern Pfoten länger als die vordern [b]). Der Schwanz ist viel kürzer und aus weniger Wirbeln zusammengesezt, im Winter mit vielem flockigten Haar bewachsen. Die Farbe des Haares ist auch im Sommer verschieden, jedoch an den ältern Thieren, welche sich dem gemeinen Hasen hierinn nähern, weniger. Gewöhnlich ist der Kopf von der Schnauze her grauröthlich, und am Wirbel des Kopfes allmählich braun, die Ohren braun, hinten immer grau oder weißlich; der Nacken graulich braun. Auch der Rücken ist braun, und die längern Haare zwischen der graulichen Wolle haben röthliche Spizen. Die Seiten ziehen sich ins Graue,

[a]) PALLAS *nov. Spec. Glir.* p. 1.

[b]) Nach der Aussage der Jäger aber soll dieß Verhältniß nach dem Geschlechte und Alter verschieden seyn. Pallas a. a. O.

und der Bauch der Länge nach ins schmuzigweisse. Der Hals aber hat unten vom Maule bis zu den Vorderfüssen die braune oder etwas blassere Farbe des Rückens. Die Vorderfüsse selbst sind an der vordern Seite grauröthlich; die Hinterfüsse werden bald auch im Sommer schon weiß. Der Schwanz ist weiß, nur oben mit einiger brauner Schattirung. Schwere einer trächtigen im April gefangenen Häsin dieser Art: 7 Pfund [c]).

Zu dieser Beschreibung eines russischen weissen Hasen füge ich die eines Schweizerischen in seiner Sommerfarbe. — Der Kopf ist rothgelblich, auf dem Scheitel und den Backen mit Dunkelbraun vermengt. Der Umfang der Augen schwarz, und schmal weiß eingefaßt. Die Barthaare größtentheils weiß. Die Ohren vorwärts gelbröthlich und dunkelbraun melirt, hinterwärts grau; inwendig grau, gegen den äussern Rand hin röthlich, gelblich und dunkelbraun vermengt; dieser Rand oberwärts melonenfärbig, der andere gegen die Spize zu weiß, an der Spize schwärzlich. Der Nacken gelblichgrau, mit untermengten grauen Haarspizen. Der Rücken blaßröthlichgelb und dunkelbraun melirt, mit hervorschimmerndem graulichem Wollhaar, welches ihm ein graueres Ansehen gibt, als der gemeine Hase hat. Die Seiten fallen noch mehr grau, als der Rücken. Die Beine äusserlich röthlich gelblich. Die Pfoten oben weiß, unten rothbraun. Die Kehle schön weiß, mit einem melonfarbigen Fleck vorn am Kinne. Der Hals unten grau und röthlich, gelblich und dunkelbraun überlaufen. Die Brust weiß, ins Gelbliche schielend. Der Bauch schön weiß.

Eine merkwürdige Eigenheit dieses Hasen ist, daß er im Winter, bis auf die schwarzen Ohrenspizen und gelblichen Pfoten, durchaus vollkommen weiß wird, und im Frühjahre diese Winterfarbe wieder ablegt [d]).

c) Pallas a. a. O. p. 23.

d) Die weissen Hasen, deren schon Varro (*de re rust.* L. III. cap. 12.) erwähnt, sind erst von Brisson, Pennant, Forster und besonders Pallas genauer unterschieden und beobachtet worden. Die veränderte Farbe im Winter ist zwar an vielen Thieren bekannt, aber doch an wenigen so auffallend als an diesem Hasen. Der Steinfuchs (Canis Lagopus) kommt ihm jedoch hierinn ziemlich nahe.

Es giebt aber Spielarten, welche diesem Wechsel weniger unterworfen sind. Eine davon, die Pallas für eine von dem veränderlichen und gemeinen Hasen entsprungene Bastartart zu halten geneigt ist, der Russak, ist grösser als die gewöhnlichen weissen Hasen, und hält ohngefähr das Mittel im Verhältnisse der Gliedmaassen und der Ohren zwischen ihnen und den gemeinen. Diese behält auch mitten im Winter oben an der Schnauze eine hellgraue, am Wirbel des Kopfes aber, am ganzen Nacken und mitten auf den Rücken, ihre graue Sommerfarbe; nur die Spizen der Haare sind weiß. Die Ohren haben an den Spizen viel Schwarz und auswärts sind sie grau. Der Schwanz ist überhaupt länger und oben wie am gemeinen Hasen, schwarz, der übrige Körper aber, zumahl an den Seiten, ist dagegen ganz weiß.

Eine andere Spielart ist im Gegentheil ganz dunkelbraun oder schwarz, und ändert die Farbe im Winter nicht. Auch diese ist über die gewöhnliche Größe, und hat etwas kleinere Ohren als der gemeine veränderliche Hase. Selbst das Winterfell ist am ganzen Körper schwarz, mit einer dunkelbraunen oder rothen Mischung. Unterhalb ist es röthlich. Der Kopf und die Ohrenspizen sind insbesondere sehr schwarz, die Oberlippe und Nase aber sparsam mit grauen, und die Backen mit einem Bündel weisser Haare besezt, welche leztere auch noch hie und da, an den Ohrenrändern, an den Seiten und der Herzgrube eingemischt sind. Die starke krause Wolle der Fußsohlen ist gelblichaschgrau. Uebrigens sind die Bartborsten zärter, als an der grauen Spielart, aber das ganze Fell hat nicht die weiche Consistenz, wie an den weissen Hasen. Die Wolle zwischen den Haaren fällt von Braun und Schwarz in das Graue, und näher an der Haut allmählich in das Weisse.

In den drey nordischen Königreichen, in Lappland und Finnland [e]), im ganzen nördlichen Rußland und Sibirien bis nach Kamtschatka [f]) findet man gewöhnlich im Winter keine andern als weisse Hasen. Sie kom-

[e]) LINN. *Faun. Suec.* 2. *n.* 25. PONTOPPID. Natürl. Hist. v. Norweg. Th. 2. p. 19. Scheffers Lappland S. 137. Leems Nachr. von den Lappen S. 97.

[f]) Pallas a. a. O.

men aber häufig auch in den bergigen Gegenden Schottlands [g]) und in Liefland [h]) vor, wo hingegen die grauen selten sind und nur für Ueberläufer aus Kurland und Litthauen gehalten werden. Gleichwohl sollen jene in Litthauen und Polesien ebenfalls vorhanden seyn [i]). Auch auf den Alpen des südlichen Europa, in Helvetien, Tyrol rc. findet man diese veränderlichen Hasen. Ueberall ändern sie im Frühjahre, und nehmen die obenbeschriebene Sommerfarbe an. Auch die Alten, wie doch Büffon [k]) glaubt, bleiben nicht weiß.

Nur in Grönland, wo sie auf unbewohnten mit Schnee bedeckten Gebirgen besonders häufig sind, und sich von dem feinen Grase in den Thälern an den Bächen nähren, bleiben sie auch im Sommer, bis auf die schwarzen Ohrenspitzen, ganz weiß, und sollen auch größer und von besserm Fleische seyn [l]). Dagegen werden die weissen Hasen in den südlichen Wüsten Rußlands, gegen den 50 Gr. N. Br. allmählich seltener und die obenerwähnten grauen Spielarten gemeiner, welche wie gedacht von den Russen Russack genannt, und von Pallas für wahrscheinliche Bastarte aus dem veränderlichen und dem gemeinen Hasen gehalten werden, ob man gleich zweifelt, daß sich der gemeine und veränderliche Hase mit einander vermischen. Seltener trift man sie auch noch im mittlern Rußland und fast gar nicht in Sibirien an. Aber in Klein-Rußland besonders werden ihrer jährlich, nicht sowohl um des Fleisches, als um der Felle willen, eine große Menge in Schlingen gefangen. Die dritte schwarze Spielart endlich hat man zwar in ganz Sibirien und

g) Pennant a. a. O. und *First Tour in Scotland* ed. 3. p. 84.

h) Olearius Reise S. 156. Fr. Chr. Jeze über die weissen Hasen in Liefland S. 45.

i) Rzaczinsky.

k) *Vol. VI. p.* 91. der Amsterd. Ausgabe.

l) Egede Naturgesch. Grönlands p. 86. Cranz v. Grönland B. I. p 95. FABRICIUS a. a. O. und Pallas erhielt vom Missionario Königseer dieselbe Versicherung a. a. O. p. 12. Unter den Spizbergischen Thieren finde ich in Martens und des Lord Mulgrave (Phips) Reisen den weissen Hasen nicht erwähnt.

Rußland, jedoch überall nur selten beobachtet. Gegen den östlichen Ocean, zwischen den Flüssen Ochotin, Tugir und Udy sollen sie gleichwohl ziemlich häufig seyn ˡ). Der Herr Kollegienrath Pallas hat noch einige Beyspiele von verschiedenen Gegenden um Moskau an der Unna, über dem Baikal, von den Mongolen, von Bornholm u. d. und der Hase dieser Art, welchen er selbst lebendig beobachtete und beschrieb, war aus dem nördlichen Theile des Königreichs Kasan.

Besonders gerne halten sich die veränderlichen oder weissen Hasen in Wäldern, bergigten und mit Weiden, wovon sie sich vorzüglich nähren, bewachsenen, obgleich auch viel in ebenen Gegenden auf. Sie sind überaus hitzige Thiere. Pallas fand ihre natürliche Wärme in der strengsten Kälte von 103 — 105° Fahrenheit. Sie stellen jährliche Wanderungen in Rußland und Sibirien an, die man besonders am Jenisei und der Lena beobachtet, wo sie in Haufen zu fünf bis sechs Hunderten, im Herbst ausziehen und im Frühling wieder dahin zurückkehren ᵐ). Aber auch an andern Orten kommen im Winter mehrere an, als sonst vorhanden sind. Dieß geschieht aber nicht in großen Herden, sondern einzeln, und sie scheinen, ihrer Nahrung nach, sich aus den Gebirgen ins freye Feld und in die Wälder zu ziehen, und dann im Frühjahre wieder in die kältern Gebirge zurückzukehren.

Ihre Jungen haben niemals den weissen Fleck an der Stirne, der so häufig am gemeinen europäischen Hasen, auch um Orenburg und an der Wolga bemerkt wird. Im ersten Jahre werden sie dunklerroth und wollichter als die Alten. Die Jungen der grönländischen beständig weissen Hasen sind aber nur graulich [griseo - lividi] ⁿ).

Das Fleisch ist noch unschmackhafter, als das von unsern Kaninchen, und wird daher eben so wenig geachtet ᵒ). Von den weissen Hasen ist es am schlechtesten, und immer um etwas besser, je grauer die Farbe ist

l) Steller.

m) BELLS *Travels I. p. 238.*

n) FABRIC. a. a. O.

o) The Russians and Tatars, like the Britons of old, hold the flesh of hares in detestation, esteeming it impure:

des Felles ist [p]). Demohnerachtet kochen die Grönländer das Fleisch, und machen aus den halbverdaueten Speisen, die sie im Magen finden und roh verzehren, einen Leckerbissen. Die Losung wird von ihnen bisweilen zum Tocht in die Lampe gebraucht [q]).

Mit den Fellen aber, die zu Pelzen, Gebrämen und zu Hüten verarbeitet werden, wird ein starker Handel in das Ausland getrieben. Zu dem ersten Behuf können die Haare nicht weiß genug seyn; zu dem leztern taugen die ganz weissen nicht so wohl als diejenigen, die ins gelbgrauliche fallen [r]).

5.

Das Kaninchen.

Tab. CCXXXVI. A. B. C.

Lepus Cuniculus; Lepus auriculis apice atris, cauda ſubconcolore, cruribus poſticis trunco brevioribus. PALL. *glir.* *p.* 30. Zimmerm. G. G. 2. S. 337. N. 234. GMEL. *ſyſt.* I. *p.* 163.

Lepus Cuniculus; L. cauda abbreviata, pedibus poſticis corpore dimidio brevioribus. ERXL. *mammal.* *p.* 331.

Lepus Cuniculus; Lepus cauda abbreviata, auriculis nudatis. LINN. *ſyſt.* I. *p.* 77. *n.* 2. *Faun. ſuec.* *p.* 10. *n.* 26. MÜLL. *dan.* *p.* 4. *n.* 24.

Lepus Cuniculus noſtras; L. caudatus, obſcure cinereus. BRISS. *quadr.* *p.* 140. *n.* 4.

pure: that of the *variable* in its white ſtate, is exceſſively inſipid, ſagt Herr Pennant *Hiſtor. of quadr.* 2. *p.* 26.

p) Pallas a. a. O. S. 6.

q) FABRIC. a. a. O.

r) Pallas a. a. O.

Lepusculus cuniculus terram rodiens. KLEIN *quadr.* 52.

Cuniculus. AGRIC. *subt.* *p.* 16. GESN. *quadr.* *p.* 394. mit einer Figur. ALDROV. *dig.* *p.* 382. die Figur *p.* 385. SCHWENKF. *siles.* *p.* 86. IONST. *quadr.* 161. *t.* 65. RAI. *quadr.* *p.* 205.

Lapin. BUFF. *hist.* 6. *p.* 303. *t.* 50. 51.

Rabbet. PENN. *brit.* *zool.* *p.* 43. *syn.* *p.* 251. *n.* 186. *hist.* *p.* 373. *n.* 244.

Küniglein, Künigl-hase; Königlein; in Oesterreich.

Kanin; Dänisch, Schwedisch. Konyn; Holländisch.

Conejo, Coneja; Spanisch. Coniglio; Italiänisch. Coelho; Portugisisch.

Cony; Rabbet; Englisch.

Cwningen; Cambrisch. Coinin; Irisch.

Krolik; Polnisch; Russisch.

Tengeri - nyúl; Hungarisch.

α) Das weisse Hauskaninchen.

Lepus Cuniculus; L. cauda brevissima, pupillis rubris. LINN. *syst.* *ed.* 1 - 6. *Mus.* *Ad.* *Fr.* 1. *p.* 9. *Hill.* *anim.* *p.* 525. *t.* 25.

β) Das silberfarbige Kaninchen.

Lepus caudatus, dilute cinereus. BRISS. *quadr.* *p.* 191. *n.* 5.

Le Riche. BUFF. *hist.* 6. *t.* 52.

γ) Das langhaarige Kaninchen von Angora.

Lepus Cuniculus angorensis; L. caudatus, pilis tenuissimis et longissimis toto corpore vestitus. BRISS. *quadr.* *p.* 141. *n.* 6.

Lapin d'Angora. BUFF. *hist.* 6. *t.* 53. 54.

Angora Rabbet. PENN. *syn. p.* 252. *n.* 186. *β. hist. p.* 374. *β.*

Auch das Kaninchen ist, in seinem wilden Zustande, dem gemeinen Hasen sehr ähnlich, so, daß es schwer bestimmt, obgleich ziemlich leicht unterschieden werden kann. Indessen ist es kleiner, als der vollwüchsige Hase, und hat andere Verhältnisse; vorzüglich sind die Ohren, auf dem Kopfe hin vorwärts gelegt, und die Füsse, gegen den Körper gehalten, kürzer an dem Kaninchen, als an dem Hasen, und die hintern nur etwan halb so lang [a]). Doch kommen die Spielarten nicht alle in der Grösse mit einander überein; weichen auch wohl in den Verhältnissen hier und da etwas von einander ab.

Das wilde Kaninchen ist auf dem Kopfe bräunlich mit schwarz gemengt. Die Augen umgibt ein weißlicher Kreis, der sich vorwärts nach den Bartborsten herab, und hinterwärts gegen die Ohren hin, verlängert. Die Lippen sind weißlich. Die Bartborsten kürzer als die Ohren. Diese vorn gelbbräunlich mit braun gemengt, hinten weißgrau; an der Spize schwarz. Der Hals, von den Ohren an, oben rothbräunlichgelb; an den Seiten hellbräunlichgelb. Der Rücken oben auf und die Seiten bräunlichgelb mit Schwarz vermengt; leztere unten blaßbräunlichgelb. So auch die Schultern. Das Kreuz, und die Schenkel auswendig, grau mit Gelblich vermengt. Die Füsse äusserlich rothbräunlichgelb; auf den Hinterpfoten mengt sich Weiß darunter. Die Pfoten sind unten gelbröthlich. Die untere Seite ist von der Kehle an, mit Einschluß der innern der Füsse, weiß; doch unten an dem Halse und vorn an der Brust, weißlich gelbbräunlich. Der Schwanz weiß, oben schwarz mit untermengtem Braun. Die Länge beträgt 15 Zoll; der Schwanz misset 2 Zoll 3 Linien. Das Gewicht eines Erwachsenen fand Herr Daubenton 3 französische Pfund und 3 Loth [b]).

[a]) Barrington *Phil. transact.* 62. S. 4.

[b]) Daubenton.

Das Haus-Kaninchen ist nicht selten etwas grösser als das wilde, und von allerley Farben; grau, gelblich, braun, schwarz, weiß, und gefleckt. Die Fußsolen sind röthlich. Die weissen haben rothe Augensterne, und ein schwächeres Gesicht als die übrigen.

Das sogenannte silberfarbige Kaninchen ist noch grösser, von Farbe blaulichgrau, mit Schwarz und Weiß überlaufen. Das Haar ist etwas länger, als an dem Hauskaninchen, und weich.

Das angorische hat die Grösse des blauen, aber langes bis auf die Erde herab reichendes Haar von besonderer Feine, Weiche und Glanz. Die Farben sind mannigfaltig, wie an dem Hauskaninchen, aber seltener ist es gefleckt.

Für das Vaterland der Kaninchen scheinen die alten Schriftsteller insbesondere Spanien anzugeben [c]). Von da sollen sie nach Italien und Frankreich, und aus diesen Ländern nach Teutschland gebracht worden seyn. Zuverlässig ist es, daß sie in Teutschland nicht einheimisch sind; man weiß die Zeit, wenn sie in gewisse Gegenden der Jagdlust wegen zuerst sind übergebracht worden. Sie verbreiten sich aber in kurzer Zeit unglaublich, und zum Schaden der Feldfrüchte, so daß es bisweilen wohl nöthig wäre, ähnliche Vorkehrungen gegen sie zu machen, als einst auf den balearischen Inseln [d]). Die Haus-kaninchen, deren Ursprung von den wilden wohl unzweifelhaft ist, kommen eben so leicht fort und vermehren sich nicht minder. Dis ist sogar in Südamerika geschehen [e]). In heissen Ländern aber, dergleichen z. B. die Antillen sind, scheinen sie sich nicht zu vermehren. Obgleich dis ältere Nachrichten [f]) besagen, so widersprechen doch neuere [g]), und in den neuesten Thierverzeichnissen der gedachten In-

[c]) Strabo *Geogr. l. III.* Varro *de re rust. lib. 3. c. 12.* Plinius.

[d]) PLIN. *Hist. nat. lib. 8. sect. 81.* In Minorka sind sie noch izt häufig. Lindemanns Beschreib. v. Minorka, in Sprengels Beytr. zur Völker- und Länderkunde 6. Th. S. 27.

[e]) Pennant *Hist.* S. 373.

[f]) DU TERTRE *hist. des Antilles tom. II. p. 297.*

[g]) These creatures have been frequently carried to all the sugar-islands; but the do not breed fast in any of those warm climates, though all abound with potatoe-slips and other weeds proper for their sustenance. BROWNE's *Hist. of Jamaica p. 484.*

seln finde ich die Kaninchen nicht. Noch mehr ist die Kälte ihrer Vermehrung hinderlich; schon in Schweden wollen sie nicht recht fort [h]). Die silberfarbigen sollen aus Persien herstammen. Die angorischen sind aus Angora, dem Vaterlande mehrerer langhaariger Thiere.

Die Kaninchen unterscheiden sich in ihrem Verhalten dadurch von dem Hasen sehr merklich, daß sie sich Baue in die Erde graben. Sie wählen dazu am liebsten ein nicht sehr festes Erdreich [i]). Zu dem Bau führen einige in gebrochner Richtung gehende Röhren, jede mit mehrern Ausgängen. Die wilden graben nicht nur, sondern auch, obgleich der Herr Graf von Büffon das Gegentheil versichert, die zahmen, und selbst die angorischen. In den Bauen stecken die Kaninchen gemeiniglich am Tage, und kommen des Morgens, Abends und in der Nacht heraus, um ihr Futter zu suchen. Dieses besteht in Gras, Getreide, allerley Wurzelwerk, Kohl, und andern nahrhaften, nicht nur süssen, sondern auch bitterlichen Gewächsen, mit welchen man auch die zahmen Kaninchen, gleichwie mit Brod, Kleyen und Spreu füttert [k]). Sie genießen sogar die Rinde und Knospen von jungen Bäumen und Gesträuchen, die sie abschälen. Einen Laut habe ich nie von einem Kaninchen gehört; wohl aber bemerkt, daß, wenn sie zornig werden, oder erschrecken, sie mit den Hinterfüssen strampfen. Schrecken und Furcht bringen sie zu einer schleunigen Flucht. In der Geschwindigkeit des Laufs sind sie unter den gemeinen Hasen, auch können sie nicht so anhaltend laufen, aber doch durch krumme Sprünge manchen Hund ermüden. Daher entfernen sich diese wehrlosen Thiere nicht weit von ihren Bauen, sind aufmerksam und suchen bey herannahender Gefahr darinn ihre Sicherheit. Wenn sie zu sehr verunruhigt wer-

[h]) LINNE'.

[i]) In den Dünen in England und Holland sind sie deswegen sehr häufig. In den leztern hatten sie sich vor einem Jahrhundert so vermehrt, daß sie, durch Entblössung des Flugsandes, schädlich wurden, und die obrigkeitliche Sorge für ihre Verminderung nothwendig machten. HOUTTUYNS *Nat. Hist. der Dieren I. D. 2. St. p. 393.*

[k]) Verschiedene Arten von Sonchen, sonderlich Sonchus oleraceus, sind eine Lieblingsspeise der Kaninchen.

den, so verlassen sie ihren Wohnort, und ziehen wo anders hin; macht eine Familie damit den Anfang, so folgen die benachbarten alle nach [l]).

Jedes Männchen hält sich zu einem Weibchen, und jedes Paar hat seine eigene Wohnung. Das Kaninchen wird im fünften oder sechsten Monat zeugungsfähig. Das Weibchen gehet dreyssig bis ein und dreyssig Tage trächtig; ein wildes sezt vier bis sechs, und ein zahmes bis neun Junge. Das wilde Kaninchen sezt in einem Jahre vier = bis fünfmal, in einem geräumigen mit trocknen Grashalmen ausgefütterten Bau. Das zahme Kaninchen thut dieses öfter, und vermehrt sich so stark, daß nach Herrn Pennants Berechnung, in vier Jahren von einem Paare über 1200000 Nachkömmlinge entspringen können. Das Kaninweibchen macht sich aus seinen eignen Haaren, welche es von dem Bauche abrupft, auf das Lager von Heu ein Bette, auf welchem es seine Jungen sezt. Diese verläßt es in den ersten Tagen nicht, ausser wenn es herausgeht um zu fressen; da es denn allemal den Bau mit Erde zustopft [m]). Dis geschicht, um die Feinde, und selbst das Männchen abzuhalten, welches die Jungen, wenn sie noch klein sind, zu fressen pflegt. Nach vierzehen Tagen nimmt sie die Mutter mit heraus, um ihre Nahrung selbst zu suchen; dann spielt das Männchen mit ihnen, leckt und puzt sie. Sie werden von der Mutter vier bis sechs Wochen gesäuget, die aber schon in den ersten vierzehen Tagen das Männchen zuläßt, und nach Verlauf derselben die Jungen von sich treibt. Bey den zahmen Kaninchen arten die Jungen in der Farbe nicht immer nach dem Vater oder der Mutter; oft ist sie ganz verschieden. Mit den Hasen begatten sich beyde nicht. Die Kaninchen erreichen ein Alter von neun bis zehn Jahren; Füchse, Iltisse, Raubvögel rc. kürzen es aber öfters.

Den zahmen Kaninchen, die von manchen Liebhabern zur Lust unterhalten werden, gibt man zu ihrer Wohnung einen ausgemauerten trocknen

[l]) Bechstein Naturgesch. Teutschl. 1. Th. S. 547.

[m]) Die es, nach der Erzählung des Herrn Grafen von Büffon, mit Harn befeuchtet. (?)

und warmen Stall, mit Stroh und hölzernen Behältnissen, in welchen die Weibchen werfen können; sezt zu etlichen Weibchen ein Männchen, und hält sie in gutem Futter und reinlich. Die Weibchen machen sich dann, wenn sie werfen wollen, ein Lager von Stroh und andern weichen Sachen zu denen sie gelangen können, und oben darauf von ihren Haaren, und verstopfen, wenn sie solches nach der Geburt verlassen müssen, den Zugang dazu sorgfältig. Es ist sehr angenehm, zu sehen wie sie mit einander spielen, einander jagen, puzen, lecken, und sich von bekannten Personen aus der Hand füttern lassen.

Die Jagd der Kaninchen mit dem Frettchen habe ich oben bereits erwähnt *). Das Wildpret wird nicht sehr geschäzt. Zahme Kaninchen pflegen einige zu essen; ihr Fleisch soll schmackhafter werden, wenn man sie mit Wachholderbeeren füttert. Die Bälge von beyden sind ein starker Handelsartikel, und werden häufig nach China geführt. Man gebraucht sie zum Unterfüttern und zu Verbrämungen. Das Haar ist ein Material für die Hutmacher, sonderlich das feine der silberfarbigen, und das lange seidenartige der angorischen, welches auch zu Strümpfen, Handschuhen u. dgl. verarbeitet werden kan. Man hat daher diese in Teutschland einheimisch zu machen gesucht; die Versuche haben aber noch nicht gelingen wollen.

Ein besonderes, angeblich russisches, Kaninchen (Hooded Rabbet PENN. *syn.* p. 252. t. 23. f. 2. *hist.* p. 374. *tab.* 40. f. 2.) welches die Haut vorwärts über den Kopf und die Vorderfüsse ziehen konnte, grau mit braunem Kopfe und eben solchen Ohren, beschreibt Herr Pennant nach einer Zeichnung und Nachricht des Herrn Edwards, die in dem brittischen Museum aufbewahrt wird; das Thier ist aber in Rußland unbekannt.

*) Sie ist alt; Plinius gedenkt ihrer schon *Hist. nat. lib.* 8. *sect.* 81. Magna propter venatum eum viverris gratia est. Injiciunt eas in specus, qui sunt multifores in terra, unde et nomen animali; atque ita ejectos superne capiunt.

6.

Der kapische Hase.

Lepus capensis; Lepus auribus (nudiusculis margine cinereo), cauda rufa. PALL. *glir.* *p.* 50.

Lepus capensis; Lepus cauda longitudine capitis, pedibus rubris. LINN. *syst.* 78. ERXL. *mamm.* *p.* 335. Zimmerm. G. G. 2. S. 338.

Cape Hare. PENN. *syn.* *p.* 253. *n.* . *hist.* *p.* 375. *n.* 246.

Die Ohren sind lang, in der Mitte etwas breiter; äusserlich nackt und rosenfarbig, inwendig und an den Rändern mit kurzem grauem Haar bedeckt; auf dem Scheitel und dem Rücken dunkelgrau, mit Dunkelbraun gemengt; die Backen und Seiten aschgrau; die Brust, der Bauch, und die Füsse, rostfarbig; der Schwanz buschig, auswärts gebogen, von blasser Rostfarbe. Grösse des Kaninchens.

So beschreibt Herr Pennant diesen Hasen, von dem Linne, nichts weiter sagt, als daß er am Vorgebirge der guten Hofnung wohne, und grabe. Er wohnt eigentlich, nach Herrn Pennants Bericht, in den etwas entfernten gebirgigen und felsigen Gegenden, nordwärts vom Cap, daher er auch dort Berghase genennet wird. Er gräbt nicht. Es ist schwer ihn zu schiessen, weil, so bald er den Schüzen gewahr wird, er sich in die Klüfte der Klippen verbirgt.

Herr Sparrman [a]) sagt: "Von Hasen trift man in Houtniquas" (welches dem Cap nicht gegen Norden, sondern gegen Osten liegt) "und dem übrigen Afrika zwo verschiedene Arten an. Die eine ist fast ganz

[a]) Reise nach dem Vorgeb. d. g. Hofnung S. 256.

ganz und gar mit der bey uns gemeinen einerley. (?) Von der andern aber kan ich nicht bestimmen, ob es eben dieselbe ist, die Linne' den capischen Hasen, mit rothen Füssen und einem dem Kopfe gleich langen Schwanze, nennet? Die Füsse ausgenommen, sind die Kennzeichen einerley. Denn Füsse und Kopf sind von eben der Farbe, welche unser gemeiner Hase im Sommer hat, und der Schwanz hat beynahe gleiche Länge mit dem Kopfe. Ausserdem habe ich bemerkt, daß der Schwanz an der Wurzel breit ist, von da allmählig abnimmt, und sich zulezt in einer Spize endigt; auch, daß er unten und an den Seiten eine kreidenweisse Farbe hat, oben aber ein kohlschwarzer Streif hinabläuft. Ein junger von dieser Art, den man lebendig nach der Capstadt gebracht hatte, und welcher der einzige ist, den ich gesehen habe, ist das Original zu meiner Beschreibung derselben gewesen." Wenn man dies gegen die Beschreibung des Herrn Pennant hält, und schon wenn man es mit dem Wenigen was Linne' vom capischen Hasen hat, vergleicht, so wird, wenn ich nicht irre, deutlich, daß keine der beyden von Herrn Sparrman beschriebenen Hasenarten mit der capischen des Linne' einerley ist. Vermuthlich eine dieser beyden ist diejenige Art, von welcher der Herr Prof. und Ritter Thunberg [b]) folgendes meldet: "Hasen fanden sich in ziemlich grosser Menge in diesen niedrigen Sandfeldern" (am Mosselbanksrivier, fast nordwärts von der Capstadt) "und in dem kleinen Gebüsche darauf, so daß man so viele hätte schießen können, als man gewollt hätte; niemand aber sezte auf dieses trockne Wildpret einigen Werth."

So gäbe es denn zwo, oder noch wahrscheinlicher drey verschiedene südafrikanische Hasenarten, wovon noch keine vollständig beschrieben, und noch weniger abgebildet worden ist.

Herr Adanson [c]) gedenkt eines afrikanischen Hasen, der kleiner als der französische, seyn, in der Farbe zwischen diesem und dem Kaninchen

[b]) *Resa uti Europa, Asia, Africa etc. 2 D. p. 150. (Upsala 1789.)*

[c]) *Voyage au Senegal p. 44.*

das Mittel halten und ein weisses Fleisch haben soll. Ist diese mit der ersten Sparrmanischen Art einerley? oder vielleicht gar eine vierte afrikanische Hasenart?

7.

Der Viscacha.

Lepus Viscacia; Lepus cauda elongata setosa. MOLINA *saggio sulla storia naturale del Chili* (*Bologna* 1782. 8.) *p.* 307. 342. GMEL. *syst.* I. *p.* 160.

Viscacha. NIEREMB. *hist. nat. p.* 161. Fig. LAËT *Amer. p.* 407.

Viscàchos. FEUILLÉE *Journ. d'Obs. phys.* 1725. *p.* 32. PENN. *hist. p.* 376.

Nehelaterek; abiponisch. Dobrizhoffer.

Hat, nach dem P. Feuillée, ein Ansehen und Ohren gleich dem Kaninchen, einen langen aufgebogenen Schwanz, und ein weiches mausefarbiges Haar; ist auch von der Grösse des Kaninchens. Nach dem Herrn Abt Molina gleicht er dem Kaninchen in der Gestalt des Kopfes, der Ohren, der Schnauze, des Bartes, und des Gebisses, gleichwie in der Nahrung, der Art sie zu geniessen, und in der Art zu sitzen. In der Größe ist er etwas über das Kaninchen. Dem Fuchs (dem chilesischen? [a]) ähnelt er in der Farbe, und dem Schwanze, der ziemlich lang, aufwärts gebogen und mit langem rauhem Haar bedeckt ist. Mit dem Schwanze vertheidigt sich das Thier. Das übrige Haar ist fein, weich, und zu allerley Manufacturwaaren brauchbar. Die Peruaner machten zu den Zeiten der Incas feine Tücher für die Vornehmen daraus [b]); izo verfertigt man in Chili davon Hüte. — Der Viscacha vermehrt sich wie die Caninchen, und wohnt in Peru und Chili unter der Erde in Hölen, in gebirgigen Gegenden, und in den Ebenen.

[a]) Canis Culpæus, der Culpeu. S. 293.

[b]) Garcilasso de la Vega. *Hist. des Incas.* S. 331.

Die Hölen bestehen aus zwo mit einander verbundenen Kammern. In der untern hat das Thier seinen Speisevorrath, in der obern wohnt es. Es geht nur in der Nacht heraus, streift auf dem Felde umher und trägt Nahrungsmittel im Vorrath ein. — Das Fleisch ist zart und weiß, und wird dem Wildpret des Hasen und Kaninchen von den Einwohnern von Chili vorgezogen.

Don Ulloa [c]) beschreibt die Viscachas den Caninchen in der Gestalt und Farbe der Haare ähnlich; von welchen sie sich nur dadurch unterscheiden, daß sie einen langen mit losen Haaren bewachsenen Schwanz, wie die Eichhörnchen, haben; diese Haare sind am untern Theile des Schwanzes kürzer und einzelner, an der Spize aber lang und dicht; er steht fast horizontal hinaus. Sie wohnen in Peru in den Löchern oder Klüften der Felsen; nicht, wie die Kaninchen, in der Erde. In den höhern Gegenden der Cordilleras, in der Landschaft Quito, giebt es keine. Man siehet sie oft in Menge bey einander, meist sizend, ohne zu fressen. Sie nähren sich von Felsenkräutern. Gejagte retten sich nicht durch Laufen, sondern in Löcher; daher man angeschossene, die nicht sogleich tod bleiben, schwerlich bekömmt. Nach dem Tode des Thieres geht das Haar bald aus; deswegen sind die Felle nicht wohl als Pelzwerk zu gebrauchen. Das Fleisch ist weiß, aber nicht wohlschmeckend, sondern ekelhaft, und zu gewissen Zeiten ungenießbar.

Der Herr Abt Dobrizhoffer [d]), welcher die Viscachas, oder wie er sie schreibt, Biscachas in Paraguay beobachtet hat, nennet sie lächerliche Thiere. Nach seiner Beschreibung sehen sie den Hasen ziemlich ähnlich, haben einen Fuchsschwanz, Haare wie Sammt, und einen schwarz und weiß gefleckten Pelz. In den Feldern graben sie sich auf den Anhöhen mit vieler Kunst Hölen aus, worinn sie wider den Regen vollkommen verwahret sind, und welche sie in verschiedene Kammern mit mehrern Eingängen abtheilen, weil an einem Orte mehrere Familien solcher Biscachas beysammen wohnen. Um diese Eingänge sizen sie in der

[c]) Nachrichten vom südlichen und nordöstlichen America. 1 Th. S. 126.

[d]) Mart. Dobrizhoffers Geschichte der Abiponer, 1 Th. (Wien 1783.) S. 348.

Dämmerung haufenweise herum, und horchen mit gespizten Ohren auf jedes Geräusch. Ist alles ruhig, und die Nacht heiter, so gehen sie aus um zu fouragiren, wodurch sie dem Mays und anderem Getreide oft Schaden thun. Sie sind daher gemeiniglich um die Wohnungen der Spanier am häufigsten. In Ermangelung des Getreides fressen sie Gras. Um die Eingänge ihrer Röhren herum findet man Reisig, Holztrümmer und andere Abgänge, (von denen sie sich vermuthlich ihre Lager bereiten). Die spanischen Landleute treiben sie durch hineingegossenes Wasser aus ihren Wohnungen, und finden ihr Fleisch, wenn sie nicht zu alt sind, schmackhaft.

Diese Nachrichten stimmen in manchen Stücken nicht recht überein; deswegen habe ich sie einzeln hierher gesezt, und wünsche, daß wir bald durch die französischen und spanischen Naturforscher, die Chili, Peru, und andere Theile von Südamerica bereiseten, über dieses Thier weiter belehrt, und mit einer Abbildung desselben versorgt werden mögen.

8.

Der Tapeti.

Lepus Tapeti; Lepus auribus —, collari albo, cauda nulla. PALLAS *glir.* *p.* 30. Zimmerm. G. G. S. 334. N. 230.

Lepus brasiliensis; L. cauda nulla, auriculis elongatis, corpore ex rufo fusco. ERXL. *mamm.* *p.* 336.

Lepus brasiliensis; L. cauda nulla. LINN. *syst.* I. *p.* 78.

Lepus brasilianus; L. ecaudatus. BRISS. *quadr.* *p.* 141. *n.*

Cuniculus brasiliensis Tapeti dictus. *Raj. quadr.* *p.* 205.

Citli. FERNAND. *anim. N. Hisp.* *p.* 2.?

Tapeti. MARGGR. *brasil.* *p.* 223. *fig.* 224. PISO. *brasil.* *p.* 102. mit eben derselben Figur. BUFF. *hist.* 15. *p.* 162.

Brasilian Hare. PENN. *syn.* *p.* 252. *n.* 187. *Hist.* 2. *p.* 376. *n.* 247.

Er kommt in der Grösse unserem Hasen bey. Die Ohren sind lang. Ein weisser Ring gehet um den Hals herum. Das Gesicht ist röthlicht; der Hals unten weiß; die Augen schwarz. Der Bauch ist weißlich. Sonst ist er in der Farbe unserem gemeinen Hasen ähnlich, nur dunkler. — Einigen fehlt der weisse Ring um den Hals. Der Schwanz mangelt dieser Art.

Er wohnt in Brasilien, und Mexico? auf dem Felde und in den Wäldern. Er gräbt nicht. Er vermehrt sich stark.

Wir haben von dieser Art nicht mehr Nachrichten, als diese wenigen, und keine zuverlässige Figur; denn die bey Marcgrav und Piso ist nicht einmal, wie es die Beschreibung erfordert, ungeschwänzt. —

Wegen des Mangels des Schwanzes sollte der Tapeti unter der zwoten Abtheilung dieser Gattung stehen; allein die Länge der Ohren, und die Grösse, bestimmen ihm seinen Platz schicklicher unter der ersten.

Bey dieser Gelegenheit merke ich an, daß in den Beschreibungen verschiedener Länder ausser Europa, und der dahin gethanen Reisen, allerley Thiere unter dem Namen der Hasen und Kaninchen vorkommen, die noch nicht genau genug bestimmt sind, daß man beurtheilen könnte, ob dadurch eine oder die andere der oben beschriebenen, oder neue Arten verstanden werden? Z. B. Begert erwähnt in den Nachrichten von Californien [a]) der daselbst einheimischen Hasen und Kaninchen, und sagt, die Hasen wären um die Hälfte kleiner als die gemeinen, die Kaninchen aber hasenfarbig. Jene scheinen zu der Art des americanischen Hasen zu gehören; was sind aber die Kaninchen? — Herr Dobrizhoffer [b]) sagt, es gebe in Paraguay, noch mehr aber in Tukuman, gegen Peru hin, Hasen die von

[a]) S. 62. [b]) S. 349.

den europäischen blos in der Grösse unterschieden seyn. Sind diese vielleicht Tapetis? Der Tapeti soll aber dem europäischen Hasen an Grösse gleichen, und ist von ihm durch den Mangel des Schwanzes sehr verschieden. — Er sowohl [c]), als Don Ulloa [d]), bezeugen, daß es in Südamerica Kaninchen gebe, die den europäischen in allen Stücken vollkommen ähnlich und von eben der Art seyen; ersterer sezt hinzu, sie seyen die Nachkömmlinge einiger aus Spanien dahin gebrachten und entflohenen europäischen Kaninchen. Das können sie, nach dem oben [e]) angeführten Zeugnisse des Herrn Pennant, wohl seyn. Wenn er aber zugleich meldet, daß einige davon nicht graben, sondern sich unter die Gesträuche verbergen; in der Größe das Mittel zwischen Hasen und Kaninchen halten, und nicht von anderer Farbe, als kastanienbraun, sind; so ist offenbar, daß diese zu einer ganz andern Art gehören. — Und wenn Don Ulloa [f]) erzählt, es gebe in Louisiana Kaninchen, die von eben der Art, als die in Europa, nur etwas größer, von mittlerer Grösse zwischen Hasen und Kaninchen, seyen, nicht graben, sondern in holen Bäumen wohnen, in denen sie, wenn man sie verfolgt, so hoch hinauf steigen als sie können, mittelst der Hunde aber entdeckt, und von den Jägern durch Rauch heraus getrieben werden u. s. f.: so siehet man ganz deutlich, daß damit die oben beschriebenen americanischen Hasen gemeinet sind. — Die vermeinten Hasen und Kaninchen mögen nicht einmal alle in die gegenwärtige Gattung gehören. So spricht Herr Dobrizhoffer von Kaninchen, die bey den Quaraniern Aperea heissen [g]); diese sind also Savien. Und die Kaninchen, die Dampier in Neuholland gesehen hat, scheinen auch wohl zu einer andern Gattung, vielleicht zu den Savien, zu gehören. [h]) — Es ist also, in Ansehung der Thiere dieser Gattung, Vorsicht beym Nachlesen der Schriftsteller nöthig, und vielleicht Hofnung, noch manche dazu gehörige neue Art zu entdecken.

c) S. 349.

d) S. 125.

e) S. . . .

f) S. 126. 127.

g) S. 349.

h) *Voy. T. III. p. 138.* S. Zimmerm. G. G. Th. II. S. 338.

II. Kurzgeöhrte Hasen, meistens ohne Schwanz.

9.

Der Cuy.

Lepus minimus; Lepus cauda brevissima, auriculis pilosis (brevibus acutis concoloribus). MOLIN. *Chil. p.* 306. 342. GMEL. *syst.* I. *p.* 163.

Cuy; in Chili.

Ich mache den Anfang dieser Abtheilung mit einer zwar nicht ungeschwänzten, aber doch mit einem sehr kurzen Schwanz versehenen Art, die, weil sie kurze Ohren hat und klein ist, sich an die folgenden anschließt. Alles, was wir von ihr, erst seit Kurzem, wissen, haben wir dem Herrn Abt **Molina** zu danken, und bestehet in Folgendem:

Es ist ein kleines Thier, welches einige unrichtig mit dem Meerschweinchen verwechseln, von welchem es sich durch die Gestalt des Körpers, und die generischen Merkmaale auszeichnet. Es ist ein wenig grösser als die grosse Feldmaus. Die Ohren sind klein, haarig, und spizig; die Schnauze länglich; das Gebiß völlig so wie am Hasen und Kaninchen. Die vordern Füsse vierzeeig, die hintern, etwas längern, fünfzeeig. Der Schwanz ist dergestalt kurz, daß er zu fehlen scheint. Es ist ein Hausthier, und also in der Farbe mannigfaltig; man hat weisse, schwarze, braune, graue und schäckigte. Das Haar ist sehr fein, aber zu kurz, als daß man es spinnen könnte. Das Fleisch sieht weiß, und ist recht wohlschmeckend. Das Weibchen wirft fast alle Monate sechs, sieben und mehrere Junge. Der Cuy fliehet die Gesellschaft der Kaninchen, und fürchtet die Kazen und Mäuse, als seine Feinde. — In Peru gibt es ein Hausthierchen eben dieses Namens, welches aber dem Herrn Abt nicht zu Gesichte gekommen; weswegen ungewiß ist, ob es von eben dieser Art sey, oder nicht? Denn der Name Cuy ist in Südamerica mehrern Thieren gemein, die grossen Theils zur Gattung der Savien gehören [a]).

[a]) S. 307.

Vielleicht ist dieses Thierchen das nämliche, welches **Oviedo**, **Charlevoix** und **Duperrier de Montfraizier**, Cori [b]) nennen. Lezterer beschreibt es den Kaninchen und Maulwürfen, (diesen vermuthlich darum, weil es gräbt,) ähnlich, mit kleinen hinterwärts gelegten Ohren, die man kaum sehen kan, ohne Schwanz, von allerley Farben: weiß, schwarz, schwarz, und weißfleckig, roth, und weißfleckig ꝛc. zahm, reinlich, mit wenig Nahrung zufrieden und wohlschmeckend u. s. f. [c]). Der Name: Cori, scheint sogar nur eine Veränderung von Cuy zu seyn.

10.

Der Zwerghase.

Tab. CCXXXVII.

Lepus pusillus; Lepus ecaudatus fusco - griseoque mixtus, auribus subtriangulis albo - marginatis. PALL. *glir. p.* 30. 31. *tab.* 1. **Zimmerm.** G. G. 2. S. 332. N. 227. GMEL. *syst.* 1. *p.* 164.

Lepus pusillus; L. cauda nulla, auriculis brevibus rotundatis. ERXL. *mammal. p.* 338.

Lepus pusillus; L. cauda nulla, auriculis rotundatis. LINN. *mant. plantar.* 2. *p.* 522.

Lepus minutus. PALL. *Nov. Comm. Petropol.* 13. *p.* 531. *tab.* 14. *f.* 1. **Pallas** Reise 1. S. 155.

Calling Hare. PENN. *hist.* 2. *p.* 380. *n.* 250.

Semlianoi Saëtschik; Russisch.

Tschekuschka; Tschekalka; desgleichen.

Tschotschot; Sulgan; It - tsis kan; Tatarisch.

Kajan; Kikkajan; Uslu Buran Tschkan; Kirgisisch.

Szäpszau; Temirse Tselikan; Baschkirisch.

Ju-

[b]) Zimmerm. G. G. 2. S. 331.

[c]) BUFF. *hist.* 15. *p.* 43. Amst. Ausg.

Julaman; Jelman; Kosajar; Bucharisch.
Berlun; Kusta; Kalmückisch.

Der Zwerghase macht den Uebergang von den Savien zu den Hasen. Er hat die Größe einer Wasserratte. Der Kopf ist länger als an andern Hasen und stark behaart. Die Schnauze hasenartig. Die Nase fast ganz behaart. Die Oberlippe tief gespalten. Beyde Lippen schliessen genau an einander. Die obern Vorderzähne sind gedoppelt und weiß; die äußern sehr convergirend, mit einer tiefen Rinne ausgefurcht, und an der Schneide gekerbt: die innern aber klein und stumpf. Die untern Schneidezähne äußerlich rundlich, schief, abgestumpft. Viele in fünf Reihen geordnete Bartborsten, davon die untern weiß, und besonders die hintersten zwo sehr lang sind; drey kürzere Augen- und einzelne Backenbörsten. Die Augen ziemlich klein und dunkelbraungelb. Die Ohren rund und kurz, mit einem breiten Rande. Der Körper von beynahe gleicher Dicke, ohne Schwanz. Die Vorder- und Hinterfüße kurz, jene fünfzehig mit einem etwas entfernten kurzen Daumen, diese vierzehig. Die daran befindlichen dünnen gebogenen und spitzen Klauen meist unter den Haaren versteckt. Die Sohlen, wie bey den Hasen gewöhnlich, dicht behaart. An dem stark behaarten weichen und glatten Felle ist das Wollhaar dicht, lang, zart, und bräunlich lichtgrau, und eben so die übrigen fast zolllangen Haare; doch werden diese stärker und blaß grau, und endigen sich in eine schwärzliche Spitze. Im ganzen ist die Farbe am Kopfe, Rücken und außen an den äußern Gliedern der der jungen Haasen ähnlich, nur schwärzer; weiter an den Seiten und Füßen herab blaßgelb; unterhalb graulichtweiß, und an der Kehle, Nase, Lippen weißlich; die Ohren braun mit einem weißen Rande verbrämt. Länge des Thieres 6 Zoll 9 Lin. Schwere im Sommer $3\frac{1}{4}$ bis $4\frac{1}{2}$ Unzen, im Winter $2\frac{1}{2}$ [a]).

Dieser vor **Pallas** beynahe ganz unbekannte Hase findet sich in den Wäldern am Ural, dann ziemlich häufig zwischen den Flüßen Kama und Samara, zwischen diesem und dem Uralfluß, hie und da auch längs der Wolga, und bis zur Ilowla und dem Don herab; nirgends aber häu-

[a]) Pallas. Falk.

figer, als in der bergigten Gegend zwischen den Quellen des Uralflußes und des Ui. Auch kommt er noch am Irtisch vor, über dem Ob aber und dem 55ten Grade N. B. nicht mehr [b]). Ausser Rußland wohnt er in der Bucharey. [c])

Er hält sich gerne in grasreichen Thälern, auch buschigten Hügeln und an den Wäldern auf, zumahl in schattigten Gegenden, wo Cytisus supinus, Robinia frutescens, wilde Aepfel und Zwergbirnen vorkommen; deren Blüten, Laub und Rinden ihm zur Nahrung dienen [d]). Hier sucht er sich zu seinem Wohnplaze gewöhnlich einen niedrigebenen, oder etwas abhängigen mit dichtem Rasen bewachsenen und mit Gesträuche beschatteten Ort aus, wozu er an den Anhöhen gern die Abendseite wählt. Die Hölen, welche diese Thierchen an den Wurzeln des Gesträuches sich in die Erde graben, und deren etwa drey quer Finger weite Oefnungen sich durch die davor aufgeworfene Erde verrathen, sind sich nicht gleich. Die frischgegrabenen, für die Männchen und jungen Thiere, haben nur einen Zugang, der zu einer einfachen oder doppelten zween bis vier Schuh unter der Erde fortlaufenden Röhre führet, und sich in einer kaum unterschiedene Höle endiget; und deren sind die mehresten.

Man findet aber auch Stellen, wo zwo, drey oder mehrere Hölen unter nahen Gesträuchen, durch gekrümmte Röhren zwischen den Wurzeln unter sich zusammenhängen, und so, vielleicht besonders den Weibchen und ältern Thieren, immer Wege gnug zur Flucht lassen. Im Frühjahre findet man an den Orten, wo sie überwinterten, in den Rasen eingegrabene Rinnen, als die Uiberbleibsel ihrer Gänge unter dem Schnee. Einen Heu-Vorrath für den Winter aber hat man in ihren Höhlen nie angetroffen. Das sicherste Kennzeichen, daß eine solche Höhle bewohnt sey, ist der kleine den Pfefferkörnern ähnliche Unrath, den sie aber nicht einzeln zerstreuen, sondern vielmehr an bestimmten Orten in besondere Grübchen unter dem Gesträuche verbergen. Sie entfernen sich nie weit von ihren Hölen, und verrathen

[b]) Pallas.

[c]) Falk.

[d]) Die Tulpenzwiebeln sind ihm eine vorzüglich angenehme Speise. Falks Beyträge zur topogr. Kenntniß des russischen Reichs 3. Band S. 301.

sich da noch vorzüglich durch ihren Laut. Dieser besteht aus einfachen, aber für ihre Stimmorgane überaus durchdringenden drey- vier- bis sechsmahl wiederhohlten Tönen, fast wie der Schlag der Wachtel *), daher er von Unwissenden leicht für die Stimme eines Vogels gehalten werden kan. Männchen und Weibchen geben einerley Laut, jedoch, wie es scheint, nach Maasgabe des Alters oder Geschlechtes von verschiedener Stärke. Einige haben eine so starke Stimme, daß man sie eine halbe teutsche Meile weit hören kann. Die gewöhnliche Zeit, da sie sich hören lassen, ist um die Morgen- und Abenddämmerung. Seltner hört man sie den ganzen Vormittag, und Nachmittags von vier Uhr an bis Abends. Doch rufen sie am Tage nicht anders, als nur bey Regenwetter und Gewittern. Im Winter sind sie ganz stille; in den übrigen Jahrszeiten aber kan man sie öfters hören, auch noch wenn schon im September die Kälte einfällt.

Da diese Thiere sehr im Verborgenen leben, ihre Hölen wenig unterscheidendes haben, und zwischen den Wurzeln der Gesträuche versteckt sind; so sind sie schwer zu fangen; und überhaupt den wenigsten Landleuten vom Ansehen bekannt. Doch gerathen sie zuweilen den Jägern statt der Hermeline in die Fallen. Die gefangenen lassen sich sogleich in die Hand nehmen, und sind so sanft und ruhig, daß auch kaum die Alten zuweilen ein wenig beissen und in einem Tage zahm werden: wo jedoch Männchen beysammen verschlossen waren, fielen sie einander an und grunzten für Zorn. Sie schreyen oder rufen auch noch in der Gefangenschaft Morgens und Abends, wobey sie den Kopf wie ein bellender Hund hervorstrecken. Selbst ein trächtiges Weibchen schrie so in der Nacht, da es gefangen ward, und ehe es gebohren hatte, hernach aber nicht mehr. Die ganze Nacht hindurch sind sie wach, streifen herum, suchen Schlupfwinkel und klettern anderthalb Schuh und höher die Wände hinan. Sie schlafen wenig, aber ruhen am Tage zwischen ihren Mahlzeiten, und zwar mit offnen Augen. Kaum blinzeln sie eher, als bis das Auge selbst berührt wird; dabey liegen sie mit ausgestrecktem Körper, in welcher Lage der Kopf der dickste Theil zu seyn scheint. Im Sizen aber ziehen sie sich zusammen wie eine Kugel, und legen die

*) Wie Tjock, Tjock. Falk. a. a. O.

Ohren an den Kopf an, und so füllen sie gerade die hohle Hand aus. Ihr Gang ist etwas lahm und hüpfend. Wegen Kürze der Füße, zumahl der hintern, können sie weder schnell laufen noch geschwind springen. Selten raffen sie sich auf die Hinterfüße auf; aber oft puzen sie sich den Kopf mit den Vorderpfoten, das Fell mit dem Maule, und krazen sich mit den Füßen. Sie werden von kleinen weißen Läusen geplagt. Sie sind leicht mit obigen Gesträuchen zu füttern, wovon sie die zärtern, so wie Blumen und Knospen, vorziehen. Sie pflücken und kauen das Laub allmählig, eben so wie andere Hasen, insbesondere bey Nacht. Sie trinken öfter als der Zeisel, sind aber im Freyen oft weit vom Wasser entfernt mit dem blossen Thau zufrieden. Ihr Harn, den sie häufig lassen, ist klar, und so wie das ganze Thier ohne Geruch, ja selbst ihren trocknen Unrath, dessen sie sich nur in der Dämmerung und bey Nacht entledigen, kann man reinlich nennen.

Das oben angeführte trächtige Weibchen wurde im May in einem mit weichen Graß angefülltem Neste gefunden, zu welchem vier Gänge führten. In seinem Gefängniß bereitete sich es sogleich und hurtig aus hineingelegter Baumwolle ein Nest, und gebahr seine sechs Jungen darinnen, denen es die Nabelschnur bis an den Nabel selbst abbiß. Die Jungen waren im Verhältniß mit der Mutter groß, nackt, schwärzlich, blind. Mit dem sechsten Tage fingen sie an Haare zu bekommen, und nach dem achten zu sehen und herum zu laufen. Sie pipten wie junge Vögel bey Annäherung der Mutter, welche sie am Tage oft säugte, sie dann sehr artig mit Baumwolle zudeckte und selbst in einem Winkel des Behältnisses ruhte. Am neunten Tage aber kam die Mutter zufälliger weise weg, und die Jungen, die ihr an Farbe schon ziemlich ähnlich wurden, starben innerhalb acht Tage alle f).

11.

Der Steinhase.

Tab. CCXXXVIII.

Lepus alpinus; Lepus ecaudatus rufescens, auriculis rotundatis plantisque fuscis. PALL. *glir.* *p.* 30. 45. *tab.* 2. Reise

f) Pallas *n.* *sp.* *glir:* und Reise 367. 2 Th. S. 314. 533. 1 Th. S. 155. 196. 207. 220. 271.

2 Th. S. 569. 701. *Tab. A.* Zimmerm. G. G. 2. S. 333. N. 282.

Lepus alpinus; L. cauda nulla, auriculis elongatis (?), corpore lutescente. ERXL. *mamm. p.* 337. Falks Beytr. 3 B. S. 300. N. 24.

Alpine Hare. PENN. *hist. p.* 377. *n.* 248.

Pistschucha; Sjenostawez; Kamennaja Koschka; Russisch.

Schádak, Sádajak; Tatarisch. Kilbe; Koibalisch. Dyäkulák (Kameelohr); Kirgisisch. u. s. w.

Er hat ohngefähr die Größe eines Meerschweinchens, und mit dem vorhergehenden Aehnlichkeit in der Gestalt, doch eine etwas dümmere und wildere Physiognomie. Der Kopf ist länglichter und schmäler; die Schnauze minder stumpf, die Lippen mäßig dicke, die obern bis zur Nase gespalten. Die Nase selbst fein und braun behaart, nur in der Mitte nackt. Die Bartborsten länger als am Zwerghasen und in sechs Reihen gestellt. Zwo Borsten am obern Augenliede; eine Backenborste, und eine schwächere an der Kehle. Die Vorderzähne sind oben etwas stärker und an der Schneide gekerbt, aber die äußern Spitzen der Kerbe länger: auch stehen die Nebenzähne etwas mehr von einander ab als im Zwerghasen. Die Augen sind klein, schwarz und liegen mitten zwischen Nase und Ohren inne. Die Ohren groß, rund, halbnackt, schwarz mit einem weissen Rande. Der Leib weniger lang gestreckt und bauchigter als am Zwerghasen. Die Beine kurz; die hintern wenig länger als die vordern. Die Sohlen ganz mit dichter schwarzer Wolle bedeckt. Den Schwanz, der ganz fehlt, vertritt eine gewölbte Erhabenheit (ein Fettklumpen) über den After. Zwo Bauchwarzen vor den Schenkeln, zwo über den falschen Rippen und zwo Brustwarzen gegen den Hals zu. Der Pelz ist etwas rauh, fast wie am Murmelthiere; die Farbe gemischt; am Kopfe und dem Rücken gelb mit längern schwarzen Haaren schattirt, am Wirbel dunkler, dagegen hinter den Backen, an den Seiten und am Steisse röthlichgelb ohne schwarze Haare; unterhalb unscheinbar gelb, an der Kehle grau. Ueber den großen

Speicheldrüsen hat das Thier eine besondere auswärts mit kurzen Haaren steif bewachsene Warze.

In der Farbe des Felles bemerkt man weder nach den Jahrszeiten noch den Gegenden eine Verschiedenheit, wohl aber in der Größe. Die größten finden sich an den Altaischen Alpen. Viel kleinere um den Baikal und in Dauurien. Die kleinsten bey Krasnojar.

Ganze Länge des Thieres von 7 bis 9 Zoll, 7 Linien Schwere von 5 Unzen bis $1\frac{1}{4}$ Pfund [a]).

Der Steinhase ist den Jägern durch ganz Sibirien bekannt, wenn er gleich, wegen seines Aufenthalts, der Aufmerksamkeit der Beobachter lange entging. Auf den Uralischen Alpen weiß man nichts von ihm. In fast allen übrigen Gebirgen aber, auch noch außer Sibirien bis fast nach Kamtschatka, über den Jenisei ohnweit Krasnojar, selbst bis zur untern Tunguska herab und an der ganzen Lena, wenigstens gegen Jakuzk, ist er häufig anzutreffen [b]).

Man findet die Steinhasen nie in freyen Ebenen, sondern immer bewohnen sie die rauhesten waldigten und zugleich grasreichen und feuchten Berge, daher man sie auch an den von den Schneegebürgen herblaufenden Bächen bemerkt.

Sie graben sich entweder ihre Hölen selbst zwischen den Felsen, oder bereiten sich Nester in den natürlichen Felsenrizen. Sie sollen auch zuweilen in hohle Bäume nisten. Hier findet man sie bald einzeln, bald zwey oder mehrere, bisweilen in Menge beysammen, nach der Beschaffenheit ihres Wohnplazes; und zwar immer um so viel mehrere, je weiter man in die mittlern Gegenden der Gebirge hinankommt. Bey regnichtem und neblichtem Wetter laufen sie den ganzen Tag herum, auf den aus dem Grase hervorragenden Felsenspizen, und lassen ihr Geschrey öfters hören, zumahl wenn sie einen Menschen sehen. Durch einen Flintenschuß erschreckt

a) Pallas a. a. O. b) Ebendas.

eilen sie zwar schnell in ihre Hölen zurück, aber an öftern Donner gewöhnt, legen sie ihre Furcht bald ab, und kommen sogleich wieder hervor. Bey heiterem Himmel bleiben sie am Tage in ihren Hölen, und man hört sie dann nur gegen Abend. Sie pfeifen mit vorgestrecktem Kopfe, und ihr Ton ist einfach scharf, und dem Pfiff eines Vogels täuschend ähnlich.

Sehr merkwürdig ist der besondere Naturtrieb, nach welchem sich diese Thiere Heumagazine für den Winter anlegen, mit bewundernswürdigem aber nothwendigem Instinct, da sonst diese ohnehin schwachen Thiere, die den Winter nicht verschlafen, bey dem in ihren Wohnörtern langen Winter und hohen Schnee, bald ohne Nahrung seyn würden. In dieser Absicht fangen sie in der Mitte des Augusts ohngefähr an, zwey oder mehrere zusammen, Gras und Kräuter zu sammeln, und vorerst über die Felsen ausgebreitet zu trocknen; dann aber, besonders im September, schlichten sie, bey ihren Hölen, oder doch nicht weit davon, das getrocknete Heu in spizige Haufen. Von ihren Hölen ziehen sie kleine Laufgräben zu diesen Haufen, welche ihnen dann, mit Schnee bedeckt, Kanäle und Zugänge dahin werden. Dergleichen Haufen findet man da, wo mehrere dieser Thiere zusammen arbeiteten, beynahe von Mannshöhe, und acht und mehrere Schuhe im Durchmesser; häufiger jedoch von ohngefähr drey Schuh Höhe. Sie bestehen aus langsam getrocknetem, mithin sehr schön grünem und saftigem Heu, von dem auserlesensten weichsten Wald- und Alpengräsern, ohne Halmen und Aehren, aber mit den Blättern einiger zum Theil bitterer und scharfer Kräuter, die man als eine Art Gewürze, zur Beförderung der Verdauung, betrachten kan *), untermengt. Die Blüten und Stengelspizen derselben findet man selten darunter, wohl aber saftige Stengel mit kleinen festsizenden Blättern; woran aber die weniger blätterreichen Spizen, und die untern harten Enden abgebissen

*) Herr Colleg. Rath Pallas fand und erkannte darunter außer einigen doldeutragenden folgende: Anemone patens, Veratrum nigrum, Delphinium elatum, Thalictrum minus, Serratula coronaria, Epilobium angustifolium, Equisetum ramosum, dann minder häufig Crepis sibirica, Serratula alpina, Geranium sibiricum, Anemone vernalis, Atragene alpina, Orobus luteus und tuberosus, Cypripedium guttatum, Trollius asiaticus, Urtica, Actæa, Sanguisorba, und junge Triebe von Populus nigra.

sind. Die großen Blätter [d]) findet man wie mit Fleiß zusammen gelegt. Um die Heuhaufen und zwischen den noch trocknenden Kräutern findet man häufig ihren kuglichten Unrath, welcher im Frühjahre, mit den Uiberbleibseln des Heuvorrathes, einen treflichen Dünger für die Alpenpflanzen abgibt.

Der Herr Kollegienrath konnte nie einen dieser Hasen lebendig bekommen, um ihre Sitten zu beobachten, da man ihnen zwischen den Felsen nicht nachgraben kann, und der Fang in Fallen nie gelingen wollte.

Sie scheinen später zu werfen, als die Zwerghasen.

Dem Zobel und dem Kulon [e]) sind sie eine vorzügliche Speise; daher diese Thiere besonders in den Gegenden angetroffen werden, wo es Zwerghasen gibt. Auch von einem feindlichen Insecte [f]) werden die Steinhasen häufig geplagt, welches seine Larve hie und da, selbst an einem Hasen mehrere, in ihr Fell legt. Die Oefnung der Zelle, darin die Larve bis zum August oder September, wo sie von sich selbst herausgeht, liegt, ist so groß, daß sie hinlänglich erweitert werden kan, um die Larve herausdrücken zu können. Von den Menschen werden die Steinhasen selbst wenig geachtet, destomehr aber ihre Heumagazine; welche von den Koibalen, wenn sie in den Bergwildnißen zur Herbstzeit auf der Jagd liegen, und tiefer Schnee die Reitpferde zu weiden hindert, zum Futter für diese aufgesucht, und wegen ihrer Höhe, auch unter dem Schnee, nur allzuleicht für die armen Thiere, gefunden werden [g].) Die Jakuten sollen auch noch die Uiberbleibsel davon im Frühjahre für ihre Pferde und Kühe auflesen.

12. Der

[d]) Von der Crepis und Serratula.

[e]) Mustela Sibirica.

[f]) Oestrus leporinus. Die Abbildung des Insectes und der Larve s. Tab. CCXXXVIII; die Beschreibung bey Pallas a. a. O. S. 50. not. [d])

[g]) Pallas Reise, 3 Th. S. 377.

12.

Der Sandhase.

Tab. CCXXXIX.

Lepus Ogotona; Lepus ecaudatus griseo - pallidus, auribus ovali - subacutis concoloribus. PALL. *glir. p.* 30. 59. *tab.* 3. 4. Zimmerm. G. G. 2. S. 334. N. 229. GMEL. *syst.* 1. *p.* 166.

Lepus dauuricus. PALL. R. 3. S. 692. N. 3. Georgi R. 1. S. 160.

Mustela mungalica, cauda carens, corpore breviore, Ochodona mungalica Messerschmidii. *Mus. Petrop. p.* 343. *n.* 112.

Ogotona Hare. PENN. *hist. p.* 379. *n.* 249.

Kamennoi krot; Russisch.

Ogotóna; Mongolisch.

Die Farbe ausgenommen, hat der Ogotona die größte Aehnlichkeit mit dem Zwerghasen, und eine mittlere Größe zwischen diesem und dem Steinhasen von der größern Art. Die Form des Kopfes ist wie am Zwerghasen. Von den wenigern und kürzern Bartborsten sind die mehresten weiß, die obern braun; über den Augen zwo; die Backenborsten länger; an der Kehle keine. Die Augen etwas größer, braun, mit grossen Pupillen. Die Ohren länglicht oval, etwas zugespizt, am Umfange blaß behaart, innerhalb nackt, braun. Die Vorderzähne gekerbt, und die äussern Spizen der Kerben noch länger als beym Steinhasen. Der Körper kurz, die Beine, auch die hintern, niedrig, von Knochen aber stärker als am Zwerghasen. An den Vorderpfoten ist der Daum abstehend und kurz, an den Hinterpfoten die zwey innern Zehen gleich, die nachfolgende länger, die Klauen schwärzlich. Die Sohlen wolligt und grauweiß. Der Schwanz fehlt. Der Pelz ist glatt, und hat lange zarte Haare; an den Spizen ist er weiß, in der Mitte grau, und an der Haut braun. Die Grundfarbe ist daher blaßgrau, mit untermischten braunen Haaren, besonders über den Rücken hinab. Unterhalb ist der Körper weiß. Die Beine auswärts gelblichweiß. Die hintern bis an die Fersen und die Stelle um den After gelb. Ueberdieß befindet sich noch ein dreyeckigter gelber Fleck über der Nase. Der Umfang des Maules ist weiß, der Ohren, um die Wurzel her, weißlicht, und der Hals unterwärts, graulicht. Länge des Thieres 6 Zoll 7 Linien. Schwere der ältern Männchen von $6\frac{1}{2}$ bis $7\frac{1}{4}$ Unzen; der Weibchen von 4 bis $4\frac{3}{4}$ [a]).

In Sibirien kommt der Ogotona nur in den waldigten Gegenden über dem Baikal-See vor, wo er sehr gemein ist, dann in der ganzen Mongolischen Wüste, und in der chinesischen Tatarey [b]). Ein sehr erwünschter Aufenthalt sind ihm die felsichten Berge an den Flüssen Selenga, Tschikol, und Dschida, selbst die sandigten Inseln im Selengaflusse [bb]), wo er in großer Menge lebt. Am Onon hingegen sieht man ihn, der ähnlichen Gegenden ohnerachtet, seltener [c]).

Er wählt sich Felsen, Steinhaufen, aber auch Sandboden zu seinen Wohnplätzen. Die Hölen haben einen doppelten, auch dreyfachen Zugang, von welchem schief zusammenlaufende Kanäle zum Neste führen. Dieses ist mit weichem Grase ausgefüttert, und nicht tief.

Man hat bemerkt, daß die ältern Weibchen aus einer Höle in andere benachbarte fliehen. Oft findet man daher in einem kleinen Bezirke mehrere Hölen beysammen, zwischen deren Oefnungen Fußsteige sichtlich sind, die von einer Höle zur andern führen. In allen findet man frischausgeworfene Erde, und, zumahl im Frühlinge, Blätter; darum ist es beym Nachsuchen schwer zu unterscheiden, in welcher das Thier verborgen sey. Im übrigen kommen die Hölen fast ganz mit denen der Zwerghasen überein. Man erkennt sie auch ganz leicht an dem pfefferähnlichen Unrathe, der an den nahen Gesträuchen zusammen gehäuft, wiewohl zuweilen auch,

[a]) Pallas *Nov. spec. glir.* S. 65.

[b]) Gerbillon beobachtete daselbst ihre Heumagazine. S. die A. H. d. R. VII. B. S. 616.

[bb]) Pallas R. 3. Th. S. 261.

[c]) Pallas nov. sp. Gl. S. 60.

vielleicht noch vom Winter her, in einer besondern Kammer der Höle unter der Erde anzutreffen ist. In den Thälern und Inseln sind besonders die zärtern Rinden der Beerenbirne [d]) und Zwergulme [e]) die Nahrung dieser Hasen, sonst aber vorzüglich der graue Bergehrenpreis und Küchenschellenblätter [f]). Im Frühjahre tragen sie diese Pflanzen in ihre Hölen zusammen, und stopfen oft ganze Kanäle damit an, besonders bey bevorstehender Kälte; daher sie über dem Baikal für sichere Wetterpropheten gelten. Im Herbste aber samlen sie solche mit dem Grase, nach gleichem Instincte wie die Steinhasen, in kugelförmige, ohngefähr Schuh hohe und dicke Haufen, vor ihre Hölen zum Wintervorrathe. Schon im September trift man diese Heuhaufen vielfältig an, im Frühjahre aber, so bald nur der Schnee geschmolzen ist, kaum noch einige Ueberbleibsel davon, welche sie dann in ihre Hölen bringen [ff])

Sie sind überaus lebhafte Thierchen, und noch beweglicher als die Zwerghasen, mit welchen sie übrigens in ihren Sitten ziemlich überein kommen. Besonders darinn, daß sie auch mit zusammen geballten Körper sizen, und nur schwach beißen. Des Nachts streifen sie vorzüglich herum, ob sie gleich auch am Tage zum Vorschein kommen; wenigstens im Frühjahre, Herbste, und bey neblichter Witterung. Ihre Stimme, die sie besonders des Morgens hören lassen, ist ein vogelartiges, scharfes, zischendes zwey oder drey mahl wiederholtes Pfeifen, und leicht von der Stimme des Steinhasen zu unterscheiden, so wie sie mit der des Zwerghasen weder in Absicht der Stärke, noch der Art und Weise zu vergleichen ist.

Ihre Feinde sind die kleinern Falken, Elstern, welche ihnen in den Gesträuchen auflauren, wenn sie aus ihren Hölen hervor kommen; und des Abends die Eulen. Dann sind sie auch eine vorzügliche Beute des Ma-

d) Pyrus baccata. LINN.

e) Vlmus pumila. LINN.

f) Veronica incana und Anemone Pulsatilla, auch Alyssum montanum.

ff) Pallas Reise 3 Th. S. 221.

nul g), der in den Mongolischen Wüsten häufig ist, so wie der Iltisse und Hermeline. Von Insektenlarven unter der Haut aber scheinen sie frey zu seyn.

Eingeschlossen, sind sie die ganze Nacht hindurch in beständiger Bewegung, aber stumm. Wenigstens hörte der Herr Collegienrath und Ritter Pallas in der Gefangenschaft nie das obige Pfeifen von ihnen, sondern höchstens zuweilen des Nachts, wenn sie vielleicht im Streit unter sich waren, einen Laut wie das Schreyen eines verwundeten Hasen.

Ihre Begattungszeit fällt in dem Anfang des Aprils. Zu Ende des Junius wurden dem Herrn Collegienrath schon ziemlich erwachsene Junge häufig gebracht. Ihre Stimme war ein scharfes kurzes und einfaches Pipen. Auch ziemlich lange mit den Alten eingeschlossen, wollten sie nicht sonderlich zahm werden, sondern blieben immer sehr schüchtern, und rannten schnell und hastig umher, wenn man sie anfassen wollte.

g) Felis Manul S. 406.

Zwey und dreyssigstes Geschlecht.
Der Klippschliefer.
HYRAX.

HERMANN. *tab. affinit. illustr. pag. 115.*

CAVIA.

LINN. *syst. nat. 3. p. 223.*

Vorderzähne: oben zween, von einander abstehend; unten viere, die an einander stehen und sich in eine keilförmige an den ersten beyden Arten gekerbte Schärfe endigen.

Backenzähne: oben fünfe, wovon der erste klein ist; unten viere, auf jeder Seite.

Zehen: an den Vorderfüssen vier, an den Hinterfüssen drey, mit abgerundeten Nägeln. (An dem innersten Finger jedes Hinterfusses hat die erste Art einen langen unten rinnenförmig ausgehölten Nagel.)

Der Schwanz mangelt gänzlich.

Auch die Schlüsselbeine fehlen.

Diese Thiere laufen nicht sehr geschwind, springen, steigen nicht, wohnen in den Klüften der Felsen — und nähren sich von bloßen Gewächsen.

Pallas beschrieb zuerst die erste Art, und rechnete sie zu den Savien. Da sie sich aber durch die merkwürdige Einrichtung des Gebisses sowohl, als durch den Habitus davon unterscheidet, so machte schon Linne' ein besonderes Geschlecht daraus, und auch ich glaubte es, obschon unter einem andern als dem von ihm beliebten Namen, den ich den eigentlichen, von ihm unter die Mäuse gerechneten Savien lasse, beybehalten zu müssen. Neuerlich sind noch ein paar Arten hinzu gekommen.

1.

Der capische Klippschliefer.

Tab. CCXL.

Hyrax capensis; Hyrax plantis tridactylis, ungue digiti interioris elongato incurvo.

Hyrax capensis; H. palmarum unguibus planis, plantarum unico subulato. GMEL. *syst* 1. *p.* 166.

Cavia capensis. PALL. *misc.* *p.* 34. *t.* 3. *spicil.* 2. *p.* 22. *tab.* 2. LINN. *syst.* *nat.* 3. *p.* 223.

Cavia capensis; C. ecaudata, dentibus primoribus infra quatuor. ERXL. *mamm.* *p.* 352. *n.* 3. Zimmerm. G. G. 2 Th. S. 329. N. 226.

Cape Cavy. PENN. *hist.* *p.* 247. *n.* 182.

Marmotte du cap de bonne espérance. BUFF. *suppl.* 3. *p.* 177. *t.* 29. Allamands Ausg. 4. *p* 76. *suppl.* 6. *p.* 278. *tab.* 43.

Le Klipdas. BUFF. suppl. (Allamands Ausgabe) 4. *p.* 157. *t.* 65.

Der Klipdas. Graf Mellins Beschreibung in den Schriften der Berlin. Gesellsch. naturforsch. Freunde 3 Th. S. 271. T. 5.

Der Kopf ist klein. Die Schnauze ziemlich spitzig. Die Nase kahl, durch eine Furche getheilt. Die Augen groß und lebhaft. Ueber denselben 6 - 7 lange rückwärts gebogene Borsten. Die Ohren eyförmig. Auf den Backen eine Warze mit zwo Borsten. Unter den Backen hinter dem Munde ein Bart langer dichter hinterwärts immer längerer Haare. An der Kehle ein Büschel von ohngefähr dreyzehen kurzen starken Borsten.

Der Leib kurz, und zusammen gedrückt. Der Rücken gewölbt. Der Bauch herabgesenkt. Die Beine kurz. Die Füsse kahl, und von schwarzer Farbe. Der innerste Nagel an den Hinterfüssen, wie gedacht, lang, krumm, unten gefurcht; das Thier trägt ihn aufwärts. — Die Farbe der Haare, ockergelb mit schwarzer Spize; schwärzer auf dem Kopfe und Rücken, heller auf der Brust und dem Bauche. Zwischen den Haaren sind einzelne lange schwarze Haare eingemengt. Der Backenbart ist gelblich. Von dem Halse nach der Brust gehet dicht vor den Schultern ein weißlicher Streif herab, der sich aber nur bis an die Vorderfüsse erstreckt. — Länge des Thieres: 1 Fuß $4\frac{1}{2}$ Zoll. Höhe: 7 Zoll 2 - 3 Linien.

Dies Thier wohnt am Vorgebirge der guten Hofnung in felsigen Gegenden, in deren Klüften, (und unter Steinhaufen,) es seinen Aufenthalt hat; und zwar vermuthlich in solchen Klüften, welche die Natur selbst bildete, denn zum Graben scheinen seine Füsse nicht gemacht zu seyn. Auch haben die nach Europa gebrachten Thiere dieser Art keine Neigung zum Graben blicken lassen. Es springt hoch und sicher, und kann also wahrscheinlich leicht auf hohe Klippen gelangen, wo ihm weder Menschen noch Raubthiere folgen können.

Es frißt Blätter, Obst, Kartoffeln, und in der Gefangenschaft auch Brod, Moos von Baumrinden ꝛc. wird aber seine Speise leicht überdrüssig, und wechselt also gern damit ab. Thierische Nahrungsmittel scheint es nicht ganz zu verabscheuen. Beym Kauen bewegt es die Kinnlade wie die wiederkauenden Thiere. Es trinkt wenig und selten, nur nach genossenen trocknen Speisen, und also in seinem Vaterlande vielleicht gar nicht. Wenn es trinkt, so schlurft es das Wasser nur ein, ohne die Zunge dabey zu gebrauchen.

Es ist reinlich, und entledigt sich seines Auswurfs und Harns immer an einem Orte, worauf es ihn mit Sand oder Erde bedeckt. Es wälzt und badet sich gerne im Sande, wie die Hüner, und krazt sich mit dem langen krummen Nagel des Hinterfusses. Die Wärme liebt es sehr.

Seinen Geschäften geht es am Tage nach; mit dem Einbruch der Nacht legt es sich zur Ruhe. (Am Kap haben diese Thiere ihre Nester in den Felsklüften, und tragen sich Moos und trockne Blätter hinein, um darauf zu ruhen.) Es ist nicht schnell im Laufen, doch aber auch nicht langsam; hebt im Gehen die Hinter- und Vorderfüsse wechselsweise auf; klettert nicht, springt aber leicht und hoch, und hält sich gern an erhabenen Orten auf. Beym Herunterspringen kommt es allemal auf seine vier Füsse zu stehen. Es ist munter und lebhaft. Seine Sinne sind scharf, es entdeckt leicht bedenkliche Gegenstände und sucht sich dann zu verbergen; ein Naturtrieb, der zu seiner Erhaltung nöthig ist. Denn es ist sehr wehrlos, und kan sich eben so wenig mit den Zähnen oder Klauen wehren, als durch eine schnelle Flucht retten.

Es wird sehr zahm, kan aber doch erzürnt werden, so daß es mit einem grunzenden Laute zufährt und schmerzhaft beißt; richtet aber damit wenig zu seiner Vertheidigung aus, und läßt sich auch durch Bedrohung davon abhalten. Zwar nagt es weder an dem Behältnisse, worein man es etwan einsperrt, noch an dem Bande, mit welchem man es anbindet; liebt aber die Freyheit ungemein, verliert in der Gefangenschaft oder an der Kette alle seine Lebhaftigkeit, und verlebt seine Zeit meistens schlafend. Dann wird es auch sehr fett, so wie es die Abbildungen der Herren **Pallas** und **Vosmaer** vorstellen. Hat es aber Erlaubniß, frey herum zu gehen, so bemerkt man an ihm keine übermäßige Fettigkeit. Klug und behutsam springt es dann überall herum, ohne etwas umzuwerfen und Schaden zu thun. Es weiß die Stimmen und den Gang derer genau zu unterscheiden, die es liebt. Merkt es eine ihm angenehme Person in einem Nebenzimmer, so sezt es sich dicht an die Thür, und legt das Ohr immer näher heran, je mehr sich die Person der Thür nähert. Geht sie aber wieder weg, ohne hinein zu kommen, so geht es auch langsam und unzufrieden von der Thür zurück. Wenn man es ruft, so antwortet es mit einer Art von nicht unangenehmen Pfeifen; dis läßt es auch hören, wenn man es lockt, um es auf den Schooß zu nehmen, wo es sehr gerne liegt.

Wie viel Junge das Weibchen auf einmal bringt, ist nicht bekannt. Säugwarzen hat es viere, auf jeder Seite zwo [a]).

Es wird am Vorgebirge der guten Hofnung von einigen als ein Leckerbissen gespeiset [b]). Die sogenannte Dassenpis, die sich an Orten, wo diese Thiere im Gebirge wohnen, zu finden pflegt, und als Arzney gebraucht wird, ist nicht eingetrockneter Harn dieses Thieres, sondern eine Art Erdpech [c]).

2.

Der syrische Klippschliefer.

Tab. CCXL. C.

Hyrax syriacus; Hyrax plantis tridactylis, unguibus omnibus subaequalibus.

Hyrax syriacus; H. pedibus unguiculatis. GMEL. *syst.* I. *p.* 167.

[a]) Ich habe diese Nachrichten theils aus der oben angeführten sehr unterhaltenden aus der Feder des berühmten Herrn Grafen Mellin geflossenen Beschreibung des Klipdas, in den Schriften der Berl. Ges. naturf. Freunde, theils aus dem von diesem Thiere handelnden Artikel in der holländ. Ausgabe der *Histoire naturelle* des Herrn Grafen von Büffon, Th. IV. S. 157., gezogen. Bey beyden befinden sich Abbildungen. Die zu der erstern gehörige ist fast eben dieselbe, die den gegenwärtigen Artikel begleitet; das Original verdanke ich der schon oft gerühmten Unterstützung des Herrn Grafen. Die leztere ist von dem Hrn. Bergmeyer in Amsterdam, und unterscheidet sich von jener hauptsächlich dadurch, daß sie ein viel mehr behaartes Thier vorstellet; welches insonderheit nicht nur den Bart hinter dem Munde, sondern auch an dem Kinn, der Kehle, dem Halse und dem Bauche lange Haare hat. Die langen Nägel an den Hinterfüssen sind stärker und mehr aufwärts gebogen. Die Abbildung in dem 5ten Th. ist in dem Verhältnissen fehlerhaft, und stellt das Thier, sonderlich am Kopfe, nicht genug behaart vor.

[b]) Kolbe. Sparrmanns Reise n. d. Vorgeb. d. g. H. S. 259.

[c]) THUNBERGS *Resa* I. *D. p.* 190.

Daman Israël. ALPIN. *Aegypt.* p. 232. SHAW *voy.* 2. p. 75. BUFF. *suppl.* 6. p. 276. *tab.* 42. Zimmerm. G. G. Th. 3. S. 274.

Uabr. [a]) FORSK. *faun.* p. V.

Ashkoko [b]). Bruce Reis. 5. Th. S. 175. (d. Leipz. Uebers.) *Tab.* 29.

Die Ohren dieses Thieres sind rundlich. Der Schwanz fehlt ganz. Die Farbe ist grau, mit Röthlichbraun gemengt; auf dem Rücken und an den Seiten kommen zwischen den übrigen Haaren, einzelne längere, dritthalb Zoll lange und stärkere schwarze glänzende hervor. Die untere Kinnlade, Kehle, Brust und der Bauch sind weiß. — Die Vorderfüsse sind kürzer als die Hinterfüsse, bis an den Anfang der Zeehen stark behaart, von da an aber kahl und schwarz. An jenen sind vier Zeehen, wovon die innerste viel kürzer als die übrigen ist; an diesen drey. Die Nägel sind etwas hinter der Spize jeder Zeehe aufgesezt, flach und rundlich; der Herr Ritter Bruce, von welchem diese kurze Beschreibung ganz entlehnt ist, meldet nichts von einem Unterschiede der Nägel, zeichnet aber an der innern Zeehe des Hinterfusses den Nagel seitwärts (einwärts) gebogen, länglich und stumpf zugespizt, aber nicht merklich länger als die Zeehe selbst, und wenig grösser als die übrigen Nägel. Die Länge des Thieres, von der Nase bis an den After gemessen, beträgt $17\frac{1}{2}$ (englische) Zoll [c]).

Dieses Thier fand der Ritter Bruce in grosser Menge auf und an dem Libanon [d]); er sahe es auch um den Sinai, am Ras Mahommed, in Aethiopien und an andern Orten. Es wohnt in tiefen Felsenhöhlen, in Felsklüften, auch unter grossen Steinen. Es gräbt nicht in die Erde; dazu sind seine Füsse nicht eingerichtet.

a) Arabisch.

b) Amharisch.

c) Bruce.

d) Der besondere Kopf aus einem vertrockneten Brunnen des alten Sidon, der in dem 15ten Theil des Büffonischen Werks S. 205. (Holl. Ausg. S. 111.) beschrieben wird, ist ohnstreitig von diesem Thiere.

Es ist ein geselliges Thier, und oft sizen einige Duzende dieser Klippschliefer auf grossen Steinen an den Mündungen der Hölen, um sich zu wärmen. An kühlen Sommerabenden kommen sie auch heraus. Sie stehen nicht gerade auf den Füssen, und haben einen schleichenden Gang, so daß der Bauch der Erde nahe kommt. Ihre Nahrung ist dem Herrn Ritter unbekannt, aber zuverlässig vegetabilisch; in der Gefangenschaft ernährte er sie mit Brod und Milch, und fand sie nichts weniger als gefrässig. Er versichert, daß sie zuverlässig wiederkauen.

Einen Laut hat der Herr Ritter nicht von ihnen gehört.

Sie haben etwas sanftes und furchtsames in ihrem Betragen; und fürchten sich eher für andern Thieren, als daß sie sie angreifen sollten. Sie sind artig, und lassen sich leicht zahm machen; wiewohl sie auch ernstlich beissen, wenn man sie hart behandelt.

Ihr Fleisch ist weiß, und wird am Libanon, nicht aber in Abyssinien gegessen.

Alle diese Nachrichten, so wie die Figur und überhaupt die Kenntniß dieses Thieres, haben wir dem Herrn Ritter **Bruce** zu verdanken. Es ist aber schon lange vorher nicht unbekannt gewesen. Alpinus redet von ihm, zwar nur im Vorbeygehen, unter dem Namen Daman Israel; und Shaw hat es unter eben demselben beschrieben [e]). Es scheint aber auch das nehmliche zu seyn, welches bey den Ebräern Saphan [f]) hieß.

[e]) *Voyages Tom. II. p. 75.* Wenn es in dieser Beschreibung heißt: Ses pieds de devant sont pareillement courts, et ceux de derrière longs à proportion, comme ceux du Jerboa; so ist dieses entweder überhaupt von der grössern Länge der Hinterfüsse zu verstehen, ohne daß dadurch die ungewöhnliche Verhältniß zwischen diesen und den Vorderfüssen, wie man sie an der Jerboa findet, ausgedrückt werden soll; oder Shaw hat hier einen ähnlichen Fehler begangen, als ich in der Leipziger Uebersezung der Reisen des Hrn. Bruce, Theil 5. S. 148. finde, wo es von dem $17\frac{1}{4}$ langen syrischen Klippschliefer heißt, der Hinterschenkel sey $3\frac{1}{8}$ Zoll lang, und die Länge des Hinterbeins, die Zeehen mit eingeschlossen, betrage 2 Fuß 2 Zoll!!!

[f]) שפן

Moses beschreibt diesen Saphan als ein wiederkauendes Thier, dessen Füsse in Zeehen getheilt sind g), und das also von den Juden nicht gegessen werden durfte. David schreibt ihm die Eigenschaft, in Felsklüften zu wohnen, zu h); welche auch Salomo bekräftigt i), mit einem Zusaz, der zu erkennen gibt, daß es ein schwaches, aber kluges und gesellschaftlich lebendes Thier sey k). Aus diesen Saphanim haben die Uebersezer bald Kaninchen, bald Igel, aber ohne hinreichenden Grund, gemacht. Am meisten Beyfall hat **Bochart** erhalten, wenn er zu beweisen suchte, daß unter dem Saphan der dreyzeehige Springer, oder die Jerboa l), zu verstehen sey. Selbst Herr **Oedmann** m) ist dieser Meinung beygetreten. Allein die wichtigsten der angeführten Kennzeichen des Saphan, sonderlich das Wohnen in Felsklüften, passen nicht auf die Jerboa; und überhaupt ist es nicht schwer, **Bocharts** Meinung zu widerlegen. Man ist also genöthigt, sich nach einem andern Thiere umzusehen, welches jenen Eigenschaften besser entspricht; und dieses glaubte der Herr Ritter **Pallas** in dem capischen Klippschliefer zu finden n), weil der syrische damals noch nicht bekannt war. Herr **Bruce** hält diesen für den Saphan der Ebräer, und ich kan mich nicht enthalten, ihm darinn beyzupflichten. Zwar will ich nicht untersuchen, mit wie vielem Grunde er diesem Klippschliefer ein Vermögen wiederzukauen zuschreibe? Wenn er, wie ich nicht zweifle, in dem Bau seiner innern Theile dem capischen ähnlich ist, so hat er nur einen Magen. Indessen ist derselbe so beschaffen, daß ihm ein solches unvollkommenes Wiederkauen, als etwan die Hasen haben mögen, weit eher möglich zu seyn scheint, als der Jerboa. Daß seine Füsse in Zeehen abgetheilt seyn, bedarf keines Beweises. Besonders aber zeichnet den syrischen Klippschliefer, wie den Saphan, sein geselliger Aufenthalt in Felsklüften aus. An seiner Schwäche ist wohl eben so wenig zu zweifeln, als daß er, in der Klugheit, mit dem capischen Klippschliefer überein komme. Die Geselligkeit und Schwäche sind zwar auch der Jerboa gemein; daß aber

g) 5. B. 14 Kap. V. 6.

h) Ps. 104. V. 18.

i) Sprüchw. 30. Kap. V. 26.

k) S. **Oedmanns** *strödde samlingar utur Naturkunnigheten, til den heliga skrifts uplysning*, 4 Fl. *pag.* 41.

l) S. oben S. 849.

m) a. a. O.

n) *Nov. sp. glir. p.* 278. 279.

diese wegen ihres besondern Verstandes gerühmt würde, erinnere ich mich nicht irgendwo gelesen zu haben.

Da der syrische Klippschliefer dem capischen so ähnlich ist, so möchte man wohl fragen, ob beyde wirklich specifisch von einander unterschieden seyn, oder nicht? Der capische ist grösser, seine Theile haben etwas andere Verhältnisse, sonderlich sind seine Füsse kleiner, (wenn anders die Zeichnung des Hrn. **Bruce** die natürliche Grösse der Füsse darstellet,) der Nagel der innern Zeehen an den Hinterfüssen ist viel länger und gekrümmt, auch ist die Farbe etwas anders. Man sollte also wohl glauben, daß sie unterschieden wären. Wir kennen indessen den syrischen noch lange nicht genug, um hierüber entscheiden zu können, sondern müssen die Beantwortung dieser Frage der Zukunft überlassen.

3.

Der americanische Klippschliefer.

Tab. CCCXL. C.

Hyrax hudsonius; Hyrax palmis plantisque tetradactylis.

Tail-less Marmot. PENN. *hist. p.* 405. *n.* 265.

Das ungeschwänzte Murmelthier. **Zimmerm.** G. G. 3. Th. S. 274.

Kurze Ohren. Kopf und Leib graubraun; die Spizen der Haare weiß. Zween Schneidezähne oben und viere unten. Kein Schwanz.

Bewohnt die Länder an der Hudsonsbay.

Dis ist es, was Herr **Pennant** [a]) von diesem Thiere meldet, der es in dem Leverschen Museum abzeichnen ließ, und mir die Abbildung gütig mittheilte.

[a]) a. a. O.

Zusaz
zu den Nachrichten
von gehörnten Hasen.
S. 875.

Der gehörnte Hase ist zu merkwürdig, als daß ich nicht noch einige Nachträge zu dem, was ich oben von ihm beygebracht habe, anfügen sollte.

Abbildungen von zweyerley Haasengewelhen finde ich noch in VLYSS. ALDROVANDI *quadr dig. p.* 371; in GE. HIERON. WELSCHII *Hecatostea* 1. *observationum physico - medicarum* Tab. V. unter den Aufschriften: Cornu leporinum botryoides. Cornu leporinum aspidoides Fig. 1. 2. Das leztere hatte der Verfasser, wie er S. 32. meldet, aus Dreßden erhalten. Beyde sind ohne Enden. Ferner in Scheuchzers *Physica sacra tab.* 236. Auch hat Hr. Brückmann in dem *Commerc. lit. Norimb.* 1740. eine Abbildung geliefert.

Zu den Beyspielen von Hasengeweihen gehört noch dasjenige, welches PAVLLINI in der *Lagographia* erwähnt, wenn er sagt, FRANCVS habe zu Straßburg Hörner von einem Hasen gesehen; welches, wie mich der Herr Prof. Hermann belehrt, ohne Zweifel diejenigen gewesen sind, welche in dem äusserst seltenen Verzeichnisse der Künastischen Kunstkammer, Straßburg 1668, auf der lezten Seite mit den Worten: "ein Hasenköpflein mit zwey natürlichen Gewichten" angezeigt worden. Dis Beyspiel ist vorzüglich vor allen abgebildeten und beschriebenen Hasengeweihen merkwürdig; denn meistens ist an ihnen der Kopf oder das cranium nicht befindlich. Schade, daß man nicht weiß, wo das Stück hingekommen ist! — Eine archivalische Nachricht von dem Geweihe eines in Meklenburg gefangenen Hasen, welches von dem Herzog Heinrich von Meklenburg dem Kaiser Maximilian I., und nach dessen Ableben von der Gemahlin des Kaisers, Maria, den Marggrafen Georg zu Brandenburg geschenkt worden, findet man in des Herrn geh. Regierungsraths Spieß archivischen Nebenarbeiten und Nachrichten, l. Th. S. 51. — In dem Naturaliencabinette des Waisenhauses zu Halle befindet sich das linke Horn eines Hasen, welches ungetheilt ist und unten eine Biegung hat, die fast einen rechten Winkel beträgt.

Druckfehler.

S. 650. Note e). 1. Columne, Z. 24. für Mutterkuh, l. Mutterkuchen.
S. 780. Z. 3. Tab. CXV. B. ist auszustreichen.

Verzeichniß

der zum vierten Theile gehörigen Kupfertafeln.

212.

Zum ersten Theile ist nachgeliefert worden:

295. Tab. LXII. B. Vespertilio Lasiurus. - -
Eigne Zeichnung.

Zum dritten Theile:

296. Tab. CXXVIII.* Mustela Lutris Linn. - -
Cooks dritte Reise.

297. - CXXX. B. Mustela sibirica Pall. - -
Eigne Zeichnung.

298. - CXLV.* Didelphys Marsupialis Linn. - -
Eigne Zeichnung.

www.ingramcontent.com/pod-product-compliance
Lightning Source LLC
Chambersburg PA
CBHW021404210326
41599CB00011B/999
* 9 7 8 3 7 4 3 3 6 1 3 4 8 *